浙江省普通本科高校"十四五"重点教材配套教学用书

无机及分析化学解题指南

主　编　张立庆

副主编　干均江　祝　巨　张艳萍

ZHEJIANG UNIVERSITY PRESS
浙江大学出版社
·杭州·

图书在版编目(CIP)数据

无机及分析化学解题指南 / 张立庆主编. --杭州：
浙江大学出版社,2023.6
ISBN 978-7-308-23787-1

Ⅰ.①无⋯ Ⅱ.①张⋯ Ⅲ.①无机化学－高等学校－
题解 ②分析化学－高等学校－题解 Ⅳ.①O61-44
②O65-44

中国国家版本馆 CIP 数据核字(2023)第 085164 号

无机及分析化学解题指南

张立庆 主编

责任编辑	徐素君	
责任校对	傅百荣	
封面设计	雷建军	
出版发行	浙江大学出版社	
	(杭州市天目山路 148 号　邮政编码 310007)	
	(网址:http://www.zjupress.com)	
排　　版	杭州隆盛图文制作有限公司	
印　　刷	杭州高腾印务有限公司	
开　　本	710mm×1000mm　1/16	
印　　张	16	
字　　数	380 千	
版 印 次	2023 年 6 月第 1 版　2023 年 6 月第 1 次印刷	
书　　号	ISBN 978-7-308-23787-1	
定　　价	55.00 元	

前　言

　　"无机及分析化学"是研究物质的组成、结构、性质、变化及变化过程中能量关系的一门基础化学课程,它是高等学校化工、制药、材料、食品、生工、环境、轻化等近化类有关专业必修的第一门化学基础课,同时也是后继化学课程的基础。

　　初学无机及分析化学的学生在学习过程中往往会感到本课程中概念多、原理多、公式多、反应多,知识点繁杂,而且这些概念、原理和公式的运用又有一定的灵活性。因此,学生在如何准确理解和运用这些原理和公式解决具体问题的过程中常常会产生一些困难。

　　学习无机及分析化学一定要多做习题,通过解题加深对本课程概念与原理的理解,通过解题提高灵活运用知识解决问题的能力,通过解题培养自己的思维水平与创新意识。

　　为了帮助学生更好地学习这门课程,本书对由浙江大学出版社出版的浙江科技学院张立庆、干均江、祝巨、张艳萍等编写的浙江省普通本科高校"十四五"重点教材《无机及分析化学》的全部习题与测验题做了解答。

　　本书的内容是长期教学实践和教学改革积累形成的研究成果,从2005年开始在浙江科技学院使用并根据教学情况不断进行修改与完善,是浙江省一流课程"无机及分析化学"建设的重要组成部分,是浙江省普通本科高校"十四五"重点教材《无机及分析化学》的配套教学用书。

　　本书以章作为基本单元,每章都包含知识结构、基本概念、主要公式(主要反应)、习题详解、测验题、测验题解答等六个部分。作为教材的配套教学参考书,本书具有较强的针对性、启发性、指导性和补充性,旨在帮助学生掌握基本的解题方法与解题技巧,进而提高学生解决无机及分析化学问题的能力。

本书可作为高等学校化工、制药、材料、食品、生工、环境、轻化等相关专业的学生学习"无机及分析化学"课程和备考研究生入学考试的参考教材,也可供高等学校"无机及分析化学"课程教师参考。

全书由浙江科技学院张立庆[各章知识结构、基本概念、主要公式(主要反应);第四章、第五章]、干均江(第三章、第七章)、祝巨(第六章)、张艳萍(第八章、第九章)、俞远志(第十章)、李菊清(第十一章)、杭州职业技术学院李音(第一章)编写。本书由张立庆担任主编,干均江、祝巨、张艳萍担任副主编。全书由张立庆统稿和定稿。

在本书的编写过程中,编者参阅了兄弟高校的相关教学参考书,吸取了许多宝贵的内容与经验,主要参考文献列于书后,在此一并说明与致谢。

由于编者水平有限,书中难免有不足之处,恳请读者不吝批评指正。

编　者

2023 年 5 月于杭州

目　录

第一章　误差、数据处理与滴定分析概述
（Error，Data Processing and Titrimetric Analysis）

学习目标

通过本章的学习,要求掌握:

1.误差的基本概念;

2.有效数字的定义与计算规则;

3.分析结果的准确度和精密度的概念与相关的各种表示方法;

4.置信度与置信区间的概念与可疑值的取舍(Q 检验法);

5.滴定分析的基本概念;

6.标准溶液的配制。

一、知识结构

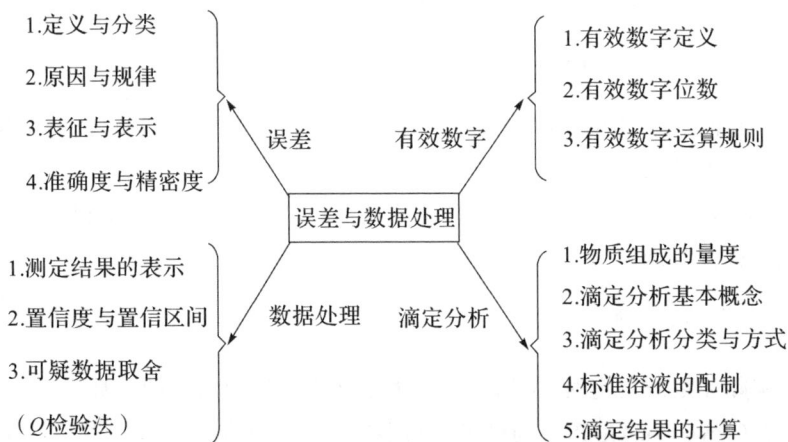

二、基本概念

1.误差

(1)定义:误差是指计量或测定时测定结果与真实结果之间的差值。

(2)分类:误差可分为系统误差、偶然误差和过失误差三类。

① 系统误差

系统误差(systematic error)是在一定的测量条件下,由某个或某些经常性的可确定的原因按确定的规律引起的误差。系统误差的特点是具有重复性、单向性和可测性。

② 随机误差

随机误差(random error)又称偶然误差。随机误差是在计量或测定过程中,由一系列有关因素微小的随机波动形成的、具有相互抵偿性的误差。

③ 过失误差

过失误差(gross error)是由于操作者在测定过程中疏忽大意或不按操作规程进行测定而造成的误差。

2.误差与准确度

误差的大小可以表征计量或测定结果的准确度高低。

准确度(accuracy)是指在一定条件下测量值与真实值接近的程度。测量值与真实值越接近,说明测定的准确度越高。

3.对照试验与空白试验

(1)对照试验:用标准样品或已知准确结果的样品代替试样,按与试样相同的方法和条件进行测定。

(2)空白试验:不加试样,用实验用水代替试液,按与试液测定相同的测定方法和条件进行测定。

4.偏差与精密度

在实际计量或测定时,常用偏差的大小来表征测定结果的好坏。

偏差(deviation)是指个别测定值与多次测定的平均值之差。

精密度(precision)是指在相同条件下,对同一样品进行多次平行测量时各测定结果相互接近的程度。精密度体现了测量结果的重现性,偏差越小,测定的精密度越高。

5.重复性与再现性

(1)重复性(repeatability):同一操作人员在同一条件下所得到的计量或测定结果的精密度。

(2)再现性(reproducibility):不同实验室或不同操作人员在各自条件下所得到的计量或测定结果的精密度。

6.准确度与精密度的关系

(1)系统误差是计量或测定过程中误差的主要来源。

(2)随机误差决定了计量或测定结果的精密度。

(3)若计量或测定过程中没消除系统误差,那么测定的精密度再高,也不能说明计量或测定结果是可靠的。

7.有效数字

(1)有效数字(significant figures):计量或测定中实际能够测量到的数字。

(2)有效数字运算规则。数字的修约采用"四舍六入五成双"规则进行。

①加减运算:若测定结果由几个计量值相加或相减而得,计算结果保留有效数字的位数取决于小数点后位数最少的数据,即绝对误差最大的数据。

②乘除运算:若测定结果由几个计量值相乘或相除而得,计算结果保留有效数字的位数取决于有效数字位数最少的数据,即相对误差最大的数据。

8.测定结果的表示

在报告分析结果时,要体现数据的集中趋势和分散情况,一般只要报告3项数值:

(1)测定次数 n。

(2)平均值 $\bar{x}$,表示集中趋势(衡量准确度)。

(3)标准偏差 S,表示分散性(衡量精密度)。

9.置信度与置信区间

(1)置信度 P:总体平均值(或真值)在一定范围(置信区间)内出现的概率。

(2)置信区间:在一定置信度下,以测量结果的平均值为中心,真值出现的范围,称为平均值的置信区间。

10. 可疑数据的取舍

(1)可疑数据:在一组平行进行的分析中,有时会发现其中一个或几个测定结果明显偏离其他测定结果,这些无明显过失原因而产生偏离的数据称为可疑值。

(2)Q 检验法

①将所有测定值由小到大排列,$x_1,x_2,x_3,\cdots,x_n$。

②计算 Q 值。$Q_{计算}$值为可疑值与其相邻测量值之差与极差(最大值与最小值之差)之比。若 x_n 或 x_1 分别为可疑值,则:

$$Q_{计算}=\frac{x_n-x_{n-1}}{x_n-x_1}或\ Q_{计算}=\frac{x_2-x_1}{x_n-x_1}$$

③根据测量次数 n 和置信度 P 查表(不同测量次数和不同置信度下的 Q 值),读取 $Q_{表}$;

④如果 $Q_{计算}>Q_{表}$,则该可疑值应舍去;$Q_{计算}\leqslant Q_{表}$,则保留。

11. 滴定分析的基本过程

在滴定分析中,一般先将试样配成溶液,用滴定管将已知浓度的溶液即标准溶液逐滴滴加到待测物溶液中,直至恰好完全反应,根据标准溶液浓度及所消耗的体积,通过化学反应计量关系计算待测物质含量。常用术语如下。

(1)滴定(titration):通过滴定管滴加标准溶液至待测物溶液中的过程。

(2)标准溶液(standard solution):已知准确浓度的溶液,又称滴定剂(titrant)。

(3)化学计量点(stoichiometric point):待测物质与标准溶液恰好完全反应的点。

(4)指示剂(indicator):用来指示终点到达的物质,通常通过颜色的改变来指示终点。

(5)滴定终点(end point):指示剂颜色突变的点,也就是停止滴定的点。

(6)滴定误差(titration error):滴定终点和化学计量点不完全相符而造成的误差,又称终点误差(end point error)。

12. 滴定度

滴定度是指每毫升标准溶液(即滴定剂)所相当的待测组分的质量(克),用 $T_{待测物/滴定剂}$ 表示,单位 $g \cdot mL^{-1}$。

13. 标准溶液的配制与标定

(1)直接配制法

准确称取一定量的基准物质,溶解后定量转移至容量瓶中定容,计算该标准溶液的准确浓度。

基准物质(standard substance):能用于直接配制或标定标准溶液的物质。其必须具备下列条件:

① 物质的组成(包括结晶水)与化学式完全相符;

② 具有足够高(99.9%以上)的纯度;

③ 性质稳定;

④ 具有尽可能大的摩尔质量。

(2)标定(standardization)

不符合上述条件的物质不能直接配制成标准溶液,必须进行标定。先配制成近似浓度的溶液,然后用基准物质或已知准确浓度的标准溶液来确定该溶液的准确浓度。

14. 滴定分析法的分类

(1)酸碱滴定法(acid-base titration):以酸碱中和反应为基础的滴定分析法。

(2)沉淀滴定法(precipitation titration):以沉淀反应为基础的滴定分析法。

(3)氧化还原滴定法(redox titration):以氧化还原反应为基础的滴定分析法。

(4)配位滴定法(complexometric titration):以配位反应为基础的滴定分析法。

三、主要公式

1. 绝对误差

$$E = x_i - x_T \text{ 或 } E = \bar{x} - x_T$$

2. 相对误差

$$RE = \frac{E}{x_T}$$

3. 绝对偏差

$$d_i = x_i - \bar{x}$$

4. 相对偏差

$$d_r = \frac{d_i}{\bar{x}}$$

5. 平均偏差(average deviation)

$$\bar{d} = \frac{|d_1| + |d_2| + \cdots + |d_n|}{n} = \frac{\sum\limits_{i=1}^{n} |x_i - \bar{x}|}{n}$$

6. 相对平均偏差(relative average deviation)

$$\bar{d}_r = \frac{\bar{d}}{\bar{x}}$$

7. 算术平均值(arithmetical mean)

$$\bar{x} = \frac{1}{n} \sum_{i=1}^{n} x_i$$

8. 标准差(standard deviation，SD)

$$S = \sqrt{\frac{\sum\limits_{i=1}^{n} (x_i - \bar{x})^2}{n-1}}$$

9. 相对标准偏差(relative standard deviation，RSD)/变异系数(coefficient of variation，CV)

$$CV(RSD) = \frac{S}{\bar{x}}$$

10. 极差(range)

$$R = X_{max} - X_{min}$$

11.相对极差

$$相对极差 = \frac{R}{\bar{x}}$$

12.平均值标准差

$$S_{\bar{x}} = \frac{S}{\sqrt{n}}$$

13.置信区间

$$\mu = \bar{x} \pm t_{a,f} \frac{S}{\sqrt{n}}$$

$t_{a,f}$为在选定的置信度下的概率系数。$t_{a,f}$可根据偏差的自由度$(f = n-1)$和所选置信度查表得到。

14.物质组成的量度

(1)物质的量浓度

$$c_B = \frac{n_B}{V}$$

(2)质量摩尔浓度

$$b_B = \frac{n_B}{1\text{kg 溶剂}}$$

(3)摩尔分数

$$y_B(x_B) = \frac{n_B}{\sum\limits_B n_B}, \ n_B = \frac{m_B}{M_B}$$

(4)质量分数

$$\omega_B = \frac{m_B}{\sum\limits_B m_B}$$

(5)质量浓度

$$\rho_B = \frac{m_B}{V}$$

15.滴定度

若待测组分 X 与标准溶液 B 之间按下式反应：

$$aX + bB = cC + dD$$

则物质 B 的滴定度与其浓度之间有如下关系：

$$T_{X/B} = \frac{a}{b} c_B M_X \times 10^{-3}$$

16. 滴定分析计算

对于某滴定反应：$aA + bB = cC + dD$

若 A 为被测组分，B 为滴定剂，试样的总质量为 m，则被测组分 A 的质量分数为：

$$w_A = \frac{m_A}{m} = \frac{\dfrac{a}{b} c_B V_B M_A}{m}$$

四、习题详解

1.1 下列数据各包含几位有效数字？

①200.05 ②5.040×10⁻³ ③7.80×10¹⁰

解 ①五位 ②四位 ③三位

1.2 按有效数字计算规则计算下列各式：

①$2.177 \times 0.854 + 9.6 \times 10^{-6} - 0.0326 \times 0.00814$

②$222.64 + 3.3 + 0.2224$

③$50.00 \times 27.8 \times 0.1167$

④pH＝3.01，计算 H^+ 浓度。

解 ① $2.177 \times 0.854 + 9.6 \times 10^{-6} - 0.0326 \times 0.00814$

$= 1.8592 + 0.0000096 - 0.0002654$

$= 1.859$

② $222.64 + 3.3 + 0.2224 = 226.1$

③ $50.00 \times 27.8 \times 0.1167 = 162$

④ $pH = -\lg c(H^+)$，因此

$c(H^+) = 10^{-3.01} = 9.8 \times 10^{-4} \text{ mol} \cdot L^{-1}$

1.3 对某试样进行多次称量，结果分别为 127.2 g，128.4 g，127.1 g，129.0 g 和 128.2 g，计算平均值、中位数和极差。

解 平均值：

$\bar{x} = (127.2 \text{ g} + 128.4 \text{ g} + 127.1 \text{ g} + 129.0 \text{ g} + 128.2 \text{ g})/5 = 128.0 \text{ g}$;

中位数:将上述数据由小到大排列为 127.1 g,127.2 g,128.2 g,128.4 g, 129.0 g,因此中位数为 128.2 g;

极差:129.0 g−127.1 g=1.9 g

1.4 某试样经分析测得 Ag 含量为 $95.67\%,95.61\%,95.71\%$ 和 95.60%,求分析结果的平均偏差、相对平均偏差、标准偏差和相对标准偏差。

解 $\bar{x} = (95.67\% + 95.61\% + 95.71\% + 95.60\%)/4 = 95.65\%$

平均偏差:

$$\bar{d} = \frac{\sum\limits_{i=1}^{n} |x_i - \bar{x}|}{n} =$$

$$\frac{|95.67\% - 95.65\%| + |95.61\% - 95.65\%| + |95.71\% - 95.65\%| + |95.60\% - 95.65\%|}{4}$$

$$= \frac{0.02\% + 0.04\% + 0.06\% + 0.05\%}{4} = 0.042\%$$

相对平均偏差:

$$\bar{d}_r = \frac{\bar{d}}{\bar{x}} = \frac{0.043\%}{95.65\%} = 0.044\%$$

标准偏差:

$$S = \sqrt{\frac{\sum\limits_{i=1}^{n}(x_i - \bar{x})^2}{n-1}} = \sqrt{\frac{\sum\limits_{i=1}^{n} d_i^2}{n-1}}$$

$$= \sqrt{\frac{(0.02\%)^2 + (0.04\%)^2 + (0.06\%)^2 + (0.05\%)^2}{4-1}} = 0.052\%$$

相对标准偏差:$CV(RSD) = \dfrac{S}{\bar{x}} = \dfrac{0.052\%}{95.65\%} = 0.054\%$

1.5 测定某样品中的 Mn 质量分数,6 次平行测定结果为 20.48%, $20.55\%,20.58\%,20.60\%,20.53\%$ 和 20.50%。

①计算该组测量结果的平均值、中位数、极差、平均偏差、相对平均偏差、标准偏差、变异系数和平均值的标准偏差;

②若已知该样品的真实质量分数为 20.45%,求以上测定结果的绝对误差和相对误差。

解 ① 平均值 $\bar{x} = (20.48\% + 20.55\% + 20.58\% + 20.60\% + 20.53\% + 20.50\%)/6 = 20.54\%$

中位数:将测量结果从小到大排列为 20.48% , 20.50% , 20.53% , 20.55% , 20.58% , 20.60% , 中位数为中间两数(20.53% , 20.55%)的平均值即 20.54%

极差:$20.60\% - 20.48\% = 0.12\%$

平均偏差:

$$\bar{d} = \frac{\sum\limits_{i=1}^{n} |x_i - \bar{x}|}{n} =$$

$$\frac{|20.48\% - 20.54\%| + |20.50\% - 20.54\%| + |20.53\% - 20.54\%| + |20.55\% - 20.54\%| + |20.58\% - 20.54\%| + |20.60\% - 20.54\%|}{6}$$

$$= \frac{0.06\% + 0.04\% + 0.01\% + 0.01\% + 0.04\% + 0.06\%}{6} = 0.037\%$$

相对平均偏差:

$$\bar{d}_r = \frac{\bar{d}}{\bar{x}} = \frac{0.037\%}{20.54\%} = 0.18\%$$

标准偏差:

$$S = \sqrt{\frac{\sum\limits_{i=1}^{n}(x_i - \bar{x})^2}{n-1}} = \sqrt{\frac{\sum\limits_{i=1}^{n} d_i^2}{n-1}}$$

$$=$$

$$\sqrt{\frac{(0.06\%)^2 + (0.04\%)^2 + (0.01\%)^2 + (0.01\%)^2 + (0.04\%)^2 + (0.06\%)^2}{6-1}}$$

$$= 0.046\%$$

变异系数:

$$CV(RSD) = \frac{S}{\bar{x}} = \frac{0.046\%}{20.54\%} = 0.22\%$$

平均值的标准偏差:

$$S_{\bar{x}} = \frac{S}{\sqrt{n}} = \frac{0.046\%}{\sqrt{6}} = 0.019\%$$

②若已知该样品的真实质量分数为 20.45% ,则以上测定结果的绝对误差 $E = x_i - x_T$ 分别为:

$20.48\% - 20.45\% = +0.03\%$

$20.55\% - 20.45\% = +0.10\%$

$20.58\% - 20.45\% = +0.13\%$

$20.60\% - 20.45\% = +0.15\%$

$20.53\% - 20.45\% = +0.08\%$

$20.50\% - 20.45\% = +0.05\%$

相对误差 $RE = E/x_T$ 分别为：

$+0.03\%/20.45\% = +1\permil$

$+0.10\%/20.45\% = +5\permil$

$+0.13\%/20.45\% = +6\permil$

$+0.15\%/20.45\% = +7\permil$

$+0.08\%/20.45\% = +4\permil$

$+0.05\%/20.45\% = +2\permil$

1.6　测某样品中某元素的含量，测定结果为 $0.5026,0.5029,0.5023,0.5031$，$0.5025,0.5027$ 和 0.5026 mol·L^{-1}，试求 95% 置信度下的置信区间。

解　$\bar{x} = \dfrac{0.5026 + 0.5029 + 0.5023 + 0.5031 + 0.5025 + 0.5027 + 0.5026}{7}$

$= 0.5027$ (mol·L^{-1})

$$S = \sqrt{\frac{\sum\limits_{i=1}^{n}(x_i - \bar{x})^2}{n-1}} =$$

$$\sqrt{\frac{(0.5026-0.5027)^2 + (0.5029-0.5027)^2 + (0.5023-0.5027)^2 + (0.5031-0.5027)^2 + (0.5025-0.5027)^2 + (0.5027-0.5027)^2 + (0.5026-0.5027)^2}{7-1}}$$

$= 0.00026$ (mol·L^{-1})

查表可得，$P = 95\%$ 时，$t_{0.05,6} = 2.447$

$$\mu = \bar{x} \pm t_{a,f}\frac{S}{\sqrt{n}}$$

$$= 0.5027 \pm \frac{2.447 \times 0.00026}{\sqrt{7}} = 0.5027 \pm 0.0002 \text{ (mol·}L^{-1})$$

即置信区间为 $0.5025 \sim 0.5029$ mol·L^{-1}，在此范围内包含真实值的概率为 95%。

1.7　某溶液的质量分数测定结果为 $20.39\%,20.41\%$ 和 20.43%，计算标准偏差以及置信度 95% 的置信区间。

解　$\bar{x} = \dfrac{20.39\% + 20.41\% + 20.43\%}{3} = 20.41\%$

$$S = \sqrt{\frac{\sum\limits_{i=1}^{n}(x_i - \bar{x})^2}{n-1}}$$

$$= \sqrt{\frac{(20.39\% - 20.41\%)^2 + (20.41\% - 20.41\%)^2 + (20.43\% - 20.41\%)^2}{3-1}}$$

$$= 0.02\%$$

查表可得，$P = 95\%$ 时，$t_{0.05,2} = 4.303$

$$\mu = \bar{x} \pm t_{a,f}\frac{S}{\sqrt{n}} = 20.41\% \pm \frac{4.303 \times 0.02\%}{\sqrt{3}} = (20.41 \pm 0.05)\%$$

即置信区间为 $20.36\% \sim 20.46\%$，在此范围内包含真实值的概率为 95%。

1.8 测定溶液中 NaOH 浓度，得到的数据为 $1.011, 1.010, 1.012$ 和 1.016 mol·L^{-1}，用 Q 检验法进行判断，在 90% 置信度下，是否有数据需要舍去？又进行了一次测定，结果为 1.014 mol·L^{-1}，此时以上数据是否全部可以保留？

解 以上测定结果由小到大排列为：$1.010, 1.011, 1.012$ 和 1.016 mol·L^{-1}

根据与相邻测量值的远近，1.016 mol·L^{-1} 为可疑值。

$$Q_{计算} = \frac{x_n - x_{n-1}}{x_n - x_1} = \frac{1.016 - 1.012}{1.016 - 1.010} = 0.67$$

置信度为 90%，$n = 4$ 时，$Q_表 = 0.76$，$Q_{计算} < Q_表$，因此这一值应保留。

又进行了一次测定，结果为 1.014 mol·L^{-1}，重新排列测定结果：

$$1.010, 1.011, 1.012, 1.014 \text{ 和 } 1.016 \text{ mol·L}^{-1}$$

根据与相邻测量值的远近，可疑值仍为 1.016 mol·L^{-1}。

$$Q_{计算} = \frac{x_n - x_{n-1}}{x_n - x_1} = \frac{1.016 - 1.014}{1.016 - 1.010} = 0.33$$

置信度为 90%，$n = 5$ 时，$Q_表 = 0.64$，$Q_{计算} < Q_表$，因此以上数据全部可以保留。

1.9 测定某矿石样品中锌和锡的含量，测定结果为：(1)锌：33.27%，33.37% 和 33.34%；(2)锡：$0.022\%, 0.025\%$ 和 0.026%。在置信度 90% 下，用 Q 检验法判断以上结果中是否有可疑值需要舍去，计算标准偏差、变异系数和置信度 90% 时平均值的置信区间。

解 ① 锌的测定结果由小到大排列为：$33.27\%, 33.34\%$ 和 33.37%

根据与相邻测量值的远近，33.27% 为可疑值。

$$Q_{计算} = \frac{x_2 - x_1}{x_n - x_1} = \frac{33.34\% - 33.27\%}{33.37\% - 33.27\%} = 0.7$$

置信度为 90%，$n = 3$ 时，$Q_表 = 0.94$，$Q_{计算} < Q_表$，因此这一值应保留，没有值需要舍去。

$$\bar{x} = \frac{33.27\% + 33.37\% + 33.34\%}{3} = 33.33\%$$

标准偏差：

$$S = \sqrt{\dfrac{\sum\limits_{i=1}^{n}(x_i - \bar{x})^2}{n-1}}$$

$$= \sqrt{\dfrac{(33.27\% - 33.33\%)^2 + (33.34\% - 33.33\%)^2 + (33.37\% - 33.33\%)^2}{3-1}}$$

$$= 0.051\%$$

变异系数：

$$CV(RSD) = \frac{S}{\bar{x}} = \frac{0.051\%}{33.33\%} = 0.15\%$$

查表可得，$P = 90\%$ 时，$t_{0.10,2} = 2.920$

$$\mu = \bar{x} \pm t_{a,f} \frac{S}{\sqrt{n}} = 33.33\% \pm \frac{2.920 \times 0.051\%}{\sqrt{3}} = (33.33 \pm 0.09)\%$$

即置信区间为 $33.24\% \sim 33.42\%$，在此范围内包含真实值的概率为 90%。

② 锡的测定结果由小到大排列为：0.022%，0.025% 和 0.026%

根据与相邻测量值的远近，0.022% 为可疑值。

$$Q_{计算} = \frac{x_2 - x_1}{x_n - x_1} = \frac{0.025\% - 0.022\%}{0.026\% - 0.022\%} = 0.75$$

置信度为 90%，$n = 3$ 时，$Q_表 = 0.94$，$Q_{计算} < Q_表$，因此这一值应保留，没有值需要舍去。

$$\bar{x} = \frac{0.022\% + 0.025\% + 0.026\%}{3} = 0.024\%$$

$$S = \sqrt{\dfrac{\sum\limits_{i=1}^{n}(x_i - \bar{x})^2}{n-1}}$$

$$= \sqrt{\dfrac{(0.022\% - 0.024\%)^2 + (0.025\% - 0.024\%)^2 + (0.026\% - 0.024\%)^2}{3-1}}$$

$$= 0.0021\%$$

变异系数：

$$CV(RSD) = \frac{S}{\bar{x}} = \frac{0.0021\%}{0.024\%} = 8.8\%$$

查表可得，$P = 90\%$ 时，$t_{0.10,2} = 2.920$

$$\mu = \bar{x} \pm t_{a,f} \frac{S}{\sqrt{n}} = 0.024\% \pm \frac{2.920 \times 0.0021\%}{\sqrt{3}} = (0.024 \pm 0.004)\%$$

即置信区间为 $0.020\% \sim 0.028\%$，在此范围内包含真实值的概率为 90%。

1.10 某 NaOH 溶液的浓度为 $0.5450 \text{ mol} \cdot \text{L}^{-1}$，现取 50.00 mL，欲配制浓度 $0.1000 \text{ mol} \cdot \text{L}^{-1}$ 的溶液，需加水多少毫升？

解 ① 查手册知，$0.5450 \text{ mol} \cdot \text{L}^{-1}$ NaOH 溶液密度为 $1.02 \text{ kg} \cdot \text{m}^{-3}$，$0.1000 \text{ mol} \cdot \text{L}^{-1}$ NaOH 溶液密度为 $1.00 \text{ kg} \cdot \text{m}^{-3}$。

稀释后溶液的体积为：

$$V = \frac{n_{\text{NaOH}}}{c_{\text{NaOH}}} = \frac{0.5450 \times 50.00}{0.1000} = 272.5 (\text{mL})$$

需加水的质量为：$1.00 \times 272.5 - 1.02 \times 50.00 = 221.5 \text{ (g)}$

需加水的体积为：$221.5 / 1.00 = 221.5 \text{ (mL)}$

② 若近似认为 NaOH 溶液稀释前后密度不变，均等于水密度，则上述计算可简化为：

$$V_{\text{H}_2\text{O}} = V - V_0 = \frac{n_{\text{NaOH}}}{c_{\text{NaOH}}} - V_0 = \frac{0.5450 \times 50.00}{0.1000} - 50.00$$
$$= 222.5 (\text{mL})$$

1.11 在标定 NaOH 时，要求消耗 $0.2 \text{ mol} \cdot \text{L}^{-1}$ 的 NaOH 溶液体积控制在 30 mL 左右，求：

① 若采用邻-苯二甲酸氢钾（$KHC_8H_4O_4$）为基准物质，则应称取多少克？

② 若采用草酸（$H_2C_2O_4 \cdot 2H_2O$）为基准物质，又应称取多少克？

③ 若分析天平的称量精度为 $\pm 0.0001 \text{ g}$，计算以上两种试剂称量的相对误差。

④ 以上结果说明了什么？

解 ① NaOH 和邻-苯二甲酸氢钾（$KHC_8H_4O_4$）的反应方程式为：

$$KHC_8H_4O_4 + NaOH \Longrightarrow KNaC_8H_4O_4 + H_2O$$

因此 $n_{\text{KHC}_8\text{H}_4\text{O}_4} = n_{\text{NaOH}}$

$$m_{\text{KHC}_8\text{H}_4\text{O}_4} = n_{\text{KHC}_8\text{H}_4\text{O}_4} \times M_{\text{KHC}_8\text{H}_4\text{O}_4}$$
$$= 0.2 \times \frac{30}{1000} \times 204.22 = 1.2253 (\text{g})$$

② NaOH 和草酸（$H_2C_2O_4 \cdot 2H_2O$）的反应方程式为：

$$2NaOH + H_2C_2O_4 \cdot 2H_2O \longrightarrow Na_2C_2O_4 + 4H_2O$$

因此 $n_{\text{H}_2\text{C}_2\text{O}_4 \cdot 2\text{H}_2\text{O}} = \frac{1}{2} n_{\text{NaOH}}$

$$m_{\text{H}_2\text{C}_2\text{O}_4 \cdot 2\text{H}_2\text{O}} = n_{\text{H}_2\text{C}_2\text{O}_4 \cdot 2\text{H}_2\text{O}} \times M_{\text{H}_2\text{C}_2\text{O}_4 \cdot 2\text{H}_2\text{O}}$$

$$= \frac{1}{2} \times 0.2 \times \frac{30}{1000} \times 126.06 = 0.3782(g)$$

③ 若分析天平的称量精度为 ± 0.0001 g,则邻-苯二甲酸氢钾($KHC_8H_4O_4$)称量的相对误差为:

$$\pm 0.0001/1.2253 = \pm 0.08\text{‰}$$

草酸($H_2C_2O_4 \cdot 2H_2O$)称量的相对误差为:

$$\pm 0.0001/0.3782 = \pm 0.3\text{‰}$$

④以上结果说明在选取基准物质时,所需的基准物质质量应尽可能大(基准物质应具有尽可能大的摩尔质量),以减小称量误差。

1.12　已知某 HCl 溶液浓度为 0.15 mol $\cdot$ L^{-1},若采用 $NaHCO_3$ 和 $Al(OH)_3$ 来中和,每中和 10.0 mL 此 HCl 溶液需消耗多少质量的 $NaHCO_3$ 和 $Al(OH)_3$?

解　HCl 和 $NaHCO_3$ 的反应方程式为:

$$HCl + NaHCO_3 \rightarrow NaCl + CO_2 + H_2O$$

$$m_{NaHCO_3} = n_{NaHCO_3} \times M_{NaHCO_3} = n_{HCl} \times M_{NaHCO_3}$$

$$= 0.15 \times \frac{10}{1000} \times 84.01 = 0.1260(g)$$

HCl 和 $Al(OH)_3$ 的反应方程式为:

$$3HCl + Al(OH)_3 \rightarrow AlCl_3 + 3H_2O$$

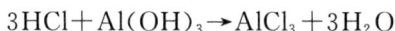

$$m_{Al(OH)_3} = n_{Al(OH)_3} \times M_{Al(OH)_3}$$

$$= \frac{1}{3} n_{HCl} \times M_{Al(OH)_3}$$

$$= \frac{1}{3} \times 0.15 \times \frac{10}{1000} \times 78.00 = 0.0390(g)$$

每中和 10.0 mL 此 HCl 溶液需消耗 0.1260 g 的 $NaHCO_3$ 或 0.0390 g 的 $Al(OH)_3$。

五、测 验 题

(一)概念题

1. 用黄铁矿生产硫磺。黄铁矿中 FeS_2 含量为 84%,经隔绝空气加热,生产 1 吨纯硫磺理论上需要黄铁矿多少吨? 如实际生产中用去 4.8 吨,问原料的利用率是多少?

2. 市售 98% 硫酸溶液,密度为 1.84 g $\cdot$ mL^{-1},配成 $1:5$(体积比)的硫酸溶液。

（1）计算这种硫酸的质量分数；

（2）若所得稀硫酸的密度为 $1.19kg \cdot m^{-3}$，试计算其物质的量浓度。

3. 分析天平的称量误差为 $\pm 0.1mg$，称样量分别为 $0.05g,0.2g,1.0g$ 时可能引起的相对误差各为多少？这些结果说明什么问题？

4. 以下标准溶液必须用间接法配制的是（　　）。

（A）$NaCl$　　　　（B）$Na_2C_2O_4$　　　　（C）$NaOH$　　　　（D）Na_2CO_3

5. 系统误差包括如下几方面的误差：＿＿＿＿＿＿＿＿＿。系统误差的特点是＿＿＿＿＿＿＿＿＿。偶然误差的特点是＿＿＿＿＿＿＿＿＿＿。

6. 在未作系统误差校正的情况下，某分析人员的多次测定结果的重现性很好，则他的分析准确度＿＿＿＿＿＿＿＿。

7. 滴定管的读数常有 $\pm 0.01mL$ 的误差，那么在一次滴定中可能有＿＿＿＿＿＿ mL 的误差。滴定分析中的相对误差一般要求应 $\leqslant 0.1\%$，为此，滴定时的体积须控制在＿＿＿＿ mL 以上。

8. 在少数次的分析测定中，可疑数据的取舍常用＿＿＿＿＿＿检验法。

9. 判断下列情况对测定结果的影响（正误差，负误差，无影响）：

（1）标定 $NaOH$ 溶液浓度时所用的基准物邻-苯二甲酸氢钾中含有少量邻-苯二甲酸＿＿＿＿＿＿。

（2）以 $K_2Cr_2O_7$ 法测定铁矿石中含铁量。滴定速度很快，并过早读出滴定管读数＿＿＿＿＿＿。

（3）用减量法称取试样时，在试样倒出前，使用了一只磨损的砝码＿＿＿＿＿＿。

（4）以失去部分水的硼砂作为基准物标定 HCl 溶液的浓度＿＿＿＿＿＿。

（5）以溴酸钾-碘量法测定苯酚纯度时，有 Br_2 逃逸＿＿＿＿＿＿。

10. 将 $0.0089g$ $BaSO_4$ 换算成 Ba，问计算下列换算因数时取何者较为恰当：$0.5884,0.588,0.59$？计算结果最后应以几位有效数字报出？

11. 要使在置信度为 95% 时平均值的置信区间不超过 $\pm S$，问至少要平行测定几次？

12. 某学生测定矿石中的铜含量时，得到以下结果：2.50%，2.53%，2.55%，问再测定一次而不应该舍弃的分析结果的界限是多少？

13. 按有效数字规则，修约下列答案：

（1）$4.1374 + 2.81 + 0.0603 = 7.0077$

（2）$14.37 \times 6.44 = 92.5428$

（3）$0.0613 \times 0.4044 = 0.02478972$

(4) $4.1374 \times 0.841 \div 297.2 = 0.0117077$

(5) $(4.178 + 0.037) \div 60.4 = 0.0697847$

14. 称取纯 $CaCO_3$ 0.5000g 溶于 50.00mL 的 HCl 溶液中，多余的酸用 NaOH 溶液回滴，消耗 6.20mL。1mL NaOH 溶液相当于 1.010mL HCl 溶液。求两种溶液的浓度，并求 NaOH 溶液对 HCl 的滴定度。

(二)选择题

1. 定量分析工作中要求测定结果的误差（　　）。

(A)越小越好　　　　　　　(B)等于零

(C)略大于允许误差　　　　(D)在允许误差范围之内

2. 在滴定分析法测定中出现的下列情况，哪种会导致系统误差？（　　）

(A)滴定管的读数读错　　　(B)砝码未经校正

(C)滴定时有液滴溅出　　　(D)所用试剂中含有干扰离子

3. 分析测定中出现的下列情况，何种属于偶然误差？（　　）

(A)滴定所加试剂中含有微量的被测物质

(B)某分析人员几次读取同一滴定管的读数不能取得一致

(C)某分析人员读取滴定管读数时总是偏高或偏低

(D)甲乙两人用同样的方法测定，但结果总不能一致

4. 用下列方法中的哪种方法可减小分析测定中的偶然误差？（　　）

(A)进行对照实验　　　　　(B)进行空白实验

(C)进行仪器校准　　　　　(D)增加平行实验的次数

5. 分析测定中的偶然误差，就统计规律来讲，其（　　）。

(A)数值固定不变

(B)数值随机可变

(C)大误差出现的概率小，小误差出现的概率大

(D)数值相等的正负误差出现的概率相等

6. 用 25mL 移液管移出的溶液体积应记录为（　　）。

(A)25mL　　(B)25.0mL　　(C)25.00mL　　(D)25.000mL

7. 滴定分析的相对误差一般要求为 0.1%，滴定时耗用标准溶液的体积应控制在（　　）。

(A)10mL 以下　　　　　　(B)10～15mL

(C)20～30mL　　　　　　(D)15～20mL

8. 今欲配制1L 0.0100 mol·L^{-1}的 $K_2Cr_2O_7$(摩尔质量为 294.2 g·mol^{-1})，所用分析天平的准确度为 ± 0.1 mg。若相对误差要求为 $\pm 0.2\%$，则 $K_2Cr_2O_7$

应称准至( )。

(A)0.1g (B)0.01g (C)0.001g (D)0.0001g

9. 滴定分析法要求相对误差为±0.1%,若称取试样的绝对误差为 0.0002g,则一般至少称取试样( )。

(A)0.1g (B)0.2g (C)0.3g (D)0.4g

10. 用计算器算得 $\dfrac{0.0142 \times 24.43 \times 305.64}{34.20} = 3.10024$,按有效数字运算(修约)规则,结果应为( )。

(A)3.1 (B) 3.10 (C)3.100 (D) 3.1002

六、测验题解答

(一)概念题

1. 4.45 吨;92.7%

2. 26.3%;3.19mol·L^{-1}

3. 0.2%;0.05%;0.01%;称样量越多相对误差越小

4. (C)

5. 方法误差、仪器误差、试剂误差、操作误差;
误差数值一定、反复出现,可以消除;误差数值不定、但服从正态分布

6. 不一定高

7. ±0.02mL;20mL

8. Q

9. (1)负 (2)负 (3)负 (4)负 (5)无影响

10. 0.588 三位

11. 7次

12. 2.46,2.60

13. (1)7.01 (2)92.5 (3)0.0248 (4)0.01171 (5)0.0698

14. 0.2284 mol·L^{-1};0.2307 mol·L^{-1};0.01207g·mL^{-1}

(二)选择题

1. (D); **2.** (B)、(D); **3.** (B)、(D); **4.** (D); **5.** (C); **6.** (B); **7.** (C); **8.** (C);
9. (B); **10.** (B)

第二章　化学反应的基本原理
(Fundamentals of Chemical Reactions)

学习目标

通过本章的学习,要求掌握:

1. 化学热力学的基本概念与有关计算;
2. 化学平衡及平衡移动规律;
3. 平衡体系组成的计算;
4. 温度、浓度(压力)对化学平衡的影响;
5. 化学反应速率的基本概念;
6. 影响化学反应速率的因素。

一、知 识 结 构

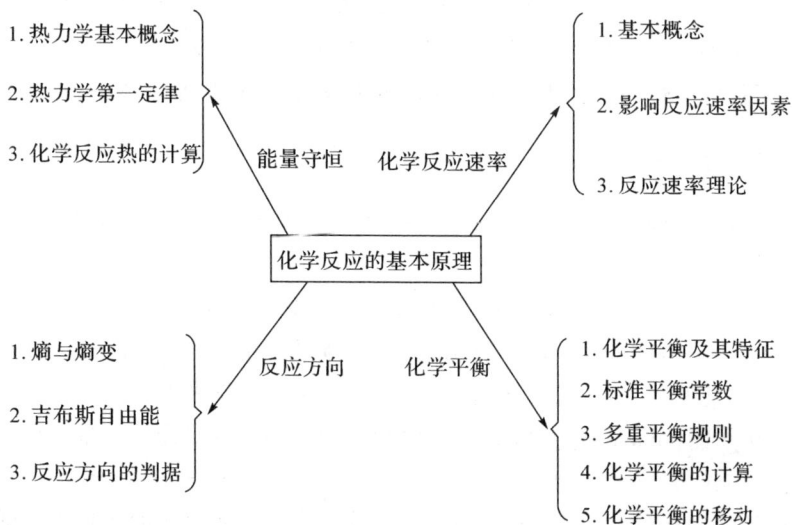

二、基本概念

1. 体系与环境

体系(system)：在科学研究时必须先确定研究对象，把一部分物质与其余物质分开，这种分离可以是实际的，也可以是想象的。这种被划定的研究对象称为体系，亦称为物系或系统。

环境(surroundings)：与体系密切相关、有相互作用或影响的部分称为环境。

根据体系与环境之间的关系，可以把体系分为三类。

(1)敞开体系(open system)：体系与环境之间既有物质交换，又有能量交换。

(2)封闭体系(closed system)：体系与环境之间没有物质交换，但有能量交换。

(3)隔离体系(isolated system)：体系与环境之间既无物质交换，又无能量交换，也称为孤立体系。有时可以把封闭体系加环境一起作为隔离体系来考虑。

2. 体系的性质

热力学有许多宏观性质，如压力、体积、温度、组成等，常简称性质。我们可以用宏观可测的性质来描述体系的热力学状态，因此这些性质也称为热力学变量。其可分为两类。

(1)广度性质(extensive properties)：又称为容量性质，它的数值与体系的物质的量成正比。它的特点是有加和性，如体积、质量、熵等。

(2)强度性质(intensive properties)：它的数值取决于体系自身的特点，与体系的数量无关。它的特点是不具有加和性，如温度、压力等。

由两种广度性质之比得出的物理量则为强度性质，如摩尔体积、密度等。

3. 热力学平衡态

当体系的各种性质不随时间而改变，则体系就处于热力学平衡态，它包括下列几个平衡。

(1)热平衡(thermal equilibrium)：体系各部分温度相等。

(2)力学平衡(mechanical equilibrium)：体系各部的压力都相等，边界不再移动。如有钢壁存在，虽双方压力不等，但也能保持力学平衡。

(3)相平衡(phase equilibrium)：多相共存时，各相的组成和数量不再随时间而改变。

(4)化学平衡(chemical equilibrium)：反应体系中各物质的数量不再随时间

而改变。

4.状态与状态函数

(1)状态(state):体系表现出来的形态和状况,热力学用系统的性质来描述它所处的状态。

(2)状态函数(state function):体系的一些性质,其数值仅取决于体系所处的状态,而与体系的历史无关;它的变化值仅取决于体系的始态和终态,而与变化的途径无关。具有这种特性的物理量称为状态函数。

5.过程与途径

当系统从一个状态变化到另一个状态时,系统即进行了一个过程。完成这一过程的具体步骤称为途径。系统可以从同一始态出发,经不同的途径变化至同一终态。

在物理化学中,根据系统内部物质变化的类型,将过程分为三类:(1)单纯p,V,T变化;(2)相变化;(3)化学变化。

在物理化学中,按照过程进行的特定条件,将其分为五类。

(1)恒温过程(isothermal process):在变化过程中,体系的温度与环境温度相同,并恒定不变,$T = T_{环境} = $定值。

(2)恒压过程(isobaric process):在变化过程中,体系的压力与环境压力相同,并恒定不变,$p = p_{环境} = $定值。

(3)恒容过程(isochoric process):在变化过程中,体系的容积始终保持不变,$V = $定值。

(4)绝热过程(adiabatic process):在变化过程中,体系与环境不发生热的传递。对那些变化极快的过程,如爆炸、燃烧,可近似作为绝热过程处理。

(5)循环过程(cyclic process):体系从始态出发,经过一系列变化后又回到了始态的变化过程。在这个过程中,所有状态函数的增量等于零。

6.可逆过程

可逆过程(reversible process):体系经过某一过程从状态(1)变到状态(2)之后,如果能使体系和环境都恢复到原来的状态而未留下任何永久性的变化,则该过程称为热力学可逆过程。可逆过程是推动力无限小、系统与环境之间在无限接近平衡条件下进行的过程。

7．热和功

(1)热(heat)。体系与环境之间因温差而传递的能量称为热,用符号 Q 表示。规定:若系统从环境吸热,$Q>0$;若系统向环境放热,则 $Q<0$。

(2)功(work)。体系与环境之间传递的除热以外的其他能量都称为功,用符号 W 表示。规定:系统得到环境所做的功时,$W>0$;系统对环境做功时,$W<0$。

8．热力学能 U

热力学能(thermodynamic energy)以前称为内能(internal energy),它是指体系内部能量的总和,包括分子运动的平动能、分子内的转动能、振动能、电子能、核能以及各种粒子之间的相互作用位能等。

热力学能是状态函数,以 U 表示,具有广度性质,单位为 J。它的绝对值无法测定,只能求出它的变化值。

9．热力学第一定律

热力学第一定律的本质是能量守恒原理,是能量守恒与转化定律在热现象领域内所具有的特殊形式,说明热力学能、热和功之间可以相互转化,但总的能量不变。

10．恒容热

恒容热是系统在恒容、非体积功等于零的过程中与环境交换的热,记作 Q_V。

11．恒压热

恒压热是系统进行恒压并且非体积功等于零的过程中与环境交换的热,记作 Q_p。

12．焓

$$H \overset{\text{def}}{=\!=\!=} U + pV$$

将 H 称为焓,它具有能量单位(J);因为 U,p,V 均为状态函数,所以 H 也是状态函数;因为 U,V 是广度性质,所以 H 亦是广度性质。

13. 摩尔相变焓

摩尔相变焓是指在恒定温度 T 及该温度平衡压力下，单位物质的量的物质发生相变时所对应的焓变，记作 $\Delta_\alpha^\beta H_m$（α 相变的始态，β 相变的终态）或 $\Delta_{相变} H_m$，其 SI 单位为 $J \cdot mol^{-1}$ 或 $kJ \cdot mol^{-1}$。

14. 盖斯定律

1840 年，瑞士化学家盖斯(G. H. Hess)通过大量实验证明，不管化学反应是一步完成还是分几步完成，其反应热是相同的。换句话说，化学反应的反应热只与反应体系的始态和终态有关，而与反应的途径无关，这就是盖斯定律。

15. 标准摩尔反应焓

(1) 热力学标准状态
气体：在任意温度 T、标准压力 $p^\ominus$ 下具有理想气体性质的纯气体状态。
液体或固体：在任意温度 T、标准压力 $p^\ominus$ 下的纯液体或纯固体状态。
标准态对温度没有作出规定，即物质的每一个温度 T 下都有各自的标准态。

(2) 标准摩尔反应焓
在化学反应中的各组分均处在温度 T 的标准态下，其摩尔反应焓就称为该温度下的标准摩尔反应焓，以 $\Delta_r H_m^\ominus(T)$ 表示。

16. 标准摩尔生成焓

在温度为 T 的标准态下，由稳定相态的单质生成化学计量数 $\nu_B = 1$ 的相态为 β 的 B 物质，则该生成反应的焓变就是该化合物 B(β) 在温度 T 时的标准摩尔生成焓，以 $\Delta_r H_m^\ominus(B, \beta, T)$ 表示，单位为 $kJ \cdot mol^{-1}$。

17. 标准摩尔燃烧焓

在温度为 T 的标准态下，由化学计量数 $\nu_B = -1$ 的 β 相态的物质 B(β) 与氧气进行完全氧化反应时，该反应的焓变就为 B 物质在温度 T 时的标准摩尔燃烧焓，以 $\Delta_c H_m^\ominus(B, \beta, T)$ 表示，单位为 $kJ \cdot mol^{-1}$。

18. 热力学第二定律

克劳修斯说法："热不能自动地从低温物体传给高温物体而不产生其他

变化。"

开尔文说法:"不可能从单一热源吸热使之全部对外做功而不产生其他变化。"后来被奥斯特瓦德(Ostward)表述为:"第二类永动机是不可能造成的。"

19. 熵与克劳修斯不等式

熵的定义:熵是可逆过程的热温商。

$$dS \stackrel{\text{def}}{=\!=\!=} \frac{\delta Q_r}{T}$$

熵是状态函数,具有广度性质,熵 S 的单位为 $J \cdot K^{-1}$,它的绝对值无法知道。

对于一个由状态 1 到状态 2 的宏观变化过程,其熵变为:

$$\Delta S = \int_1^2 \frac{\delta Q_r}{T}$$

20. 热力学第三定律

纯物质、完美晶体、0K 时的熵等于零,即:

$$S^*(0K,完美晶体) = 0$$

21. 规定熵与标准熵

规定熵:规定在 0K 时完美晶体的熵值为零,从 0K 到温度 TK 进行积分,这样求得的熵值称为规定熵,记作 $S(T)$。

标准熵:从规定在 0K 时完美晶体的熵值为零出发,计算 1mol 纯物质处于标准态的温度下时的熵值,即为 B 物质的标准摩尔熵,记作 $S_{m,B}^{\ominus}(T)$。

22. 吉布斯函数

吉布斯(Gibbs)函数定义

$$G \stackrel{\text{def}}{=\!=\!=} H - TS$$

G 是状态函数,是广度量,其单位为 J 或 kJ。

23. 标准摩尔生成吉布斯函数 $\Delta_f G_m^{\ominus}$

在温度为 T 的标准态下,由稳定相态的单质生成化学计量数 $\nu_B = 1$ 的 β 相态的化合物 B(β),该生成反应的吉布斯函数的变化值就是该化合物 B(β)在温度 T 时的标准摩尔生成吉布斯函数,以 $\Delta_f G_m^{\ominus}(B,\beta,T)$ 表示,单位为 $kJ \cdot mol^{-1}$。

24.化学反应方向的判据

热力学研究证明,在恒温、恒压且体系只做体积功的条件下,若体系发生变化,可以用 Gibbs 自由能的变化量来判断过程的方向。即:

$\Delta_r G_m < 0$ 自发过程,化学反应能够正向自发进行。

$\Delta_r G_m > 0$ 非自发过程,化学反应能够逆向自发进行。

$\Delta_r G_m = 0$ 化学反应处于平衡状态。

这就是判断过程自发性的吉布斯自由能变判据。

25.标准平衡常数

理想气体的可逆化学反应:$aA(g) + dD(g) \rightleftharpoons gG(g) + hH(g)$

当上述反应达到平衡时,系统的 $\Delta_r G_m = 0$,此时各组分的分压称为平衡分压,标准平衡常数可表示为:

$$K^\ominus = \frac{(p_G^{eq}/p^\ominus)^g (p_H^{eq}/p^\ominus)^h}{(p_A^{eq}/p^\ominus)^a (p_D^{eq}/p^\ominus)^d}$$

26.化学反应速率

(1)平均反应速率(average rate)

平均反应速率是指单位时间内反应物或生成物浓度改变量的绝对值。若现有反应 $aA(g) + dD(g) \rightleftharpoons gG(g) + hH(g)$,则各个组分的平均反应速率为:

$$v_i = \left| \frac{\Delta c_i}{\Delta t} \right|$$

式中 v_i 的下标 i 可指代组分 A,D,G 或 H。

(2)瞬时反应速率(momentary rate)

瞬时反应速率是指某反应在某一瞬间的反应速率。

$$v_i = \lim_{\Delta t \to 0} \left(\left| \frac{\Delta c_i}{\Delta t} \right| \right) = \left| \frac{dc_i}{dt} \right|$$

27.基元反应和反应分子数

基元反应是一步就能完成的反应。所谓反应机理是指反应中所涉及的所有基元反应及其作用过程。绝大多数反应不是基元反应,而是由若干个基元反应所组成的非基元反应。

在基元反应中,实际参加反应的分子数目称为反应分子数。反应分子数可区分为单分子反应、双分子反应和三分子反应,反应分子数只可能是简单的正整数1,2或3。

28.基元反应的速率方程——质量作用定律

对于基元反应:

$$a\mathrm{A}+b\mathrm{B}+\cdots\longrightarrow 产物$$

其速率方程应为:

$$-\frac{\mathrm{d}c_\mathrm{A}}{\mathrm{d}t}=kc_\mathrm{A}^a c_\mathrm{B}^b\cdots$$

也就是说基元反应的速率与各反应物浓度的幂的乘积成正比,其中各浓度的方次为反应方程中相应组分的计量系数,这就是质量作用定律。

速率方程中的比例常数 k,称为反应速率常数。温度一定,反应速率常数就为一定值,与浓度无关。

29.化学反应速率方程的一般形式与反应级数

对于任意反应

$$a\mathrm{A}+b\mathrm{B}+\cdots\longrightarrow y\mathrm{Y}+z\mathrm{Z}+\cdots$$

$$v_\mathrm{A}=\frac{\mathrm{d}c_\mathrm{A}}{\mathrm{d}t}=k_\mathrm{A} c_\mathrm{A}^{n_\mathrm{A}} c_\mathrm{B}^{n_\mathrm{B}}+\cdots$$

式中各浓度的方次 n_A 和 n_B 等(一般不等于各组分的计量系数)分别称为反应组分 A 和 B 等的反应分级数。反应总级数(简称反应级数) n 为各组分反应分级数的代数和:

$$n=n_\mathrm{A}+n_\mathrm{B}+\cdots$$

反应级数的大小表示浓度对反应速率影响的程度,反应级数越大,则反应速率受浓度的影响越大。

30.活化能

阿伦尼乌斯提出,为了发生反应,普通分子要吸收一定的能量,成为活化分子,所需要的能量称为"活化能"。活化能定义为:活化分子的平均能量与反应物分子的平均能量之差。

三、主要公式

1. 由标准摩尔生成焓 $\Delta_f H_m^{\ominus}(B)$ 计算标准摩尔反应焓 $\Delta_r H_m^{\ominus}$

$$\Delta_r H_m^{\ominus} = \sum_B \nu_B \Delta_f H_m^{\ominus}(B)$$

2. 由标准摩尔燃烧焓 $\Delta_c H_m^{\ominus}(B)$ 计算标准摩尔反应焓 $\Delta_r H_m^{\ominus}$

$$\Delta_r H_m^{\ominus} = -\sum_B \nu_B \Delta_c H_m^{\ominus}(B)$$

3. 由标准熵 $S_m^{\ominus}(B)$ 计算标准摩尔反应熵 $\Delta_r S_m^{\ominus}$

$$\Delta_r S_m^{\ominus} = \sum_B \nu_B S_m^{\ominus}(B)$$

4. 化学反应 $\Delta_r G_m^{\ominus}$ 的计算

(1) 由定义计算

$$\Delta_r G_m^{\ominus} = \Delta_r H_m^{\ominus} - T\Delta_r S_m^{\ominus}$$

(2) 由标准摩尔生成吉布斯函数 $\Delta_f G_m^{\ominus}(B)$ 计算

$$\Delta_r G_m^{\ominus} = \sum_B \nu_B \Delta_f G_m^{\ominus}(B)$$

5. 化学反应的等温方程

$$\Delta_r G_m = \Delta_r G_m^{\ominus} + RT\ln Q$$

6. 标准平衡常数与标准摩尔 Gibbs 自由能变的关系

$$\Delta_r G_m^{\ominus} = -RT\ln K^{\ominus} = -2.303RT\lg K^{\ominus}$$

7. 范特霍夫(Van't Hoff)公式

$$\ln \frac{K_2^{\ominus}}{K_1^{\ominus}} = -\frac{\Delta_r H_m^{\ominus}}{R}\left(\frac{1}{T_2} - \frac{1}{T_1}\right)$$

8. 阿伦尼乌斯方程

速率常数 k 与温度 T 的定量关系式,称为阿伦尼乌斯(Arrhenius S A)方程。

(1)指数式 $k = A\mathrm{e}^{-E_a/RT}$

(2)对数式 $\ln k = -\dfrac{E_a}{RT} + \ln A$

(3)微分式 $\dfrac{\mathrm{d}\ln k}{\mathrm{d}T} = \dfrac{E_a}{RT^2}$

(4)积分式 $\ln\dfrac{k_2}{k_1} = -\dfrac{E_a}{R}\left(\dfrac{1}{T_2} - \dfrac{1}{T_1}\right)$

四、习题详解

2.1 计算下列体系热力学能的变化:①体系从环境吸热 1000J,并对环境做功 540J;②体系向环境放热 535J,环境对体系做功 250J。

解 (1)$\Delta U = Q + W = (+1000) + (-540) = 460(\mathrm{J})$

(2)$\Delta U = Q + W = (-535) + (+250) = -285(\mathrm{J})$

2.2 1mol 丙二酸 $CH_2(COOH)_2$ 晶体在弹式量热计中完全燃烧,298.15K 时放出的热量为 866.5kJ,求 1mol 丙二酸在 298.15K 时的等压反应热。

解 $CH_2(COOH)_2(s) + 2O_2(g) \Longrightarrow 3CO_2(g) + 2H_2O(l)$

因为: $Q_V = -866.5 \ \mathrm{kJ \cdot mol^{-1}}$,

则有: $Q_p = Q_V + RT \cdot \Delta n_g$

$= -866.5 + 8.314 \times 10^{-3} \times 298.15 \times (3 - 2)$

$= -864.02(\mathrm{kJ \cdot mol^{-1}})$

2.3 硝酸甘油的爆炸反应为:$4C_3H_5(NO_3)_3(l) \Longrightarrow 6N_2(g) + 10H_2O(g) + 12CO_2(g) + O_2(g)$,爆炸时产生的气体发生膨胀可使体积增大 1200 倍。已知 $C_3H_5(NO_3)_3(l)$ 的标准摩尔生成焓为 $-355\mathrm{kJ \cdot mol^{-1}}$,利用本书附表中的数据计算该爆炸反应在 298.15K 下的标准摩尔反应焓变。

解 查附录,得 $\Delta_f H_m^{\ominus}(H_2O, g) = -241.825\mathrm{kJ \cdot mol^{-1}}$,

$\Delta_f H_m^{\ominus}(CO_2, g) = -393.511 \ \mathrm{kJ \cdot mol^{-1}}$,

$\Delta_f H_m^{\ominus}(C_3H_5(NO_3)_3, l) = -355 \ \mathrm{kJ \cdot mol^{-1}}$

则 $\Delta_r H_m^{\ominus} = 10\Delta_f H_m^{\ominus}(H_2O, g) + 12\Delta_f H_m^{\ominus}(CO_2, g) - 4\Delta_f H_m^{\ominus}(C_3H_5(NO_3)_3, l)$

$= 10 \times (-241.825) + 12 \times (-393.511) - 4 \times (-355)$

$= -5.72 \times 10^3 (\mathrm{kJ \cdot mol^{-1}})$

2.4 现有下列反应:$CH_3COOH(l) + C_2H_5OH(l) \Longrightarrow CH_3COOC_2H_5(l)$

$+H_2O(l)$。试利用标准摩尔燃烧热的数据计算下列反应的 $\Delta_r H_m^{\ominus}$。

解 查附录,得组分的标准摩尔燃烧热的数据如下:

$$CH_3COOH\ (l)+C_2H_5OH\ (l)=\!=\!=CH_3COO\ C_2H_5\ (l)+H_2O(l)$$

$\Delta_c H_m^{\ominus}/kJ \cdot mol^{-1}$ -875 -1368 -2231 0

则 $\Delta_r H_m^{\ominus}=[\Delta_c H_m^{\ominus}(CH_3COOH,l)+\Delta_c H_m^{\ominus}(C_2H_5OH,l)]-[\Delta_c H_m^{\ominus}(H_2O,l)$

$\qquad\quad +\Delta_c H_m^{\ominus}(CH_3COO\ C_2H_5,\ l)]$

$\qquad =[(-875)+(-1368)]-[0+(-2231)]$

$\qquad =-12.0(kJ \cdot mol^{-1})$

2.5 已知 $\Delta_c H_m^{\ominus}(C_3H_8,g)=-2220.9kJ \cdot mol^{-1}$,$\Delta_f H_m^{\ominus}(H_2O,l)$ $=-285.8\ kJ \cdot mol^{-1}$,$\Delta_f H_m^{\ominus}(CO_2,g)=-393.5\ kJ \cdot mol^{-1}$,求 $C_3H_8(g)$ 的 $\Delta_f H_m^{\ominus}$。

解 因为 $C_3H_8(g)+5O_2(g)=\!=\!=3CO_2(g)+4H_2O(g)$,于是有

$\Delta_c H_m^{\ominus}(C_3H_8,g)=3\Delta_f H_m^{\ominus}(CO_2,g)+4\Delta_f H_m^{\ominus}(H_2O,l)-\Delta_f H_m^{\ominus}(C_3H_8,g)$

代入数据:$-2220.9=3\times(-393.5)+4\times(-285.8)-\Delta_f H_m^{\ominus}(C_3H_8,g)$

解得:$\Delta_f H_m^{\ominus}(C_3H_8,g)=3\times(-393.5)+4\times(-285.8)+2220.9$

$\qquad\qquad =-102.8(kJ \cdot mol^{-1})$

2.6 已知 298.15K,标准状态下

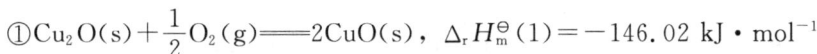

①$Cu_2O(s)+\dfrac{1}{2}O_2(g)=\!=\!=2CuO(s)$,$\Delta_r H_m^{\ominus}(1)=-146.02\ kJ \cdot mol^{-1}$

②$CuO(s)+Cu(s)=\!=\!=Cu_2O(s)$, $\Delta_r H_m^{\ominus}(2)=-11.30kJ \cdot mol^{-1}$

求 $CuO(s)=\!=\!=Cu(s)+\dfrac{1}{2}O_2(g)$的 $\Delta_r H_m^{\ominus}$。

解 令所求反应焓变的方程式为③。观察后有反应 ③$=-(①+②)$。 所以 $\Delta_r H_m^{\ominus}(3)=-(-146.02-11.30)=157.32(kJ \cdot mol^{-1})$

2.7 已知下列化学反应的反应热:

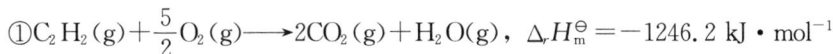

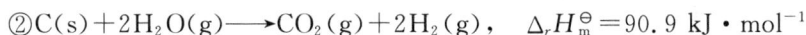

①$C_2H_2(g)+\dfrac{5}{2}O_2(g)\longrightarrow2CO_2(g)+H_2O(g)$,$\Delta_r H_m^{\ominus}=-1246.2\ kJ \cdot mol^{-1}$

②$C(s)+2H_2O(g)\longrightarrow CO_2(g)+2H_2(g)$, $\Delta_r H_m^{\ominus}=90.9\ kJ \cdot mol^{-1}$

③$2H_2O(g)\longrightarrow2H_2(g)+O_2(g)$, $\Delta_r H_m^{\ominus}=483.6\ kJ \cdot mol^{-1}$

求乙炔 $C_2H_2(g)$ 的生成焓 $\Delta_f H_m^{\ominus}$。

解 基于上述 3 个反应的组合 $2\times$ ②$-$①$-2.5\times$③,可得到如下反应:

$$2C(s)+H_2(g)\longrightarrow C_2H_2(g)$$

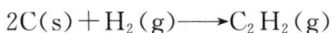

故有:$\Delta_f H_m^{\ominus}=2\times\Delta_r H_m^{\ominus}(2)-\Delta_r H_m^{\ominus}(1)-2.5\Delta_r H_m^{\ominus}(3)$

$$= 2 \times 90.9 - (-1246.2) - 2.5 \times 483.6$$
$$= 219.0(\text{kJ} \cdot \text{mol}^{-1})$$

2.8 在 750℃,总压力为 4266Pa,反应:$\frac{1}{2}SnO_2(s) + H_2(g) \longrightarrow \frac{1}{2}Sn(s) + H_2O(g)$ 达平衡时,水蒸气的气压力为 3160 Pa。求该反应在 750℃下的 $K^\ominus$。

解 $p(\text{总}) = p(H_2) + p(H_2O)$

故 $p(H_2) = p(\text{总}) - p(H_2O) = 4266 - 3160 = 1106$ (Pa)

$$K^\ominus = \frac{p^*(H_2O)/p^\ominus}{p^*(H_2)/p^\ominus} = \frac{p^*(H_2O)}{p^*(H_2)} = \frac{3160}{1106} = 2.86$$

2.9 已知下列反应的标准平衡常数:

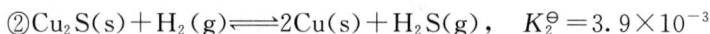

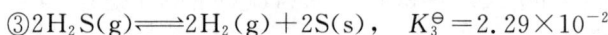

①$C(s) + 2S(s) \Longrightarrow CS_2(g)$, $K_1^\ominus = 0.258$

②$Cu_2S(s) + H_2(g) \Longrightarrow 2Cu(s) + H_2S(g)$, $K_2^\ominus = 3.9 \times 10^{-3}$

③$2H_2S(g) \Longrightarrow 2H_2(g) + 2S(s)$, $K_3^\ominus = 2.29 \times 10^{-2}$

试求反应 $2Cu_2S(s) + C(s) \Longrightarrow 4Cu(s) + CS_2(g)$ 的标准平衡常数 $K^\ominus$。

解 所求反应可通过上述已知条件中 3 个方程式的代数运算得到:$2 \times ② + ① + ③$,故:

$$K^\ominus = (K_2^\ominus)^2 \cdot K_1^\ominus \cdot K_3^\ominus = (3.9 \times 10^{-3})^2 \times 0.258 \times 2.29 \times 10^{-2}$$
$$= 8.99 \times 10^{-8}$$

2.10 写出下列各化学反应的平衡常数 $K^\ominus$ 表达式:

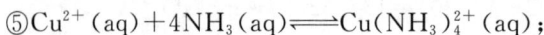

①$HAc(aq) \Longrightarrow H^+(aq) + Ac^-(aq)$;

②$CaCO_3(s) \Longrightarrow CaO(s) + CO_2(g)$;

③$C(s) + H_2O(g) \Longrightarrow CO(g) + H_2(g)$;

④$AgCl(s) \Longrightarrow Ag^+(aq) + Cl^-(aq)$;

⑤$Cu^{2+}(aq) + 4NH_3(aq) \Longrightarrow Cu(NH_3)_4^{2+}(aq)$;

⑥$2MnO_4^-(aq) + 5SO_3^{2-}(aq) + 6H^+(aq) \Longrightarrow 2Mn^{2+}(aq) + 5SO_4^{2-}(aq) + 3H_2O(l)$。

解 ①$K^\ominus = (c(H^+)/c^\ominus)(c(Ac^-)/c^\ominus)(c(HAc)/c^\ominus)^{-1}$

②$K^\ominus = p(CO_2)/p^\ominus$

③$K^\ominus = (p(CO)/p^\ominus)(p(H_2)/p^\ominus)(p(H_2O)/p^\ominus)^{-1}$

④$K^\ominus = (c(Ag^+)/c^\ominus)(c(Cl^-)/c^\ominus)$

⑤$K^\ominus = (c(Cu(NH_3)_4)/c^\ominus)(c(Cu^{2+})/c^\ominus)^{-1}(c(NH_3)/c^\ominus)^{-4}$

⑥$K^\ominus = (c(Mn^{2+})/c^\ominus)^2(c(SO_4^{2-})/c^\ominus)^5(c(MnO_4^-)/c^\ominus)^{-2}(c(SO_3^{2-})/c^\ominus)^{-5}(c(H^+)/c^\ominus)^{-6}$

2.11 利用附录数据,判断下列反应在 298.15K 下能否自发向右进行。

①$2CuO(s) \longrightarrow Cu_2O(s) + \frac{1}{2}O_2(g)$；

②$3NO_2(g) + H_2O(l) \longrightarrow 2HNO_3(l) + NO(g)$；

③$4NH_3(g) + 5O_2(g) \longrightarrow 4NO(g) + 6H_2O(g)$；

④$8Al(s) + 3Fe_3O_4(s) \longrightarrow 4Al_2O_3(s) + 9Fe(s)$。

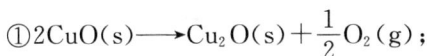

解　依据 $\Delta_r G_m^{\ominus} = \sum \nu_B \Delta_f G_m^{\ominus}(B)$ 的计算结果进行判断。

① $\Delta_r G_m^{\ominus} = \sum_B \nu_B \Delta_f G_m^{\ominus}(B)$

$= (-146.0 + 0) - (-129.7) = -16.3 (kJ \cdot mol^{-1}) < 0$

② $\Delta_r G_m^{\ominus} = \sum_B \nu_B \Delta_f G_m^{\ominus}(B)$

$= 2 \times (-80.71) + 86.55 - [3 \times 51.31 + (-237.129)]$

$= 8.33 (kJ \cdot mol^{-1}) > 0$

③ $\Delta_r G_m^{\ominus} = \sum_B \nu_B \Delta_f G_m^{\ominus}(B)$

$= 4 \times 86.55 + 6 \times (-228.572) - [4 \times (-16.45) + 5 \times 0]$

$= -959.43 (kJ \cdot mol^{-1}) < 0$

④ $\Delta_r G_m^{\ominus} = \sum_B \nu_B \Delta_f G_m^{\ominus}(B)$

$= 4 \times (-1582.3) + 9 \times 0 - [8 \times 0 + 3 \times (-1015.4)]$

$= 3283 (kJ \cdot mol^{-1}) < 0$

2.12　已知某反应 $\Delta_r H_m^{\ominus}(298.15K) = 20kJ \cdot mol^{-1}$，在300K的标准平衡常数 $K^{\ominus}$ 为 1.0×10^3，求反应的标准摩尔熵变 $\Delta_r S_m^{\ominus}(298.15K)$。

解　$\Delta_r G_m^{\ominus}(300K) = -RT \ln K^{\ominus}$

$= -8.314 \times 10^{-3} \times 300 \times \ln 10^3$

$= -17.23 (kJ \cdot mol^{-1})$

$\Delta_r G_m^{\ominus}(300K) \approx \Delta_r H_m^{\ominus} - T \Delta_r S_m^{\ominus}$

代入数据

$-17.23 = 20 - 298 \times \Delta_r S_m^{\ominus}$

解得　$\Delta_r S_m^{\ominus} = 0.125 (kJ \cdot K^{-1} \cdot mol^{-1}) = 125 (J \cdot K^{-1} \cdot mol^{-1})$

2.13　计算下列反应在298K时的 $\Delta_r G_m^{\ominus}$，$\Delta_r S_m^{\ominus}$ 和 $\Delta_r H_m^{\ominus}$。

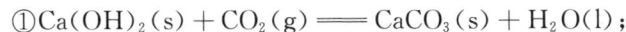

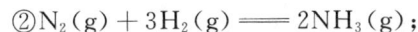

①$Ca(OH)_2(s) + CO_2(g) = CaCO_3(s) + H_2O(l)$；

②$N_2(g) + 3H_2(g) = 2NH_3(g)$；

③$2H_2S(g) + 3O_2(g) = 2SO_2(g) + 2H_2O(l)$。

解　由于 $\Delta_r G_m^\ominus = \sum\limits_B \nu_B \Delta_f G_m^\ominus(B)$，$\Delta_r S_m^\ominus = \sum\limits_B \nu_B S_m^\ominus(B)$

$$\Delta_r H_m^\ominus = \Delta_r G_m^\ominus + T\Delta_r S_m^\ominus$$

查附录，获取上述 3 个反应中各组分的标准摩尔生成吉布斯自由能和标准摩尔规定熵数据，分别代入上式，即有

①$\Delta_r G_m^\ominus = \sum\limits_B \nu_B \Delta_f G_m^\ominus(B)$

　　　$= (-1128.79 - 237.129) - (-898.49 - 394.359)$

　　　$= -73.07(\text{kJ} \cdot \text{mol}^{-1})$

$\Delta_r S_m^\ominus = \sum\limits_B \nu_B S_m^\ominus(B)$

　　　$= (92.9 + 69.91) - (83.39 + 213.74) = -134.32(\text{J} \cdot \text{mol}^{-1} \cdot \text{K}^{-1})$

$\Delta_r H_m^\ominus = \Delta_r G_m^\ominus + T\Delta_r S_m^\ominus$

　　　$= -73.07 + 298 \times (-134.21) \times 10^{-3} = -113.06(\text{kJ} \cdot \text{mol}^{-1})$

②$\Delta_r G_m^\ominus = \sum\limits_B \nu_B \Delta_f G_m^\ominus(B)$

　　　$= 2 \times (-16.5) - (0 + 0) = -33.0(\text{kJ} \cdot \text{mol}^{-1})$

$\Delta_r S_m^\ominus = \sum\limits_B \nu_B S_m^\ominus(B)$

　　　$= 2 \times 192.45 - (191.61 + 3 \times 130.684) = -198.72 \,(\text{J} \cdot \text{mol}^{-1} \cdot \text{K}^{-1})$

$\Delta_r H_m^\ominus = \Delta_r G_m^\ominus + T\Delta_r S_m^\ominus$

　　　$= -33.0 + 298 \times (-198.61) \times 10^{-3} = -92.19(\text{kJ} \cdot \text{mol}^{-1})$

③$\Delta_r G_m^\ominus = \sum\limits_B \nu_B \Delta_f G_m^\ominus(B)$

　　　$= 2 \times (-300.194) + 2 \times (-237.129) - [2 \times (-33.56) + 3 \times 0]$

　　　$= -1007.53(\text{kJ} \cdot \text{mol}^{-1})$

$\Delta_r S_m^\ominus = \sum\limits_B \nu_B S_m^\ominus(B)$

　　　$= (2 \times 248.21 + 2 \times 69.91) - (2 \times 205.79 + 3 \times 205.138)$

　　　$= -390.75(\text{J} \cdot \text{mol}^{-1} \cdot \text{K}^{-1})$

$\Delta_r H_m^\ominus = \Delta_r G_m^\ominus + T\Delta_r S_m^\ominus$

　　　$= -1007.56 + 298 \times (-390.41) \times 10^{-3} = -1123.9(\text{kJ} \cdot \text{mol}^{-1})$

2.14　某反应 25℃，$K^\ominus = 32$，37℃时 $K^\ominus = 50$。求 37℃时该反应的 $\Delta_r H_m^\ominus$、$\Delta_r G_m^\ominus$ 和 $\Delta_r S_m^\ominus$（设此温度范围内 $\Delta_r H_m^\ominus$ 为常数）。

解　根据 $\ln \dfrac{K^\ominus(T_2)}{K^\ominus(T_1)} = \dfrac{\Delta_r H_m^\ominus}{R} \left(\dfrac{T_2 - T_1}{T_1 T_2} \right)$，代入数据有

$$\ln\frac{50}{32}=\frac{\Delta_r H_m^\ominus}{8.314\times10^{-3}}\left(\frac{310-298}{298\times310}\right)$$

计算得：

$$\Delta_r H_m^\ominus=(8.314\times10^{-3}\times298\times310\times\ln\frac{50}{32})/(310-298)$$

$$=28.56(\text{kJ}\cdot\text{mol}^{-1})$$

$$\Delta_r G_m^\ominus=-RT\ln K^\ominus$$

$$=-8.314\times10^{-3}\times310\times\ln50$$

$$=-10.08(\text{kJ}\cdot\text{mol}^{-1})$$

又依据 $\Delta_r G_m^\ominus=\Delta_r H_m^\ominus-T\Delta_r S_m^\ominus$，故

$$\Delta_r S_m^\ominus=\frac{\Delta_r H_m^\ominus-\Delta_r G_m^\ominus}{T}=\frac{(28.56+10.08)\times10^3}{310}=124.6(\text{kJ}\cdot\text{mol}^{-1})$$

2.15 试计算下列合成甘氨酸的反应在 298.15K 及 $p^\ominus$ 下的 $\Delta_r G_m^\ominus$，并判断此条件下反应的自发性：$NH_3(g)+2CH_4(g)+\frac{5}{2}O_2(g)=\!=\!=C_2H_5O_2N(s)+3H_2O(l)$。

解 查附录得各组分的标准摩尔生成吉布斯自由能数据为：

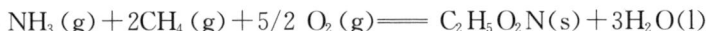

$$NH_3(g)+2CH_4(g)+5/2\,O_2(g)=\!=\!= C_2H_5O_2N(s)+3H_2O(l)$$

$\Delta_f G_m^\ominus/\text{kJ}\cdot\text{mol}^{-1}$　-16.45　-50.72　0　　　　-377.3　　　-237.129

于是有

$$\Delta_r G_m^\ominus=[\Delta_f G_m^\ominus(C_2H_5O_2N,s)+3\Delta_f G_m^\ominus(H_2O,l)]$$

$$-[\Delta_f G_m^\ominus(NH_3,g)+2\Delta_f G_m^\ominus(CH_4,g)]$$

$$=-377.3+3\times(-237.129)-(-16.45)-2\times(-50.72)$$

$$=-970.8(\text{kJ}\cdot\text{mol}^{-1})$$

2.16 由软锰矿二氧化锰制备金属锰可采取下列两种方法：

①$MnO_2(s)+2H_2(g)\longrightarrow Mn(s)+2H_2O(g)$；

②$MnO_2(s)+2C(s)\longrightarrow Mn(s)+2CO(g)$；

上述两个反应在 25℃，100kPa 下是否能自发进行？如果考虑工作温度越低越好的话，则制备锰采用哪一种方法比较好？

解 先查附录，获取反应中各组分的标准摩尔生成吉布斯自由能数据，进而代入下式，得

$$①\Delta_r G_m^\ominus(298K)=2\Delta_f G_m^\ominus(H_2O)-\Delta_f G_m^\ominus(MnO_2)$$

$$=2\times(-228.58)-(-466.14)=8.98(\text{kJ}\cdot\text{mol}^{-1})>0$$

②$\Delta_r G_m^{\ominus}(298K) = 2\Delta_f G_m^{\ominus}(CO) - \Delta_f G_m^{\ominus}(MnO_2)$

$= 2 \times (-137.17) - (-466.14) = 191.8(kJ \cdot mol^{-1}) > 0$

故两个反应在 $25℃$，100 kPa 下都不能自发进行。

再查附录，获取反应中各组分的标准摩尔熵、标准摩尔生成焓数据，计算得：

式①的 $\Delta_r H_m^{\ominus} = 36.39(kJ \cdot mol^{-1})$，　$\Delta_r S_m^{\ominus} = 95.24(J \cdot mol^{-1} \cdot K^{-1})$，转向温度 $T_1 = 382$ K

式②的 $\Delta_r H_m^{\ominus} = 298.98(kJ \cdot mol^{-1})$，　$\Delta_r S_m^{\ominus} = 362.28(J \cdot mol^{-1} \cdot K^{-1})$，转向温度 $T_2 = 825$ K

仅考虑温度时，选①有利。

2.17 甲醇是重要的能源和化工原料，用附录的数据计算它的人工合成反应 $CO + 2H_2 \Longrightarrow CH_3OH$ 的 $\Delta_r H_m^{\ominus}$，$\Delta_r S_m^{\ominus}$ 和 $\Delta_r G_m^{\ominus}$，判断在标准状态下反应自发进行的方向并估算转向温度。

解　查附录，获取下列反应中各组分的标准摩尔规定熵、标准摩尔燃烧焓的数据如下：

	CO(g)	+	2H₂(g)	=	CH₃OH(l)
$S_m^{\ominus}/J \cdot K^{-1} \cdot mol^{-1}$	198.0		130.7		126.8
$\Delta_c H_m^{\ominus}/kJ \cdot mol^{-1}$	-283.0		-285.8		-726.6

于是计算反应的焓变、熵变和吉布斯自由能为：

$\Delta_r H_m^{\ominus} = \Delta_c H_m^{\ominus}(CO, g) + 2\Delta_c H_m^{\ominus}(H_2, g) - \Delta_c H_m^{\ominus}(CH_3OH, l)$

$= (-283.0) + 2 \times (-285.8) - (-726.6)$

$= -128.0(kJ \cdot mol^{-1})$

$\Delta_r S_m^{\ominus} = S_m^{\ominus}(CH_3OH, l) - [S_m^{\ominus}(CO, g) + 2S_m^{\ominus}(H_2, g)]$

$= 126.8 - (198.0 + 2 \times 130.7)$

$= -332.6(J \cdot K^{-1} \cdot mol^{-1})$

$\Delta_r G_m^{\ominus} = \Delta_r H_m^{\ominus} - T\Delta_r S_m^{\ominus}$

$= -128.0 - [298.15 \times (-332.6) \times 10^{-3}]$

$= -28.83(kJ \cdot mol^{-1})$

$\Delta_r G_m^{\ominus} < 0$，标准状态下正反应方向自发。

转向温度 $T = \Delta_r H_m^{\ominus}/\Delta_r S_m^{\ominus}$

$= -128.0 \times 10^3/(-332.6)$

$= 384.8(K)$

2.18　在 $25℃$ 时，反应 $2H_2O_2(g) \Longrightarrow 2H_2O(g) + O_2(g)$ 的 $\Delta_r H_m^{\ominus} =$

$-210.9 \text{kJ} \cdot \text{mol}^{-1}, \Delta_r S_m^{\ominus} = 131.8 \text{J} \cdot \text{mol}^{-1} \cdot \text{K}^{-1}$。试计算该反应在 25℃ 和 100℃时的 $K^{\ominus}$。

解 忽略温度对反应焓的影响。

$$\Delta_r G_m^{\ominus}(T_1 = 298.15\text{K}) = \Delta_r H_m^{\ominus} - T_1 \Delta_r S_m^{\ominus}$$
$$= -210.9 - 298.15 \times 131.8 \times 10^{-3}$$
$$= 250.2(\text{kJ} \cdot \text{mol}^{-1})$$

$$\Delta_r G_m^{\ominus}(T_2 = 373.15\text{K}) = \Delta_r H_m^{\ominus} - T_2 \Delta_r S_m^{\ominus}$$
$$= 210.9 - 373.15 \times 131.8 \times 10^{-3}$$
$$= 260.1(\text{kJ} \cdot \text{mol}^{-1})$$

$$\Delta_r G_m^{\ominus} = -RT\ln K^{\ominus}$$

所以 $K^{\ominus}(T_1 = 298.15\text{K}) = 6.8 \times 10^{43}$

$\qquad K^{\ominus}(T_2 = 373.15\text{K}) = 2.5 \times 10^{36}$

从上述计算结果对比可知，H_2O_2 分解反应为放热反应，随着温度升高，平衡向左移动。

2.19 在一定温度下，测得反应：$4HBr(g) + O_2(g) \Longrightarrow 2H_2O(g) + 2Br_2(g)$ 系统中 HBr 起始浓度为 $0.0100\text{mol} \cdot \text{L}^{-1}$，10s 后 HBr 的浓度为 $0.0082\text{mol} \cdot \text{L}^{-1}$，试计算在 10s 之内的反应平均速率为多少？如果上述数据是 O_2 的浓度，则该反应的平均速率又是多少？

解 根据公式：$v = \dfrac{1}{\nu_B}\dfrac{dc_B}{dt} = -\dfrac{1}{4}\dfrac{\Delta c(HBr)}{\Delta t} = -\dfrac{\Delta c(O_2)}{\Delta t}$

代入数据计算，得：

$$v(HBr) = 4.5 \times 10^{-5}(\text{mol} \cdot \text{L}^{-1} \cdot \text{s}^{-1})$$

若上述数据是 O_2 的浓度，则有

$$v(O_2) = 1.8 \times 10^{-4}(\text{mol} \cdot \text{L}^{-1} \cdot \text{s}^{-1})$$

2.20 某基元反应：$A + B \longrightarrow C$，在 1.20L 溶液中，当 A 为 4.0mol，B 为 3.0mol 时，v 为 $0.0042\text{mol} \cdot \text{L}^{-1} \cdot \text{s}^{-1}$，计算该反应的速率常数，并写出该反应的速率方程式。

解 该反应的速率方程式：$v_A = -\dfrac{dc_A}{dt} = kc_A c_B$，代入题中数据，得：

$$k = v_A / (c_A c_B)$$
$$= 0.0042 / [(4.0/1.20)(3.0/1.20)]$$
$$= 5.04 \times 10^{-4}(\text{mol}^{-1} \cdot \text{L} \cdot \text{s}^{-1})$$

2.21 某二级反应，在不同温度下的反应速率常数如下：

T/K	645	675	715	750
$k\times 10^3(\mathrm{mol}^{-1}\cdot\mathrm{L}\cdot\mathrm{min}^{-1})$	6.15	22.0	77.5	250

(1)作 $\ln k-1/T$ 图计算反应活化能 E_a；

(2)计算 700K 时的反应速率常数 k。

解 (1)数据变换：

$1/T$	0.0016	0.0015	0.0014	0.0013
$\ln k$	1.8165	3.0910	4.3503	5.5215

作图如下：

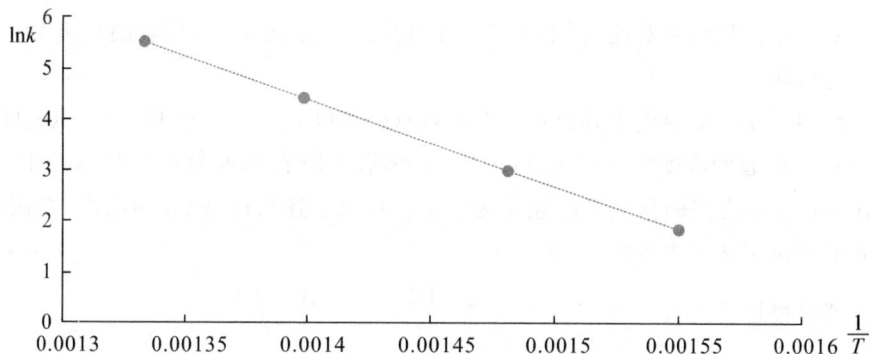

因 $\ln\dfrac{k_2}{k_1}=-\dfrac{E_a}{R}\left(\dfrac{1}{T_2}-\dfrac{1}{T_1}\right)$，由图求得斜率，便可求得；

$$E_a=140(\mathrm{kJ}\cdot\mathrm{mol}^{-1})$$

(2)$\ln\dfrac{k}{7.55\times10^4}=-\dfrac{1.4\times10^5}{8.314}\left(\dfrac{1}{700}-\dfrac{1}{715}\right)$，解得：

$$k=4.56\times10^4(\mathrm{mol}^{-1}\cdot\mathrm{L}\cdot\mathrm{min}^{-1})$$

2.22 已知反应 $\mathrm{C_2H_5Br}\longrightarrow\mathrm{C_2H_4+HBr}$ 的活化能为 $225\mathrm{kJ}\cdot\mathrm{mol}^{-1}$，650K 时 $k=2.0\times10^{-3}\mathrm{s}^{-1}$，求该反应在 700K 时的速率常数。

解 根据 $\ln\dfrac{k_2}{k_1}=\dfrac{E_a}{R}(\dfrac{T_2-T_1}{T_1T_2})$，代入数据，有

$$\ln\dfrac{k_{700}}{2.0\times10^{-3}}=\dfrac{225\times10^3}{8.314}\left(\dfrac{700-650}{650\times700}\right)=2.974$$

整理得： $\dfrac{k_{700}}{2.0\times10^{-3}}=19.57$

于是　　　　　　$k_{700}=3.9\times10^{-2}(\mathrm{s}^{-1})$

2.23　某反应 25℃时速率常数为 $1.3\times10^{-3}\mathrm{s}^{-1}$，35℃时速率常数为 $3.6\times10^{-3}\mathrm{s}^{-1}$。根据范特霍夫规则，估算该反应 55℃时的速率常数。

解　根据 van't Hoff 规则，

$$\frac{k_{35}}{k_{25}}=\frac{3.6\times10^{-3}}{1.3\times10^{-3}}=2.77$$

$$k_{55}=3.6\times10^{-3}\times(2.77)^2=2.76\times10^{-2}(\mathrm{s}^{-1})$$

2.24　某病人发烧至 40℃时，使体内某一酶催化反应的速率常数增大为正常体温(37℃)的 1.25 倍，求该酶催化反应的活化能。

解　根据 $\ln\dfrac{k_1}{k_2}=-\dfrac{E_a}{R}\left(\dfrac{1}{T_1}-\dfrac{1}{T_2}\right)$，代入数据，有

$$\ln\frac{1}{1.25}=-\frac{E_a}{8.314\times10^{-3}}\times\left(\frac{1}{310}-\frac{1}{313}\right)$$

求解得　　　　$E_a=60.0(\mathrm{kJ\cdot mol}^{-1})$

2.25　反应 $C_2H_4+H_2\longrightarrow C_2H_6$ 在 300K 时 $k_1=1.3\times10^{-3}\mathrm{mol\cdot L}^{-1}\cdot\mathrm{s}^{-1}$，400K 时 $k_2=4.5\times10^{-3}\mathrm{mol\cdot L}^{-1}\cdot\mathrm{s}^{-1}$，求该反应的活化能 E_a。

解　根据 $\ln\dfrac{k_2}{k_1}=\dfrac{E_a}{R}\left(\dfrac{T_2-T_1}{T_1T_2}\right)$，代入数据，有

$$\ln\frac{4.5\times10^{-3}}{1.3\times10^{-3}}=\frac{E_a}{8.314}\left(\frac{400-300}{400\times300}\right)$$

整理，并求得 $E_a=\ln\dfrac{4.5\times10^{-3}}{1.3\times10^{-3}}\times\left(\dfrac{8.314\times400\times300}{100}\right)$

$$=12388(\mathrm{J\cdot mol}^{-1})=12.388(\mathrm{kJ\cdot mol}^{-1})$$

2.26　某反应的活化能为 $180\mathrm{kJ\cdot mol}^{-1}$，800K 时反应速率常数为 k_1，求 $k_2=2k_1$ 时的反应温度。

解　根据 $\ln\dfrac{k_2}{k_1}=\dfrac{E_a}{R}\left(\dfrac{T_2-T_1}{T_1T_2}\right)$，代入数据，有

$$\ln\frac{k_2}{k_1}=\ln2=\frac{180\times10^{-3}}{8.314}\left(\frac{T_2-800}{800T_2}\right)$$

整理上式，得　　　$4610T_2-180000T_2=-144000000$

故　　　　　　　　$T_2=821(\mathrm{K})$

2.27　设汽车内燃机内温度因燃料燃烧反应达到 1573K，试计算此温度时反应 $\frac{1}{2}N_2(g)+\frac{1}{2}O_2(g)\longrightarrow NO(g)$ 的 $\Delta_rG_m^{\ominus}$ 和 $K^{\ominus}$。

解　$\Delta_rG_m^{\ominus}=\sum\nu_B\Delta_fH_m^{\ominus}-T\sum\nu_BS_m^{\ominus}$

$$= 90.25 - 1573\left(210.761 - \frac{1}{2} \times 191.61 - \frac{1}{2} \times 205.138\right) \times 10^{-3}$$

$$= 70.77(\text{kJ} \cdot \text{mol}^{-1})$$

$$\Delta_r G_m^{\ominus} = -RT\ln K^{\ominus}$$

$$70.77 = -8.314 \times 10^{-3} \times 1573 \times \ln K^{\ominus}$$

$$K^{\ominus} = 4.46 \times 10^{-3}$$

2.28 已知尿素 $CO(NH_2)_2$ 的 $\Delta_f G_m^{\ominus} = -197.15\text{kJ} \cdot \text{mol}^{-1}$,求尿素的合成反应 $2NH_3(g) + CO_2(g) \Longrightarrow H_2O(g) + CO(NH_2)_2(s)$ 在 298.15K 时的 $\Delta_r G_m^{\ominus}$ 和 $K^{\ominus}$。

解 $\Delta_r G_m^{\ominus} = \sum \nu_B \Delta_f G_m^{\ominus}(B)$

$$= (-228.58) + (-197.15) - 2 \times (-16.45) - (-394.36)$$

$$= 1.53(\text{kJ} \cdot \text{mol}^{-1})$$

$$\Delta_r G_m^{\ominus} = -RT\ln K^{\ominus}$$

所以 $\quad K^{\ominus}(298.15\text{K}) = 0.539$

2.29 密闭容器中的反应 $CO(g) + H_2O(g) \Longrightarrow CO_2(g) + H_2(g)$ 在 750K 时 $K^{\ominus} = 2.6$。求:

(1)当原料气中 $H_2O(g)$ 和 $CO(g)$ 的物质的量之比为 $1:1$ 时,$CO(g)$ 的转化率为多少?

(2)当原料气中 $H_2O(g):CO(g)$ 为 $4:1$ 时,$CO(g)$ 的转化率为多少?

解 (1)V,T 不变

$$CO(g) + H_2O(g) \Longrightarrow CO_2(g) + H_2(g)$$

起始 n/mol $\quad$ 1 $\quad\quad\quad$ 1 $\quad\quad\quad\quad$ 0 $\quad\quad\quad$ 0

平衡 n/mol $\quad$ $1-x$ $\quad\quad$ $1-x$ $\quad\quad\quad$ x $\quad\quad\quad$ x $\quad\quad$ $\Sigma n = 2(1-x) + 2x = 2$

平衡分压 $\quad \dfrac{1-x}{2}p_{总}$ $\quad$ $\dfrac{1-x}{2}p_{总}$ $\quad$ $\dfrac{x}{2}p_{总}$ $\quad$ $\dfrac{x}{2}p_{总}$

$$K^{\ominus} = (p(H_2)/p^{\ominus})(p(CO_2)/p^{\ominus})(p(H_2O)/p^{\ominus})^{-1}(p(CO)/p^{\ominus})^{-1}$$

代入数据:$2.6 = \left(\dfrac{x}{2}\right)^2 \times \left(\dfrac{1-x}{2}\right)^{-2}$

解得:$\quad x = 0.617$

即 $CO(g)$ 的转化率为 61.7%。

(2)当原料气中 $H_2O(g):CO(g)$ 为 $4:1$ 时,则上式改写为:

$$x^2/[(1-x)(5-x)] = 2.6$$

解得:$\quad x = 0.92$

即 $CO(g)$ 的转化率为 92%。

由上述计算结果比较可知，$H_2O(g)$浓度增大，CO 转化率增大。

2.30　雷雨天会发生反应：$N_2(g) + O_2(g) \Longrightarrow 2NO(g)$，已知在 2030K 和 3000K 时，该反应达平衡后，系统中 NO 的体积分数分别为 0.8% 和 4.5%，试判断该反应是吸热反应还是放热反应？并计算 2030K 时的平衡常数。（提示：空气中 N_2 和 O_2 的体积分数分别为 78% 和 21%。）

解　温度升高，NO 变多，平衡右移，所以该反应是吸热反应

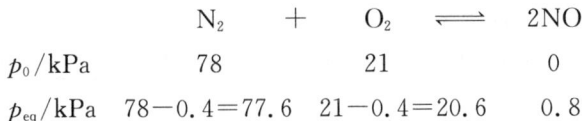

$$K^{\ominus} = \frac{(p(NO)/p^{\ominus})^2}{(p(N_2)/p^{\ominus})(p(O_2)/p^{\ominus})} = \frac{\left(\dfrac{0.8}{100}\right)^2}{\left(\dfrac{77.6}{100}\right)\left(\dfrac{20.6}{100}\right)} = 4.0 \times 10^{-4}$$

五、测验题

(一)填空题

1. 已知 $\Delta_f H_m^{\ominus}(HI(g)) = -1.35 kJ \cdot mol^{-1}$，则反应：

$2HI(g) \Longrightarrow H_2(g) + I_2(s)$ 的 $\Delta_r H_m^{\ominus} = $ _____。

2. 反应 $C(s) + H_2O(g) \Longrightarrow CO(g) + H_2(g)$ 的 $\Delta_r H_m^{\ominus} = 134 kJ \cdot mol^{-1}$，当升高温度时，该反应的平衡常数 $K^{\ominus}$ 将 _____；系统中 $CO(g)$ 的含量有可能 _____。增大系统压力会使平衡 _____ 移动；保持温度和体积不变，加入 $N_2(g)$，平衡 _____ 移动。

3. 反应 $N_2O_4(g) \Longrightarrow 2NO_2(g)$ 是一个熵 _____ 的反应。在恒温恒压下达到平衡，若使 $n(N_2O_4) : n(NO_2)$ 增大，平衡将向 _____ 移动；$n(NO_2)$ 将 _____；若向该系统中加入 $Ar(g)$，$n(NO_2)$ 将 _____，$\alpha(N_2O_4)$ _____。

4. 如果反应 A 的 $\Delta G_1^{\ominus} < 0$，反应 B 的 $\Delta G_2^{\ominus} < 0$，$\Delta G_1^{\ominus} = 0.5 \Delta G_2^{\ominus}$，则 $K_1^{\ominus}$ 等于 $K_2^{\ominus}$ 的 _____ 倍，两个反应的速率常数的相对大小 _____。

5. 已知下列反应及其平衡常数：

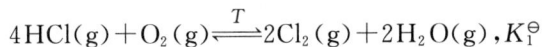

$4HCl(g) + O_2(g) \overset{T}{\Longrightarrow} 2Cl_2(g) + 2H_2O(g)$，$K_1^{\ominus}$

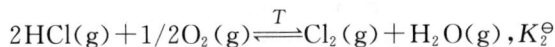

$2HCl(g) + 1/2O_2(g) \overset{T}{\Longrightarrow} Cl_2(g) + H_2O(g)$，$K_2^{\ominus}$

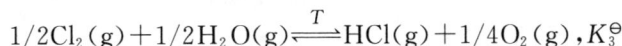

$1/2Cl_2(g) + 1/2H_2O(g) \overset{T}{\Longrightarrow} HCl(g) + 1/4O_2(g)$，$K_3^{\ominus}$

则 $K_1^\ominus$,$K_2^\ominus$,$K_3^\ominus$ 之间的关系是_____。

6. 对于_____反应,其反应级数一定等于反应物计量系数_____。速率常数的单位由_____决定。若某反应速率常数 k 的单位是 $mol^{-2} \cdot L^2 \cdot s^{-1}$,则该反应的反应级数是_____。

7. 反应 $A(g)+2B(g) \Longrightarrow C(g)$ 的速率方程为: $v = k c_A \cdot c_B^2$。该反应_____是基元反应。当 B 的浓度增加 2 倍时,反应速率将增大_____倍;当反应容器的体积增大到原体积的 3 倍时,反应速率将增大_____倍。

8. 在化学反应中,可加入催化剂以加快反应速率,主要是因为_____反应活化能_____增加,速率常数 k _____。

9. 对于可逆反应,当升高温度时,其速率常数 $k_正$ 将_____;$k_逆$ 将_____。当反应为_____热反应时,平衡常数 $K^\ominus$ 将增大,该反应的 $\Delta G^\ominus$ 将_____;当反应为_____热反应时,平衡常数将减小。

(二)选择题

1. 某基元反应 $A+B \Longrightarrow D$,$E_{a正}=600 kJ \cdot mol^{-1}$,$E_{a逆}=150 kJ \cdot mol^{-1}$,该反应的热效应 $\Delta H^\ominus$ 是(　　)$kJ \cdot mol^{-1}$。

(A)450　　　　　(B)−450　　　　　(C)750　　　　　(D)375

2. 下列叙述中正确的是(　　)。

(A)溶液中的反应一定比气相中的反应速率大

(B)反应活化能越小,反应速率越大

(C)增大系统压力,反应速率一定增大

(D)加入催化剂,使 $E_{a正}$ 和 $E_{a逆}$ 减少相同倍数

3. 升高同样温度,一般化学反应速率增大倍数较多的是(　　)。

(A)吸热反应　　　　　　　　(B)放热反应

(C)E_a 较大的反应　　　　　　(D)E_a 较小的反应

4. 反应 $CaCO_3(s) \Longrightarrow CaO(s)+CO_2(g)$ 在高温时正反应自发进行,其逆反应在 298K 时为自发的,则逆反应的 $\Delta H^\ominus$ 与 $\Delta S^\ominus$ 的关系是(　　)。

(A)$\Delta H^\ominus > 0$ 和 $\Delta S^\ominus > 0$　　　　(B)$\Delta H^\ominus < 0$ 和 $\Delta S^\ominus > 0$

(C)$\Delta H^\ominus > 0$ 和 $\Delta S^\ominus < 0$　　　　(D)$\Delta H^\ominus < 0$ 和 $\Delta S^\ominus < 0$

5. 下列热力学函数等于零的是(　　)。

(A)$S^\ominus(O_2,g)$　　　　　　　　(B)$\Delta_f H_m^\ominus(I_2,s)$

(C)$\Delta_f G_m^\ominus(P_4,s)$　　　　　　(D)$\Delta_f G_m^\ominus$(金刚石)

6. 下列反应中 $\Delta S^\ominus > 0$ 的是(　　)。

(A)$CO(g) + Cl_2(g) \longrightarrow COCl_2(g)$

(B)$N_2(g) + O_2(g) \longrightarrow 2NO(g)$

(C)$NH_4HS(s) \longrightarrow NH_3(g) + H_2S(g)$

(D)$2HBr(g) \longrightarrow H_2(g) + Br_2(l)$

7. 下列符号表示状态函数的是( )。

(A)ΔU (B)$S^{\ominus}$ (C)$\Delta H^{\ominus}$ (D)G

8. 在基本容器中加入相同物质量的 NO 和 Cl_2,在一定温度下发生反应:

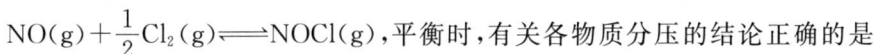

$NO(g) + \dfrac{1}{2}Cl_2(g) \Longleftrightarrow NOCl(g)$,平衡时,有关各物质分压的结论正确的是

( )。

(A)$p(NO) = p(Cl_2)$ (B)$p(NO) = p(NOCl)$

(C)$p(NO) < p(Cl_2)$ (D)$p(NO) > p(Cl_2)$

9. 下列说法中正确的是( )。

(A)质量作用定律是一个普遍的规律,适用于一切化学反应

(B)反应级数与反应分子数总是一致的

(C)同一反应,加入不同的催化剂,但活化能的降低总是相同的

(D)反应速率常数与温度有关,而与物质的浓度无关

10. 增大反应物浓度,使反应速率加快的原因是( )。

(A)分子数目增加   (B)活化分子百分数增加

(C)单位体积内活化分子总数增加   (D)反应系统混乱度增加

三、计算题

1. 已知反应 $2CuO(s) \Longleftrightarrow Cu_2O(s) + 1/2O_2(g)$ 在 300K 时的 $\Delta G^{\ominus} = 112.7kJ \cdot mol^{-1}$;在 400K 时的 $\Delta G^{\ominus} = 102.6kJ \cdot mol^{-1}$。

(1)计算 $\Delta H^{\ominus}$ 与 $\Delta S^{\ominus}$(不查表)。

(2)当 $p(O_2) = 101.326kPa$ 时,该反应能自发进行的最低温度时多少?

2. A、B 两种物质混合后,发生如下反应:$A(g) + 2B(g) \Longleftrightarrow D(g)$,500K 时在一密闭容器中反应达到平衡时,$c(A) = 0.60mol \cdot L^{-1}$,$c(B) = 1.20mol \cdot L^{-1}$,$c(D) = 2.16mol \cdot L^{-1}$。计算该反应 500K 时的平衡常数 $K^{\ominus}$;A、B 两物种的开始分压以及 A 的平衡转化率各是多少?

3. 在 250℃ 时 PCl_5 的分解反应 $PCl_5(g) \Longleftrightarrow PCl_3(g) + Cl_2(g)$,其平衡常数 $K^{\ominus} = 1.78$,如果将一定量的 PCl_5 放入密闭容器中,在 250℃,202.75kPa 压力下,反应达到平衡。求 PCl_5 的分解百分数是多少?

4. 在高温时,光气发生如下的分解反应:$COCl_2(g) \Longleftrightarrow CO(g) + Cl_2(g)$,在

1000K 时将 0.631g 的 $COCl_2(g)$ 注入容积为 472mL 的密闭容器中,当反应达到平衡时,容器内的压力为 220.38kPa。计算该反应在 1000K 时的平衡常数 $K^\ominus$。

5. 反应:$PCl_5(g) \rightleftharpoons PCl_3(g) + Cl_2(g)$,问:

(1)523K 时,将 0.70mol 的 PCl_5 注入容积为 2.0L 的密闭容器中,平衡时有 0.50mol 的 PCl_5 被分解了,试计算该温度下的平衡常数 $K^\ominus$ 和 PCl_5 的分解百分数。

(2)若在上述容器中已达到平衡后,再加入 0.10mol 的 Cl_2,则 PCl_5 的分解百分数是多少?

6. 在某一容器中 A 与 B 反应,实验测得数据如下:

$c(A)/(mol \cdot L^{-1})$	$c(B)/(mol \cdot L^{-1})$	$c(C)/(mol \cdot L^{-1})$
1.0	1.0	1.2×10^{-2}
2.0	1.0	2.3×10^{-2}
4.0	1.0	4.9×10^{-2}
8.0	1.0	9.6×10^{-2}
1.0	1.0	1.2×10^{-2}
1.0	2.0	4.8×10^{-2}
1.0	4.0	1.9×10^{-1}
1.0	8.0	7.6×10^{-1}

(1)确定该反应的级数,写出反应速率方程式;
(2)计算反应速率常数 k。

六、测验题解答

(一)填空题

1. 2.7 $kJ \cdot mol^{-1}$

2. 增大;增加;向左;不

3. 增加;右;增加;增加;增加

4. 1/2 次方;无法确定

5. $(K_1^\ominus)^{1/2} = K_2^\ominus = (1/K_3^\ominus)^2$

6. 基元;之和;反应级数;3

7. 不一定；4；$\dfrac{1}{27}$

8. 降低了；活化分子数；增大

9. 增加；增大；吸；减小；放

(二)选择题

1. (A)；**2.** (B)；**3.** (C)；**4.** (D)；**5.** (C)；**6.** (B)、(C)；**7.** (B)、(D)；**8.** (C)；**9.** (D)；**10.** (C)。

(三)计算题

1. 解

(1) $\Delta G^{\ominus} = \Delta H^{\ominus} - T\Delta S^{\ominus}$

$$\begin{cases} 112.7 = \Delta H^{\ominus} - 300\Delta S^{\ominus} \\ 102.6 = \Delta H^{\ominus} - 400\Delta S^{\ominus} \end{cases}$$

$\Delta H^{\ominus} = 143(\text{kJ} \cdot \text{mol}^{-1})$；$\Delta S^{\ominus} = 101(\text{J} \cdot \text{mol} \cdot \text{K}^{-1})$

(2) $\Delta G^{\ominus} = \Delta H^{\ominus} - T\Delta S^{\ominus} \leqslant 0$

$T = 1415\text{K}$

2. 解

$$K^{\ominus} = \frac{\left(\dfrac{p_D}{p^{\ominus}}\right)}{\left(\dfrac{p_A}{p^{\ominus}}\right)\left(\dfrac{p_B}{p^{\ominus}}\right)^2}$$

$$p_B = \frac{n_B RT}{V} = c_B RT$$

$$K^{\ominus} = \frac{\left(\dfrac{c_D RT}{p^{\ominus}}\right)}{\left(\dfrac{c_A RT}{p^{\ominus}}\right)\left(\dfrac{c_B RT}{p^{\ominus}}\right)^2} = 1.4 \times 10^3$$

$$A(g) + 2B(g) \Longrightarrow D(g)$$

$t = 0$	p_A	p_B	0
$t = t_{eq}$	$p_A - x$	$p_B - 2x$	x

$p_A^{eq} = p_A - x = 0.6RT$

$p_B^{eq} = p_B - 2x = 1.2RT$

$p_D^{eq} = x = 2.16RT$

所以

$p_A = 2.76RT = 1.15 \times 10^4 \text{Pa}$

$$p_B = 5.52RT = 2.29 \times 10^4 \, \text{Pa}$$

$$\alpha = \frac{x}{p_A} = \frac{2.16RT}{2.76RT} \times 100\% = 78.3\%$$

3. 解

$$\text{PCl}_5(\text{g}) \rightleftharpoons \text{PCl}_3(\text{g}) + \text{Cl}_2(\text{g})$$

$t=0 \qquad p_{\text{PCl}_5} \qquad\qquad 0 \qquad\qquad 0$

$t=t_{\text{eq}} \quad p_{\text{PCl}_5}-x \qquad x \qquad\qquad x$

$$p_{总} = p_{\text{PCl}_5} - x + x + x = p_{\text{PCl}_5} + x = 202.75 \, \text{kPa}$$

$$\begin{cases} K^\ominus = \dfrac{\left(\dfrac{x}{p^\ominus}\right)\left(\dfrac{x}{p^\ominus}\right)}{\left(\dfrac{p_{\text{PCl}_5}-x}{p^\ominus}\right)} = 1.78 \\ p_{\text{PCl}_5} + x = 202.75 \, \text{kPa} \end{cases}$$

$$\alpha = \frac{x}{p_{\text{PCl}_5}}$$

$$\alpha = 68.7\%$$

4. 解

$$\text{COCl}_2(\text{g}) \rightleftharpoons \text{CO}(\text{g}) + \text{Cl}_2(\text{g})$$

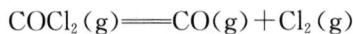

$t=0 \quad 0.00637 \qquad\quad 0 \qquad\qquad 0$

$t=t_{\text{eq}} \quad 0.00637-x \qquad x \qquad\qquad x$

$$n_{总} = 0.00637 + x = pV/RT = 0.0125$$

$$x = 0.00613$$

因为 $p_B = y_B \cdot p$

所以 $p_{\text{COCl}_2} = 4231.3 \, \text{Pa}$; $p_{\text{CO}} = 108074.4 \, \text{Pa}$; $p_{\text{Cl}_2} = 108074.4 \, \text{Pa}$

$$K^\ominus = \frac{\left(\dfrac{p_{\text{CO}}}{p^\ominus}\right)\left(\dfrac{p_{\text{Cl}_2}}{p^\ominus}\right)}{\left(\dfrac{p_{\text{COCl}_2}}{p^\ominus}\right)}$$

$$K^\ominus = 27.6$$

5. 解

(1) $\qquad\qquad \text{PCl}_5(\text{g}) \rightleftharpoons \text{PCl}_3(\text{g}) + \text{Cl}_2(\text{g})$

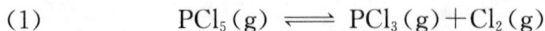

$c_0/\text{mol} \cdot \text{L}^{-1} \quad 0.35 \qquad\qquad 0 \qquad\qquad 0$

$c_{\text{eq}}/\text{mol} \cdot \text{L}^{-1} \quad 0.10 \qquad\quad 0.25 \qquad\quad 0.25$

$$p_{\text{PCl}_5} = c_{\text{PCl}_5}RT = 0.10RT$$

$p_{PCl_3} = c_{PCl_3}RT = 0.25RT$

$p_{Cl_2} = c_{Cl_2}RT = 0.25RT$

$K_p^{\ominus} = 27.1;\quad K_c^{\ominus} = 0.625$

$\alpha = 0.25/0.35 = 71.4\%$

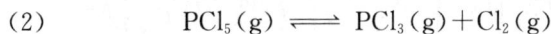

$$(2) \qquad PCl_5(g) \rightleftharpoons PCl_3(g) + Cl_2(g)$$

$c_0/mol \cdot L^{-1} \quad 0.35 \qquad\qquad 0 \qquad\quad 0.05$

$c_{eq}/mol \cdot L^{-1} \quad 0.35-x \qquad\quad x \qquad\quad 0.05+x$

$x \cdot (0.05+x)/(0.35-x) = 0.625$

$x = 0.24$

$\alpha = 0.24/0.35 = 68.6\%$

6. 解

(1)设 $v = k[A]^{\alpha}[B]^{\beta}$

$$\begin{cases} 1.2 \times 10^{-2} = k[1.0]^{\alpha} \\ 2.3 \times 10^{-2} = k[2.0]^{\alpha} \\ 4.9 \times 10^{-2} = k[4.0]^{\alpha} \\ 9.6 \times 10^{-2} = k[8.0]^{\alpha} \end{cases}$$

解得: $\alpha = 1$

$$\begin{cases} 1.2 \times 10^{-2} = k[1.0]^{\beta} \\ 4.8 \times 10^{-2} = k[2.0]^{\beta} \\ 1.9 \times 10^{-1} = k[4.0]^{\beta} \\ 7.6 \times 10^{-1} = k[8.0]^{\beta} \end{cases}$$

解得: $\beta = 2$

该反应级数为三级; $v = kc_A \cdot c_B^2$

(2)将实验数据代入 $v = kc_A \cdot c_B^2$

$k = 1.2 \times 10^{-2} \ mol^{-2} \cdot L^2 \cdot s^{-1}$

第三章　酸碱平衡与酸碱滴定法
(Acid-base equilibrium and acid-base titration)

学习目标

通过本章的学习,要求掌握:

1. 酸碱理论与酸碱平衡的基本概念;

2. 一元弱酸(碱)溶液 pH 值的计算;

3. 多元酸(碱)及两性物质溶液 pH 值的计算;

4. 酸碱缓冲溶液的原理与配制;

5. 酸碱滴定曲线与酸碱指示剂的基本原理;

6. 酸碱滴定法及其应用。

一、知识结构

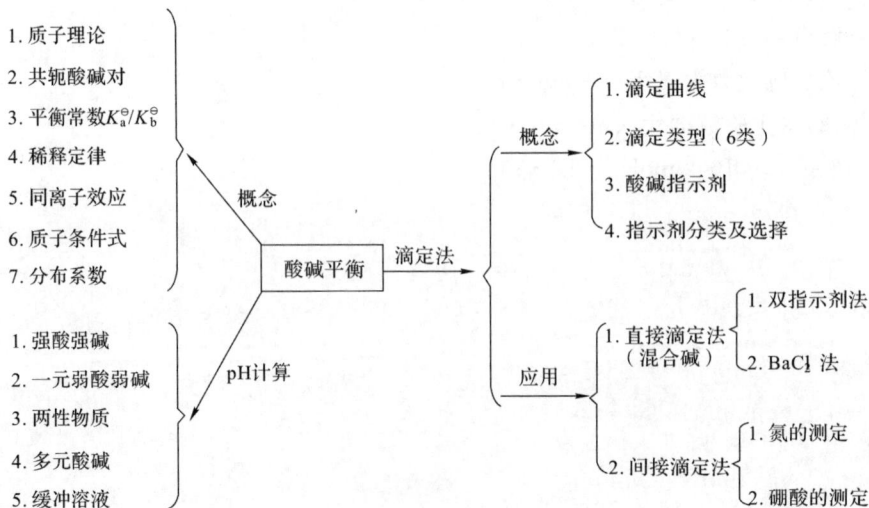

二、基本概念

1.酸碱质子理论

酸碱质子理论认为:凡能给出质子的物质称为酸;凡能接受质子的物质称为碱。酸碱可以是分子也可以是离子。

当一种物质给出质子之后,其剩余部分就是碱。酸碱之间这种相互依赖的关系被称为共轭关系。

共轭酸碱对:因一个质子的得失而相互转变的每一对酸碱。

2.酸碱强度及共轭酸碱对 $K_a^\ominus$ 与 $K_b^\ominus$ 的关系

酸碱的强度通常用酸碱在水中的解离常数大小衡量,酸的标准解离常数,用 $K_a^\ominus$ 表示;碱的标准解离常数,用 $K_b^\ominus$ 表示。

对于一元弱酸及其共轭碱:$K_a^\ominus \times K_b^\ominus = K_w^\ominus$

对于二元弱酸及其共轭碱:$K_{a1}^\ominus \times K_{b2}^\ominus = K_{a2}^\ominus \times K_{b1}^\ominus = K_w^\ominus$

对于三元弱酸及其共轭碱:$K_{a1}^\ominus \times K_{b3}^\ominus = K_{a2}^\ominus \times K_{b2}^\ominus = K_{a3}^\ominus \times K_{b1}^\ominus = K_w^\ominus$

3.同离子效应

在弱电解质溶液中加入具有相同离子的强电解质溶液,使弱酸(或弱碱)解离度降低的现象。

4.活度与离子强度

活度:离子在化学反应中起作用的有效浓度。

对于稀溶液,$a = \gamma c$

式中:γ 为活度系数。γ 的大小表示溶液中离子间相互吸引或牵制作用的大小。

离子强度:$I = \dfrac{1}{2} \sum_i c_i Z_i^2$

其中,c_i,Z_i 分别为溶液中第 i 种离子的浓度和电荷数。

德拜-休克尔(Debye-Hückel)提出了稀溶液中计算离子平均活度系数的极限公式:$\lg \gamma_\pm = -0.509 | Z_+ \cdot Z_- | \sqrt{I}$

5.盐效应

在弱酸或弱碱溶液中,加入不含相同离子的易溶强电解质,使弱电解质的解离度增大,这种现象称为盐效应。

6.物料平衡、电荷平衡、质子平衡

(1)物料平衡

物料平衡又称质量平衡,是在化学平衡体系中某一组分的总浓度等于该组分各种存在形式的平衡浓度之和,其数学表达式称为物料平衡式(Mass Balance Equation,MBE)。

(2)电荷平衡

电荷平衡是指在一个化学平衡的体系中正电荷离子浓度的总和等于负电荷离子浓度的总和,即溶液是电中性的。其数学表达式称为电荷平衡式(Charge Balance Equation,CBE)。

(3)质子平衡

酸碱溶液中得质子的产物得到质子的物质的量与失质子产物失去质子的物质的量相等,这种数量关系称为"质子平衡"或"质子条件"。质子条件表达式称为质子等衡式(Proton Balance Equation,PBE)。

质子等衡式 PBE 一般经过以下步骤:

①选取零水准。通常选取溶液中大量存在的并参与了质子转移的起始酸或碱的组分和溶剂分子作为零水准。

② 将系统中除零水准外的其他存在形式与零水准相比,观察哪些组分得质子,哪些组分失质子,得失质子数又是多少。

③ 依据 n(失质子)$=n$(得质子)原则写出质子条件式。

7.分布系数与分布曲线

(1)分布系数:在弱酸弱碱溶液中,酸碱的以各种形式存在的平衡浓度与其总浓度的比值,即酸碱各种存在形式在总浓度中所占分数称为分布系数,分布系数用符号 δ 表示。

(2)分布曲线:分布系数 δ 与溶液 pH 的关系曲线称为分布曲线。

8.缓冲溶液

(1)缓冲溶液:具有保持溶液的 pH 值相对不变的水溶液。

(2)缓冲溶液组成:常见的缓冲溶液由弱酸及其共轭碱(弱酸盐)、弱碱及其共轭酸(弱碱盐)组成。

9.酸碱指示剂

(1)定义:在酸碱滴定中用来指示滴定终点的物质称为酸碱指示剂。

(2)变色范围:$pH = pK_{HIn}^{\ominus} \pm 1$。

10.酸碱滴定曲线

在酸碱滴定过程中,溶液的 pH 不断地发生变化,以滴定剂加入量为横坐标,溶液 pH 值为纵坐标,作图可得滴定曲线。

11.酸碱滴定法的应用

(1)直接滴定法

凡 $c \cdot K_a^{\ominus} \geqslant 1.0 \times 10^{-8}$ 的酸性物质和 $c \cdot K_b^{\ominus} \geqslant 1.0 \times 10^{-8}$ 的碱性物质均可用酸和碱标准溶液直接滴定。

(2)间接滴定法

对于极弱的酸碱,不能直接滴定。可以通过与酸碱的反应产生可以滴定的酸碱,或增强其酸碱性后再予以测定。

三、主要公式

1.解离度

它是指电解质在水溶液中已解离的部分与弱电解质的起始浓度之比,符号为 α,一般用百分数表示。

$$\alpha = \frac{已电离的电解质浓度}{弱电解质的起始浓度} \times 100\%$$

2.稀释定律

$$\alpha = \sqrt{\frac{K^{\ominus}}{c}}$$

它表明在一定温度下,弱电解质的解离度与其浓度的平方根成反比,即溶液越稀,解离度越大。

3.分布系数计算通式

多元酸或碱如 H_nA,在溶液中存在$(n+1)$种形式,H_nA 的$(n+1)$种存在形式的δ值计算通式如下:

$$\delta_n=\frac{c(H_nA)}{c}=\frac{\{c(H^+)\}^n}{\{c(H^+)\}^n+K_{a1}^\Theta\cdot\{c(H^+)\}^{n-1}+\cdots+K_{a1}^\Theta\cdots K_{an}^\Theta\cdot\{c(H^+)\}^0}$$

$$\delta_{n-1}=\frac{c(H_{n-1}A^-)}{c}$$

$$=\frac{K_{a1}^\Theta\cdot\{c(H^+)\}^{n-1}}{\{c(H^+)\}^n+K_{a1}^\Theta\cdot\{c(H^+)\}^{n-1}+\cdots+K_{a1}^\Theta\cdots K_{an}^\Theta\cdot\{c(H^+)\}^0}$$

$$\vdots$$

$$\delta_0=\frac{c(A^{-n})}{c}=\frac{K_{a1}^\Theta\cdot K_{an}^\Theta}{\{c(H^+)\}^n+K_{a1}^\Theta\cdot\{c(H^+)\}^{n-1}+\cdots+K_{a1}^\Theta\cdots K_{an}^\Theta\cdot\{c(H^+)\}^0}$$

4.溶液酸度最简计算公式

体系	最简式	使用条件
一元弱酸	$[H^+]=\sqrt{K_a^\Theta c}$	$c\cdot K_a^\Theta\geqslant 10K_w^\Theta,c/K_a^\Theta\geqslant 105$
一元弱碱	$[OH^-]=\sqrt{K_b^\Theta c}$	$c\cdot K_b^\Theta\geqslant 10K_w^\Theta,c/K_b^\Theta\geqslant 105$
$NaHA/NaH_2A$	$[H^+]=\sqrt{K_{a1}^\Theta\cdot K_{a2}^\Theta}$	$c\cdot K_{a2}^\Theta\geqslant 10K_w^\Theta,c\geqslant 10K_{a1}^\Theta$
Na_2HA	$[H^+]=\sqrt{K_{a2}^\Theta\cdot K_{a3}^\Theta}$	$c\cdot K_{a3}^\Theta\geqslant 10K_w^\Theta,c\geqslant 10K_{a2}^\Theta$
强酸	$[H^+]=c$	$c\geqslant 4.7\times 10^{-7}$
	$[H^-]=\sqrt{K_w^\Theta}$	$c\leqslant 1.0\times 10^{-8}$
强碱	$[OH^-]=c$	$c\geqslant 4.7\times 10^{-7}$
	$[OH^-]=\sqrt{K_w^\Theta}$	$c\leqslant 1.0\times 10^{-8}$
多元酸	$[H^+]=\sqrt{K_{a1}^\Theta c}$	$c\cdot K_{a1}^\Theta\geqslant 10K_w^\Theta,c/K_{a1}^\Theta\geqslant 105$
多元碱	$[OH^-]=\sqrt{K_{b1}^\Theta c}$	$2K_{a2}^\Theta/\sqrt{cK_{a1}^\Theta}\leqslant 1$
弱酸+共轭碱	$[H^+]=K_a^\Theta\dfrac{c_a}{c_b}$	$c_a>10[H^+]\sim 10[OH^-]$
弱碱+共轭酸	$[H^+]=K_a^{\Theta\prime}\dfrac{c_a}{c_b}$	$c_b>10[H^+]\sim 10[OH^-]$

6.弱酸(弱碱)被准确滴定的判据

$$c\cdot K_a^\Theta\geqslant 1.0\times 10^{-8}$$

7.终点误差计算公式

$$TE = \frac{10^{\Delta pH} - 10^{-\Delta pH}}{(c_{sp} \cdot K_t^\ominus)^{\frac{1}{2}}} \times 100\%$$

式中：

$\Delta pH = pH_{ep} - pH_{sp}$

pH_{ep}——滴定终点 pH

pH_{sp}——化学计量点 pH

c_{sp} 为被滴定酸(碱)的终点浓度

对于同浓度等体积 $c_{sp} = \dfrac{c_0}{2}$

$K_t^\ominus$ 为滴定反应常数

四、习题详解

3.1 写出下列各酸的共轭碱：H_2O，$H_2C_2O_4$，$H_2PO_4^-$，HCO_3^-，C_6H_5OH，$C_6H_5NH_3^+$，HS^-，$Fe(H_2O)_6^{3+}$，$R-NH_2^+CH_2COOH$。

解 H_2O—OH^-

$H_2C_2O_4$—$HC_2O_4^-$

$H_2PO_4^-$—HPO_4^{2-}

HCO_3^-—CO_3^-

C_6H_5OH—$C_6H_5O^-$

$C_6H_5NH_3^+$—$C_6H_5NH_2$

HS^-—S^{2-}

$Fe(H_2O)_6^{3+}$—$[Fe(H_2O)_5(OH)]^{2+}$

$R-NH_2^+CH_2COOH$—$R-NHCH_2COOH$

3.2 写出下列各碱的共轭酸：H_2O，NO_3^-，HSO_4^-，S^{2-}，$C_6H_5O^-$，$Cu(H_2O)_2(OH)_2$，$(CH_2)_6N_4$，$R-NHCH_2COO^-$。

解 H_2O—H_3^+O

NO_3^-—HNO_3

HSO_4^-—H_2SO_4

S^{2-}—HS^-

$C_6H_5O^-$—C_6H_5OH

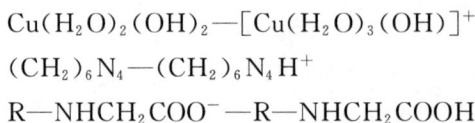

$$Cu(H_2O)_2(OH)_2 \longrightarrow [Cu(H_2O)_3(OH)]^+$$
$$(CH_2)_6N_4 \longrightarrow (CH_2)_6N_4H^+$$
$$R\text{—}NHCH_2COO^- \longrightarrow R\text{—}NHCH_2COOH$$

3.3 酸碱电离平衡常数的意义是什么？浓度对其有无影响？

解 弱酸（碱）在标准条件下电离达到平衡时，（水）溶液中电离所生成的各种离子浓度以其在化学方程式中的计量数为幂的乘积，与溶液中未电离分子的浓度以其在化学方程式中的计量数为幂的乘积的比值是一个常数，该常数即为该弱酸（碱）的标准电离平衡常数 $K^{\ominus}$。电离平衡常数 $K^{\ominus}$ 与温度有关，相同温度下 $K^{\ominus}$ 值越大，电离程度越大，给出质子（或接受质子）的能力越强，相应的酸（或碱）的酸性（或碱性）越强。浓度对其没有影响。

3.4 什么叫同离子效应和盐效应？它们对弱酸、弱碱的电离度各有什么影响？

解 在弱电解质溶液中加入或存在有与弱电解质溶液相同离子的易溶强电解质，使得弱电解质溶液（弱酸或弱碱）解离度降低的现象，称为同离子效应。在弱电解质溶液中，加入易溶强电解质时，使该弱电解质解离度增大的现象就称为盐效应。同离子效应使得弱酸（或弱碱）解离度降低，盐效应使得弱酸（或弱碱）解离度增大。盐效应与同离子效应作用方向相反，一般较小，可以忽略。

3.5 什么叫稀释定律？试计算下列不同浓度氨溶液的 $c(OH^-)$ 和解离度。

(1)1.0 mol·L^{-1}　　　(2)0.10 mol·L^{-1}　　　(3)0.01 mol·L^{-1}

当溶液稀释时，怎样影响解离度？怎样影响 OH$^-$ 浓度？两者是否矛盾？解释之。

解 弱酸（或弱碱）的解离度是随着水溶液的稀释而增大的，这一规律就称为稀释定律。

解离度：电解质在水溶液中达到平衡时的解离百分数

$$\alpha = 已解离的浓度/解离前的浓度 \times 100\%$$

$$K^{\ominus}_{b,NH_3} = 1.79 \times 10^{-5} \qquad K^{\ominus}_{b,NH_3} = \frac{[NH_4^+][OH^-]}{[NH_3]}$$

(1)氨溶液浓度为 1.0 mol·L^{-1} 时，设解离度为 α

$$NH_3 + H_2O \Longrightarrow NH_4^+ + OH^-$$

平衡浓度/(mol·L^{-1})　　1.0$-\alpha$　　　　1.0α　　　1.0α

$$K^{\ominus}_{b,NH_3} = \frac{\alpha^2}{(1-\alpha)}$$

解得　　　　　　　　$\alpha = 0.42\%$

$$c(OH^-)=1.0\alpha=4.2\times10^{-3}\ mol\cdot L^{-1}$$

同理可得：

(2)氨溶液浓度为 $0.10\ mol\cdot L^{-1}$ 时，$\alpha=1.3\%$，$c(OH^-)=1.3\times10^{-3}\ mol\cdot L^{-1}$

(3)氨溶液浓度为 $0.010\ mol\cdot L^{-1}$ 时 $\alpha=4.2\%$，$c(OH^-)=4.2\times10^{-4}\ mol\cdot L^{-1}$

当溶液稀释时，解离度是随着水溶液的稀释而增大的，OH^- 浓度是减小的。两者并不矛盾。解离度随溶液的稀释而增大，并不意味着溶液中的离子浓度也相应增大，因为溶液的稀释会造成离子浓度的减小。

3.6 根据物料平衡和电荷平衡写出：$(1)(NH_4)_2CO_3$，$(2)NH_4HCO_3$ 溶液的质子条件式，浓度为 $c(mol\cdot L^{-1})$。

解 $(1)(NH_4)_2CO_3$ 溶液：

物料平衡：$[NH_4^+]+[NH_3]=2([CO_3^{2-}]+[HCO_3^-]+[H_2CO_3])$ (A)

电荷平衡：$[NH_4^+]+[H^+]=[HCO_3^-]+2[CO_3^{2-}]+[OH^-]$ (B)

(B)−(A)得：

质子条件式：$[H^+]=[OH^-]+[NH_3]-[HCO_3^-]-2[H_2CO_3]$

$(2)NH_4HCO_3$ 溶液：

物料平衡：$[NH_4^+]+[NH_3]=[CO_3^{2-}]+[HCO_3^-]+[H_2CO_3]$ (A)

电荷平衡：$[NH_4^+]+[H^+]=[HCO_3^-]+2[CO_3^{2-}]+[OH^-]$ (B)

(B)−(A)得：

质子条件式：$[H^+]=[OH^-]+[NH_3]+[CO_3^{2-}]-[H_2CO_3]$

3.7 写出下列酸碱组分的 MBE，CEB 和 PBE(由质子零水准直接写出)，浓度为 $c(mol\cdot L^{-1})$。

$(1)NaNH_4HPO_4$ $(2)NH_4H_2PO_4$ $(3)NH_4CN$

解 $(1)NaNH_4HPO_4$ 溶液：

MBE：$[NH_4^+]+[NH_3]+c=2([PO_4^{3-}]+[HPO_4^{2-}]+[H_2PO_4^-]+[H_3PO_4])$

CEB：$[NH_4^+]+[H^+]+c=3[PO_4^{3-}]+2[HPO_4^{2-}]+[H_2PO_4^-]+[OH^-]$

PBE：$[H^+]=[OH^-]+[NH_3]+[PO_4^{3-}]-[H_2PO_4^-]-2[H_3PO_4]$

$(2)NH_4H_2PO_4$ 溶液：

MBE：$[NH_4^+]+[NH_3]=[PO_4^{3-}]+[HPO_4^{2-}]+[H_2PO_4^-]+[H_3PO_4]$

CEB：$[NH_4^+]+[H^+]=3[PO_4^{3-}]+2[HPO_4^{2-}]+[H_2PO_4^-]+[OH^-]$

PBE：$[H^+]=[OH^-]+[NH_3]+[HPO_4^{2-}]+2[PO_4^{3-}]-[H_3PO_4]$

$(3)NH_4CN$ 溶液

MBE：$[NH_3]+[NH_4^+]=[CN^-]+[HCN]$

CBE：$[H^+]+[NH_4^+]=[CN^-]+[OH^-]$

PBE：$[H^+]=[OH^-]+[NH_3]-[HCN]$

3.8 若要配制(1)pH＝3.0,(2)pH＝4.0 的缓冲溶液,现有下列物质,问应该选哪种缓冲体系? 有关常数见附录表。

(1)HCOOH；(2)CH₂ClCOOH；(3)NH₃⁺CH₂COOH(氨基乙酸盐)

解 根据 $pH=pK_a^\ominus+\lg\dfrac{c_b}{c_a}$

查附录表得

HCOOH $pK_a^\ominus$＝3.75,CH₂ClCOOH $pK_a^\ominus$＝2.86,NH₃⁺CH₂COOH $pK_a^\ominus$＝2.35

(1) pH＝3.0

若选用 HCOOH-HCOONa 体系：

$$\lg\frac{c_b}{c_a}=pH-pK_a^\ominus=3.0-3.75=-0.75$$

若选用 CH₂ClCOOH-CH₂ClCOONa 体系：

$$\lg\frac{c_b}{c_a}=3.0-2.86=0.14$$

若选用 NH₃⁺CH₂COOH-NH₂CH₂COOH 体系：

$$\lg\frac{c}{c_a}=3.0-2.35=0.65$$

故选用 CH₂ClCOOH-CH₂ClCOONa 体系。

(2) pH＝4.0

同理,应选用 HCOOH-HCOONa 体系。

3.9 下列酸碱溶液浓度均为 0.10 mol·L⁻¹,能否采用等浓度的滴定剂直接准确进行滴定?

(1)HF　　　　　　　(2)C₆H₅OH

(3)NH₃⁺CH₂COONa　(4)NaHS

(5)NaHCO₃　　　　　(6)(CH₂)₆N₄

(7)(CH₂)₆N₄·HCl　　(8)CH₃NH₂

解 (1)$K_a^\ominus$＝6.31×10⁻⁴,$c·K_a^\ominus$＝0.05×6.31×10⁻⁴＝3.16×10⁻⁵＞10⁻⁸
能直接测定,选用 NaOH 标准溶液,酚酞做指示剂。

(2)$K_a^\ominus$＝1.02×10⁻¹⁰,$c·K_a^\ominus$＝0.05×1.02×10⁻¹⁰＝5.1×10⁻¹²＜10⁻⁸
不能直接测定。

(3)$K_{a2}^\ominus$＝2.5×10⁻¹⁰,$c·K_{a2}^\ominus$＝0.05×2.5×10⁻¹⁰＝1.25×10⁻¹¹＜10⁻⁸
不能直接滴定。

(4) $K_{a1}^{\ominus}=5.7\times10^{-8}$, $K_{b2}^{\ominus}=K_{w}^{\ominus}/K_{a1}^{\ominus}=1.0\times10^{-14}/5.7\times10^{-8}=1.8\times10^{-7}$

$c\cdot K_{b2}^{\ominus}=0.05\times1.8\times10^{-7}=8.8\times10^{-9}\approx10^{-8}$

当相对误差±0.5%时能直接滴定,选用 HCl 标准溶液,甲基橙做指示剂。

(5) $K_{a2}^{\ominus}=5.6\times10^{-11}$, $K_{b1}^{\ominus}=K_{w}^{\ominus}/K_{a2}^{\ominus}=1.0\times10^{-14}/5.6\times10^{-11}=1.8\times10^{-4}$

$c\cdot K_{b1}^{\ominus}=0.05\times1.8\times10^{-4}=9\times10^{-6}>10^{-8}$

能直接滴定,选用 HCl 标准溶液,甲基橙做指示剂。

(6) $K_{b}^{\ominus}=1.4\times10^{-9}$, $c\cdot K_{b}^{\ominus}=0.05\times1.4\times10^{-9}=7.0\times10^{-11}<10^{-8}$

不能直接测定。

(7) $K_{b}^{\ominus}=1.4\times10^{-9}$, $K_{a1}^{\ominus}=K_{w}^{\ominus}/K_{b2}^{\ominus}=1.0\times10^{-14}/1.4\times10^{-9}=7.1\times10^{-6}$

$c\cdot K_{a}^{\ominus}=0.05\times7.1\times10^{-6}=3.55\times10^{-7}>10^{-8}$

能直接滴定,选用 NaOH 标准溶液,酚酞做指示剂。

(8) $K_{b}^{\ominus}=4.2\times10^{-4}$, $c\cdot K_{b2}^{\ominus}=0.05\times4.2\times10^{-4}=2.1\times10^{-5}>10^{-8}$

能直接滴定,选用 HCl 标准溶液,甲基橙做指示剂。

3.10 下列多元酸(碱)溶液中每种酸(碱)的分析浓度均为 $0.10\ mol\cdot L^{-1}$ (标明的除外),能否用等浓度的滴定剂准确进行分步滴定或分别滴定?

(1) H_3AsO_4 (2) $H_2C_2O_4$

(3) $0.40\ mol\cdot L^{-1}$ 乙二胺   (4) 邻-苯二甲酸

解 (1) H_3AsO_4

$K_{a1}^{\ominus}=5.5\times10^{-3}$, $5.5\times10^{-3}\times0.05=2.75\times10^{-4}>10^{-8}$, 可测定;

$K_{a2}^{\ominus}=1.74\times10^{-7}$, $1.74\times10^{-7}\times0.05=8.71\times10^{-9}\approx10^{-8}$, 可测定;

$K_{a3}^{\ominus}=5.13\times10^{-12}$, $5.13\times10^{-12}\times0.05=2.57\times10^{-13}<10^{-8}$, 不可被测定;

又因为 $K_{a1}^{\ominus}/K_{a2}^{\ominus}>10^4$, H_3AsO_4 与 $H_2AsO_4^-$ 可分步滴定。

(2) $H_2C_2O_4$

$K_{a1}^{\ominus}=5.90\times10^{-2}$, $5.90\times10^{-2}\times0.05=2.95\times10^{-3}>10^{-8}$, 可测定;

$K_{a2}^{\ominus}=6.46\times10^{-5}$, $6.46\times10^{-5}\times0.05=3.23\times10^{-6}>10^{-8}$, 可测定;

又因为 $K_{a1}^{\ominus}/K_{a2}^{\ominus}=9.14\times10^{-2}<10^4$, 不可分步滴定。

(3) $0.40\ mol\cdot L^{-1}$ 乙二胺

$K_{b1}^{\ominus}=8.32\times10^{-5}$, $0.20\times8.32\times10^{-5}=1.66\times10^{-5}>10^{-8}$, 可测定;

$K_{b2}^{\ominus}=7.10\times10^{-8}$, $0.20\times7.10\times10^{-8}=1.4\times10^{-8}\geqslant10^{-8}$, 可测定;

又因为 $K_{a1}^{\ominus}/K_{a2}^{\ominus}=1.17\times10^{3}<10^4$, 不可分步滴定。

(4) 邻-苯二甲酸

$K_{a1}^{\ominus}=1.30\times10^{-3}$, $1.30\times10^{-3}\times0.05=6.5\times10^{-5}>10^{-8}$, 可测定;

$K_{a2}^{\ominus}=3.09\times10^{-6}$，$3.06\times10^{-6}\times0.05=1.53\times10^{-7}>10^{-8}$，可测定；

又因为 $K_{a1}^{\ominus}/K_{a2}^{\ominus}=4.21\times10^{2}<10^{4}$，不可分步滴定。

3.11 判断下列情况对测定结果的影响：

(1)用混有少量的邻-苯二甲酸的邻-苯二甲酸氢钾标定 NaOH 溶液的浓度；

(2)用吸收了 CO_2 的 NaOH 标准溶液滴定 H_3PO_4 至第一计量点；继续滴定至第二计量点时,对测定结果各如何影响？

解 (1)$c_{NaOH}=\dfrac{\dfrac{m_{KHP}}{M_{KHP}}}{V_{NaOH}}$，$V_{NaOH}$ 增大，c_{NaOH} 降低，使得 NaOH 的标定浓度偏低。

(2)滴定至第一计量点用甲基橙做指示剂，H_3PO_4 的测定结果没有影响，第二计量点用酚酞做指示剂，滴定结果偏大。

3.12 一试液可能是 $NaOH$，$NaHCO_3$，Na_2CO_3 或它们的固体混合物。用 $20.00mL0.1000\ mol\cdot L^{-1}HCl$ 标准溶液，以酚酞为指示剂可滴定至终点。问在下列情况下，再以甲基橙做指示剂滴定至终点，还需加入多少毫升 HCl 溶液？第三种情况试液的组成如何？

(1)试液中所含 $NaOH$ 和 Na_2CO_3 物质的量比为 $3:1$；

(2)原固体试样中所含 $NaHCO_3$ 和 $NaOH$ 的物质量比为 $2:1$；

(3)加入甲基橙后滴半滴 HCl 溶液，试液即成终点颜色。

解 第一步酚酞为指示剂；

$NaOH+HCl\Longrightarrow NaCl+H_2O$，$Na_2CO_3+HCl\Longrightarrow NaCl+NaHCO_3$

第二步以甲基橙为指示剂：

$NaHCO_3+HCl\Longrightarrow NaCl+H_2O+CO_2$

所以：

(1)试液中所含 $NaOH$ 与 Na_2CO_3 的物质的量比为 $3:1$ 时还需加 5.00mL 盐酸溶液。

(2)原固体试样中所含 $NaHCO_3$ 和 $NaOH$ 的物质的量比为 $2:1$ 时还需加 40.00mL 盐酸溶液。

(3)加入甲基橙后滴加半滴 HCl 溶液试液即呈终点颜色时，试液为 NaOH 溶液。

3.13 酸碱滴定法选择指示剂时可以不考虑的因素：

(1)滴定突跃的范围；　　　(2)指示剂的变色范围；

(3)指示剂的颜色变化；　　(4)指示剂相对分子质量的大小；

(5)滴定方向

解 （4）指示剂相对分子质量的大小可以不考虑。因为指示剂是否变色、在什么 pH 值范围变色与指示剂的相对分子质量没有关系。

3.14 计算下列各溶液的 pH：

(1) 2.0×10^{-7} mol·L^{-1} HCl   (2) 1.0×10^{-4} mol·L^{-1} HCN

(3) 0.10 mol·L^{-1} NH$_4$Cl   (4) 1.0×10^{-4} mol·L^{-1} NaCN

(5) 0.10 mol·L^{-1} NH$_4$CN   (6) 0.10 mol·L^{-1} Na$_2$S

解 (1) $c < 10^{-6}$，要考虑水解离出的 H$^+$

$$[H^+] = \frac{c + \sqrt{c^2 + 4K_w^{\ominus}}}{2}$$

$$= \frac{2.0 \times 10^{-7} + \sqrt{(2.0 \times 10^{-7})^2 + 4 \times 1.0 \times 10^{-14}}}{2}$$

$$= 2.41 \times 10^{-7} \,(\text{mol·L}^{-1})$$

$$pH = 6.62$$

(2) 1.0×10^{-4} mol·L^{-1} HCN $K_a^{\ominus} = 7.2 \times 10^{-10}$

$$\frac{c}{K_a^{\ominus}} > 105; \quad c \cdot K_a^{\ominus} < 10K_w^{\ominus}$$

$$[H^+] = \sqrt{c(HA) \times K_a^{\ominus} + K_w^{\ominus}}$$

$$pH = 6.54$$

(3) 0.10 mol·L^{-1} NH$_4$Cl $K_a^{\ominus} = 5.6 \times 10^{-10}$

$$\frac{c}{K_a^{\ominus}} > 105; \quad c \cdot K_a^{\ominus} > 10K_w^{\ominus}$$

$$[H^+] = \sqrt{0.10 \times 5.6 \times 10^{-10}} = 7.4 \times 10^{-6} \,(\text{mol·L}^{-1})$$

$$pH = 5.13$$

(4) 1.0×10^{-4} mol·L^{-1} NaCN $K_b^{\ominus} = 1.4 \times 10^{-5}$

$$\frac{c}{K_b^{\ominus}} < 105; \quad c \cdot K_b^{\ominus} > 10K_w^{\ominus}$$

$$[OH^-] = \frac{-K_b^{\ominus} + \sqrt{(K_b^{\ominus})^2 + 4cK_b^{\ominus}}}{2}$$

$$= \frac{-1.4 \times 10^{-5} + \sqrt{(1.4 \times 10^{-5})^2 + 4 \times 1.0 \times 10^{-4} \times 1.4 \times 10^{-5}}}{2}$$

$$= 3.1 \times 10^{-5} \,(\text{mol·L}^{-1})$$

$$pOH = 4.51; pH = 9.49$$

(5) 0.10 mol·L^{-1} NH$_4$CN $K_{a,HCN}^{\ominus} = 6.2 \times 10^{-10}; K_{a,NH_4^+}^{\ominus} = 5.6 \times 10^{-10}$

$$[H^+]=\sqrt{\frac{K_{a,HCN}^{\ominus}(cK_{a,NH_4^+}^{\ominus}+K_w^{\ominus})}{c+K_{a,HCN}^{\ominus}}}$$

$0.10\times5.6\times10^{-10}\gg K_w^{\ominus};0.10+6.2\times10^{-10}\approx0.10$

$$[H^+]=\sqrt{\frac{c\times K_{a,HCN}^{\ominus}\times K_{a,NH_4^+}^{\ominus}}{c}}=\sqrt{K_{a,HCN}^{\ominus}\times K_{a,NH_4^+}^{\ominus}}$$

$$=\sqrt{6.2\times10^{-10}\times5.6\times10^{-10}}=5.9\times10^{-10}(mol\cdot L^{-1})$$

$pH=9.23$

(6) $0.10\ mol\cdot L^{-1}\ Na_2S$ $K_{a_1}^{\ominus}=8.9\times10^{-8};K_{a_2}^{\ominus}=1.26\times10^{-14}$

$S^{2-}+H_2O\rightleftharpoons HS^-+OH^-$ $K_{b_1}^{\ominus}=0.794$

$HS^-+H_2O\rightleftharpoons H_2S+OH^-$ $K_{b_2}^{\ominus}=1.12\times10^{-7}$

$K_{b_1}^{\ominus}\gg K_{b_2}^{\ominus}$ 可以不考虑第二步电离

$\frac{c}{K_{b_1}^{\ominus}}<10^5$; $c\cdot K_{b_1}^{\ominus}>10K_w^{\ominus}$,不能简化计算,可以不考虑水的电离

$$[OH^-]=\frac{-K_{b_1}^{\ominus}+\sqrt{(K_{b_1}^{\ominus})^2+4cK_b^{\ominus}}}{2}=\frac{0.794+\sqrt{0.794^2+4\times0.10\times0.794}}{2}$$

$$=0.0898(mol\cdot L^{-1})$$

$pOH=1.05$ $pH=12.95$

3.15 $250\ mg\ Na_2C_2O_4$ 溶解并稀释至 $500\ mL$,计算 $pH=4.00$ 时该溶液中各种形体的浓度。

解 $c_{Na_2C_2O_4}=\frac{\frac{0.250}{134}}{0.500}=0.0037(mol\cdot L^{-1})$

$[H_2C_2O_4]$

$=0.0037\times\frac{(1.0\times10^{-4})^2}{(1.0\times10^{-4})^2+1.0\times10^{-4}\times5.9\times10^{-2}+5.9\times10^{-2}\times6.4\times10^{-5}}$

$=3.7\times10^{-6}(mol\cdot L^{-1})$

$[HC_2O_4^-]$

$=0.0037\times\frac{1.0\times10^{-4}\times5.9\times10^{-2}}{(1.0\times10^{-4})^2+1.0\times10^{-4}\times5.9\times10^{-2}+5.9\times10^{-2}\times6.4\times10^{-5}}$

$=2.2\times10^{-3}(mol\cdot L^{-1})$

$[C_2O_4^{2-}]$

$=0.0037\times\frac{5.9\times10^{-2}\times6.4\times10^{-5}}{(1.0\times10^{-4})^2+1.0\times10^{-4}\times5.9\times10^{-2}+5.9\times10^{-2}\times6.4\times10^{-5}}$

$=1.4\times10^{-3}(mol\cdot L^{-1})$

3.16 欲配制 pH＝10.00，c_{NH_3}＝1.0mol·L^{-1} 的 NH_3-NH_4Cl 缓冲溶液 1.0L，问需要 15mol·L^{-1} 的氨水多少毫升？需要 NH_4Cl 多少克？

解 由题意得 pH＝$pK_a^{\ominus}$＋lgc_b/c_a＝14－4.74＋lg1/c_{NH_4Cl}＝10.00

解得 c_{NH_4Cl}＝0.1820(mol·L^{-1})

需 m_{NH_4Cl}＝0.1820×53.5＝9.737(g)

$V_{NH_3H_2O}$＝1.0×1000/15＝66.67(mL)

3.17 欲配制 100mL 氨基乙酸缓冲溶液，其总浓度为 c＝0.10 mol·L^{-1}，pH＝2.00，需要氨基乙酸多少克？还需加多少毫升 1.0 mol·L^{-1} 酸或碱？已知氨基乙酸的摩尔质量 M＝75.07 g·mol^{-1}。（氨基乙酸的 $pK_{a_1}^{\ominus}$＝2.35，$pK_{a_2}^{\ominus}$＝9.60）

解 需氨基乙酸为 m＝cVM＝0.1×100/1000×75.07＝0.7507(g)

设质子化氨基乙酸浓度为 $x$mol·L^{-1}

$$pH＝pK_{a_1}^{\ominus}＋lg\frac{c_{HA}}{c_{H_2A^+}}$$

即 2.0＝2.35＋lg(0.10－x)/x

解得 x＝0.069

所以需要加酸 V＝0.069×100/1＝6.9(mL)

3.18 (1)在100mL 由 1.0 mol·L^{-1} HAc 和 1.0 mol·L^{-1} NaAc 组成的缓冲溶液中，加入 1.0mL 0.1 mol·L^{-1} NaOH 溶液后，溶液的 pH 值有何变化？

(2)若在100mL pH＝5.00 的 HAc-NaAc 缓冲溶液中加入 1.0mL 6.0 mol·L^{-1} NaOH 后，溶液的 pH 增大 0.10 单位。问此缓冲溶液中 HAc，NaAc 的分析浓度各为多少？

解 (1)加入的 NaOH 浓度为

c_{NaOH}＝(1.0×10^{-3}×0.1000)/[(100＋1.0)×10^{-3}]＝0.001(mol·L^{-1})

pH＝$pK_a^{\ominus}$＋lg(1.0＋0.001)/(1.0－0.001)＝4.74＋lg1.001/0.999＝4.74

(2)c_{NaOH}＝(1.0×10^{-3}×6.0)/[(100＋1.0)×10^{-3}]＝0.0594(mol·L^{-1})

所以有 pH＝$pK_a^{\ominus}$＋lgc_b/c_a＝5.00

pH＝$pK_a^{\ominus}$＋lg(c_b＋0.0594)/(c_a－0.0594)＝5.10

解得 c_a＝0.4151(mol·L^{-1})，c_b＝0.7555(mol·L^{-1})

即此缓冲溶液中 HAc 的分析浓度为 0.4151 mol·L^{-1}，NaAc 的分析浓度为 0.7555 mol·L^{-1}。

3.19 取 25.00 mL 苯甲酸溶液，用 20.70 mL 0.1000mol·L^{-1} NaOH 溶液滴定至计量点。

(1)计算苯甲酸溶液的浓度为多少？(2)求计量点的 pH 为多少？(3)滴定突跃为多少？应选择哪种指示剂指示终点？

解 (1)$c_{苯甲酸}=20.70\times0.1000/25.00=0.0828(\text{mol}\cdot\text{L}^{-1})$

(2)苯甲酸钠的浓度

$$c_{苯甲酸钠}=(0.0828\times25.00)/(25.00+20.70)=0.0453(\text{mol}\cdot\text{L}^{-1})$$

$$[\text{OH}^-]=\sqrt{c_{苯甲酸钠}K_b^\ominus}=\sqrt{0.0453\times1.55\times10^{-10}}=2.64\times10^{-6}(\text{mol}\cdot\text{L}^{-1})$$

$$[\text{H}^+]=K_w^\ominus/[\text{OH}^-]=1.0\times10^{-14}/2.64\times10^{-6}$$
$$=3.79\times10^{-9}(\text{mol}\cdot\text{L}^{-1})$$

$$\text{pH}=-\lg3.79\times10^{-9}=8.42$$

(3)$c_b=[20.70\times(1-0.001)\times0.100]/[20.70\times(1-0.001)+25.00]$
$$=0.04527(\text{mol}\cdot\text{L}^{-1})$$

$c_a=[25.00\times0.0828-20.70\times(1-0.001)\times0.100]/[20.70\times(1-0.001)+25.00]$
$$=4.532\times10^{-4}(\text{mol}\cdot\text{L}^{-1})$$

$$\text{pH}=4.19+\lg0.4527/(4.532\times10^{-4})=7.19$$

$$[\text{OH}^-]=(0.1000\times0.0207)/[20.70\times(1-0.001)+25.00]$$
$$=4.53\times10^{-5}(\text{mol}\cdot\text{L}^{-1})$$

$$[\text{H}^+]=1.0\times10^{-14}/4.53\times10^{-5}=2.21\times10^{-10}(\text{mol}\cdot\text{L}^{-1})$$

$$\text{pH}=9.66$$

突跃范围 7.19～9.66

可选指示剂:溴百里酚蓝 6.0～7.60

中性红 6.8～8.0

苯酚红 6.7～8.4

酚酞 8.0～10.0

百里酚蓝 8.0～9.60

百里酚酞 9.4～10.6

3.20 称取含硼酸及硼砂的试样 0.6010g,用 0.1000mol·L^{-1}HCl 标准溶液滴定,以甲基红为指示剂,消耗 HCl 20.00 mL;再加甘露醇强化后,以酚酞为指示剂,用 0.2000mol·L^{-1} NaOH 标准溶液滴定消耗 30.00 mL。计算试样中硼砂和硼酸的质量分数。

解 第一步盐酸滴定硼砂:

$$\text{Na}_2\text{B}_4\text{O}_7+2\text{HCl}+5\text{H}_2\text{O}=\!=\!=4\text{H}_3\text{BO}_3+2\text{NaCl}$$

第二步加甘露醇强化硼酸酸性,让 1mol 硼酸释放 1molH$^+$,所以

$$n(Na_2B_4O_7) = \frac{1}{2}n(HCl) = 1/2 \times 0.1000 \times 20.00 \times 10^{-3}$$

$$= 1.000 \times 10^{-3}(mol)$$

$$\omega(Na_2B_4O_7 \cdot 10H_2O) = 1.000 \times 10^{-3} \times 381.38 \div 0.6010$$

$$= 63.39\%$$

$$n(H_2BO_3) = n(NaOH) = 0.2000 \times 30.00 \times 10^{-3}$$

$$= 6.000 \times 10^{-3}(mol)$$

样品中的硼酸为:

$$6.000 \times 10^{-3} - 4 \times 1.000 \times 10^{-3} = 2.000 \times 10^{-3}(mol)$$

$$\omega(H_3BO_3) = 2.000 \times 10^{-3} \times 61.83/0.6010 = 20.58\%$$

3.21 某试样中仅含有 NaOH 和 Na_2CO_3,称取 0.3720g 试样用水溶解后,以酚酞做指示剂,消耗 $0.1500\ mol \cdot L^{-1}$ HCl 40.00mL,问还需要多少毫升 HCl 溶液以达到甲基橙的变色点?

解 设 NaOH 的摩尔质量为 x,Na_2CO_3 的摩尔质量为 y。

以酚酞为指示剂:

$$NaOH + HCl = NaCl + H_2O$$

$$Na_2CO_3 + HCl = NaCl + NaHCO_3$$

所以　　　　　$40x + 106y = 0.3720$

　　　　　　　$x + y = 0.04 \times 0.1500 = 0.06$

故　　　　　$x = 0.004(mol), y = 0.002(mol)$

以甲基橙为指示剂:

$$NaHCO_3 + HCl = NaCl + CO_2 + H_2O$$

所以　　　　　$V_{HCl} = 0.002/0.1500 \approx 13.33(mL)$

3.22 干燥的纯 NaOH 和 $NaHCO_3$ 按 2:1 的质量比混合后溶于水,并用盐酸标准溶液滴定,使用酚酞指示剂时用去盐酸的体积为 V_1,再用甲基橙做指示剂,用去 HCl 的体积为 V_2。求 V_1/V_2(保留 3 位有效数字)。

解 设 NaOH 的质量为 $2m$,$NaHCO_3$ 的质量为 m;

因为　　　$NaOH + NaHCO_3 = Na_2CO_3 + H_2O$

最后的组成为:$NaOH-Na_2CO_3$

　　$NaOH \rightarrow NaCl, Na_2CO_3 \rightarrow NaHCO_3$　　V_1(酚酞变色)

　　$NaHCO_3 \rightarrow NaCl + H_2O + CO_2$　　　　V_2(甲基橙变色)

所以有　$c_{HCl} \cdot V_1 = 2m/40.01, c_{HCl} \cdot V_2 = m/84.01$

　　　　　$V_1/V_2 = 4.20$

3.23 粗氨盐 1.000g,加入过量 NaOH 溶液并加热,逸出的氨吸收于 56.00 mL 0.2500 mol·L^{-1} H_2SO_4 中,过量的酸用 0.5000 mol·L^{-1}NaOH 回滴用去 1.56 mL。计算试样中 NH_3 的质量分数。

解 $2NH_3 + H_2SO_4 \stackrel{}{=\!=\!=} (NH_4)_2SO_4$

$$n(NH_3) = 2 \times [n(H_2SO_4) - n(NaOH) \times 0.5]$$
$$= 2 \times (0.056 \times 0.25 - 0.5 \times 1.56 \times 10^{-3} \times 0.5)$$
$$= 0.02722(mol)$$
$$\omega = (0.02722 \times 17/1.000) \times 100\% = 46.27\%$$

3.24 某试样 2.000g,采用蒸馏法测氮的质量分数,蒸出的氨用50.00 mL 0.5000mol·L^{-1}硼酸标准溶液吸收,然后以溴甲酚绿与甲基红为指示剂,用 0.0500 mol·L^{-1}HCl溶液滴定用了 45.00mL,计算试样中氮的质量分数。

解 $\omega(N) = \dfrac{0.0500 \times 45.00 \times 10^{-3} \times 14}{2.000} \times 100\%$

$$= 1.58\%$$

3.25 有一 Na_3PO_4 试样,其中含有 Na_2HPO_4,称取 0.9947g,以酚酞做指示剂,用 0.2881mol·L^{-1}HCl 溶液滴定到终点,用去 HCl 17.56mL。再加入甲基橙指示剂,继续用 0.2881mol·L^{-1}HCl 滴定到终点时,又用去 HCl 20.18mL。求试样中 Na_3PO_4 和 Na_2HPO_4 质量分数。($M_{Na_3PO_4} = 163.94$, $M_{Na_2HPO_4} = 142$)

解 酚酞为指示剂反应为

$Na_3PO_4 + HCl \stackrel{}{=\!=\!=} NaCl + Na_2HPO_4$

继续滴定到甲基橙变色时,反应为:

$Na_2HPO_4 + HCl \stackrel{}{=\!=\!=} NaCl + NaH_2PO_4$

所以 $\omega(Na_3PO_4) = \dfrac{0.2881 \times 17.56 \times 10^{-3} \times 163.94}{0.9947} \times 100\% = 83.38\%$

$\omega(Na_2HPO_4) = \dfrac{0.2881 \times (20.18 - 17.56) \times 10^{-3} \times 141.96}{0.9947} \times 100\% = 10.77\%$

3.26 有一混合碱试样,除 Na_2CO_3 外,还可能含有 NaOH 或 $NaHCO_3$ 以及不与酸作用的物质。称取该试样 1.10 g,溶于适量水后,用甲基橙为指示剂,需用去 HCl 溶液(100mL HCl 相当于 0.01400g CaO)31.40 mL 才能达到终点。用酚酞做指示剂时,同样质量的试样需 15.00mL 该浓度 HCl 标准溶液才能达到终点。计算试样中各组分的含量。[$M(CaO) = 56.08$, $M(Na_2CO_3) = 106$, $M(NaHCO_3) = 84.10$, $M(NaOH) = 40$]

解 $c_{HCl}=\dfrac{2\times0.1400\times1.000\times10^{-3}}{56.08}=0.4993(mol\cdot L^{-1})$

因为 $V_1+V_2=31.40mL$，$V_1=15.00mL$　所以 $V_2=16.40mL$

$V_1<V_2$，所以为 $Na_2CO_3-NaHCO_3$ 组合

$Na_2CO_3\%=\dfrac{2\times15.00\times10^{-3}\times0.4993\times\frac{1}{2}\times105.99}{1.10}\times100\%=72.16\%$

$NaHCO_3\%=\dfrac{(16.40-15.00)\times10^{-3}\times0.4993\times84.01}{1.10}\times100\%=5.34\%$

不与酸作用的物质含量：$1-72.16\%-5.34\%=22.5\%$

五、测验题

(一)选择题

1. 当物质的基本单元为下列化学式时，它们分别与 NaOH 溶液反应的产物如括号内所示。与 NaOH 溶液反应时的物质的量之比为 $1:3$ 的物质是(　　)。

(A)H_3PO_4(Na_2HPO_4)　　　　　　(B)$NaHC_2O_4\cdot H_2C_2O_4$($Na_2C_2O_4$)

(C)$H_2C_8H_4O_4$($Na_2C_8H_4O_4$)　　(D)$(RCO)_2O$($RCOONa$)

2. 标定 HCl 溶液用的基准物 $Na_2B_4O_7\cdot12H_2O$，因保存不当失去了部分结晶水，标定出的 HCl 溶液浓度是(　　)。

(A)偏低　　　　(B)偏高　　　　(C)准确　　　　(D)无法确定

3. 在锥形瓶中进行滴定时，错误的是(　　)。

(A)用右手前三指拿住瓶颈，以腕力摇动锥形瓶

(B)摇瓶时，使溶液向同一方向做圆周运动，溶液不得溅出

(C)注意观察液滴落点周围溶液颜色的变化

(D)滴定时，左手可以离开旋塞任其自流

4. 用同一 NaOH 溶液分别滴定体积相等的 H_2SO_4 和 HAc 溶液，消耗的体积相等，说明 H_2SO_4 和 HAc 两溶液中的(　　)。

(A)氢离子浓度(单位：$mol\cdot L^{-1}$，下同)相等

(B)H_2SO_4 和 HAc 浓度相等

(C)H_2SO_4 浓度为 HAc 浓度的 1/2

(D)H_2SO_4 和 HAc 的解离度相等

5. 某弱酸 HA 的 $K_a^{\ominus}=2.0\times10^{-5}$，若需配制 pH$=5.00$ 的缓冲溶液，与 100mL1.00mol$\cdot L^{-1}$NaA 相混合的 1.00mol$\cdot L^{-1}$HA 的体积约为(　　)。

(A)200mL   (B)50mL   (C)100mL   (D)150mL

6. 已知 $K_a^\ominus(HA)<10^{-5}$，HA 是很弱的酸，现将 $a\,mol \cdot L^{-1}$ HA 溶液加水稀释，使溶液的体积为原来的 n 倍（设 $\alpha(HA) \ll 1$），下列叙述正确的是（   ）。

(A)$c(H^+)$ 变为原来的 $1/n$ (B)HA 溶液的解离度增大为原来 n 倍

(C)$c(H^+)$ 变为原来的 a/n 倍   (D)$c(H^+)$ 变为原来的 $(n)^{-1/2}$

7. 计算 $1\,mol \cdot L^{-1}$ HAc 和 $1\,mol \cdot L^{-1}$ NaAc 等体积混合溶液的 $[H^+]$ 时，应选用公式（   ）。

(A)$[H^+] = \sqrt{K_a^\ominus \cdot c}$ (B)$[H^+] = \sqrt{\dfrac{K_a^\ominus \cdot K_w^\ominus}{c}}$

(C)$[H^+] = K_{HAc}^\ominus \cdot \dfrac{c_{HAc}}{c_{Ac^-}}$ (D)$[H^+] = \sqrt{\dfrac{c \cdot K_w^\ominus}{K_b^\ominus}}$

8. NaOH 溶液保存不当，吸收了空气中 CO_2，用邻-苯二甲酸氢钾为基准物标定浓度后，用于测定 HAc。测定结果（   ）。

(A)偏高   (B)偏低   (C)无影响   (D)不定

9. 将 $0.1\,mol \cdot L^{-1}$ HA（$K_a=1.0 \times 10^{-5}$）与 $0.1\,mol \cdot L^{-1}$ HB（$K_a^\ominus=1.0 \times 10^{-9}$）等体积混合，溶液的 pH 为（   ）。

(A)3.0   (B)3.2   (C)4.0   (D)4.3

10. NaH_2PO_4 水溶液的质子条件为（   ）。

(A)$[H^+]+[H_3PO_4]+[Na^+]=[OH^-]+[HPO_4^{2-}]+[PO_4^{3-}]$

(B)$[H^+]+[Na^+]=[H_2PO_4^-]+[OH^-]$

(C)$[H^+]+[H_3PO_4]=[HPO_4^{2-}]+2[PO_4^{3-}]+[OH^-]$；

(D)$[H^+]+[H_2PO_4^-]+[H_3PO_4]=[OH^-]+3[PO_4^{3-}]$

11. 可以用直接法配制标准溶液的是（   ）。

(A)含量为 99.9% 的铜片

(B)优级纯浓 H_2SO_4

(C)含量为 99.9% 的 $KMnO_4$

(D)分析纯 $Na_2S_2O_3$

12. 右图滴定曲线的类型为（   ）。

(A)强酸滴定弱碱

(B)强酸滴定强碱

(C)强碱滴定弱酸

(D)强碱滴定强酸

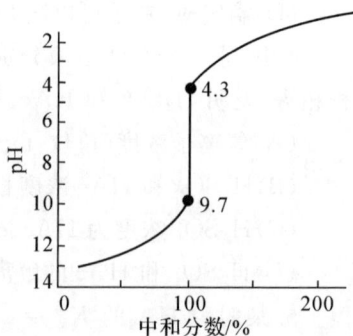

13. 某弱酸 HA 的 $K_a^\ominus = 1 \times 10^{-5}$,则其 $0.1 mol \cdot L^{-1}$ 溶液的 pH 值为( )。

(A)1.0   (B)2.0   (C)3.0   (D)3.5

14. 某水溶液($25°C$) pH 值为 4.5,则此水溶液中 OH^- 的浓度(单位: $mol \cdot L^{-1}$)为( )。

(A)$10^{-4.5}$ (B)$10^{4.5}$ (C)$10^{-11.5}$ (D)$10^{-9.5}$

15. 已知 H_3PO_4 的 $K_{a1}^\ominus = 7.6 \times 10^{-3}$, $K_{a2}^\ominus = 6.3 \times 10^{-8}$, $K_{a3}^\ominus = 4.4 \times 10^{-13}$。用 NaOH 溶液滴定 H_3PO_4 至生成 NaH_2PO_4 时,溶液的 pH 值约为( )。

(A)2.12   (B)4.66   (C)7.20   (D)9.86

16. 根据酸碱质子理论,下列各离子中,既可做酸,又可做碱的是( )。

(A)H_3O^+ (B)$[Fe(H_2O)_4(OH)_2]^+$

(C)NH_4^+ (D)CO_3^{2-}

17. 应用式 $\dfrac{[H^+]^2[S^{2-}]}{[H_2S]} = K_{a1}^\ominus K_{a2}^\ominus$ 的条件是( )。

(A)只适用于饱和 H_2S 溶液   (B)只适用于不饱和 H_2S 溶液

(C)只适用于有其他酸共存时的 H_2S 溶液   (D)上述 3 种情况都适用

18. 向 $0.10 mol \cdot dm^{-3}$ HCl 溶液中通 H_2S 气体至饱和($0.10 mol \cdot dm^{-3}$),溶液中 S^{2-} 浓度为(H_2S: $K_{a1}^\ominus = 9.1 \times 10^{-8}$ $K_{a2}^\ominus = 1.1 \times 10^{-12}$)( )。

(A)$1.0 \times 10^{-18} mol \cdot L^{-1}$ (B)$1.1 \times 10^{-12} mol \cdot L^{-1}$

(C)$1.0 \times 10^{-19} mol \cdot L^{-1}$ (D)$9.5 \times 10^{-5} mol \cdot L^{-1}$

19. 酸碱滴定中指示剂选择的原则是( )。

(A)指示剂的变色范围与等当点完全相符

(B)指示剂的变色范围全部和部分落入滴定的 pH 突跃范围之内

(C)指示剂应在 pH = 7.0 时变色

(D)指示剂变色范围完全落在滴定的 pH 突跃范围之内

(二)填空题

1. $2.0 \times 10^{-3} mol \cdot L^{-1}$ HNO_3 溶液的 pH = _____。

2. 盛 $FeCl_3$ 溶液的试剂瓶放久后产生的红棕色污垢,宜用_____做洗涤剂。

3. 在写 NH_3 水溶液中的质子条件式时,应取 H_2O, _____为零水准,其质子条件式为_____。

4. 写出下列物质共轭酸的化学式:

$(CH_2)_6N_4$ _____; $H_2AsO_4^-$ _____。

5. 已知 $K_{a1}^\ominus(H_2S) = 1.32 \times 10^{-7}$, $K_{a2}^\ominus(H_2S) = 7.10 \times 10^{-15}$,则 $0.10 mol \cdot L^{-1}$

Na_2S 溶液的 $c(OH^-)=$ ＿＿＿＿＿ $mol \cdot L^{-1}$，pH＝＿＿＿＿＿。

6. 已知 $K^\ominus_{HAc}=1.8\times10^{-5}$，pH 为 3.0 的下列溶液，用等体积的水稀释后，它们的 pH 值为：HAc 溶液＿＿＿＿＿＿＿＿＿，HCl 溶液＿＿＿＿＿＿＿＿＿，HAc-NaAc 溶液＿＿＿＿＿＿＿＿。

7. 由醋酸溶液的分布曲线可知，当醋酸溶液中 HAc 和 Ac^- 的存在量各占 50% 时，pH 值即为醋酸的 $pK^\ominus_a$ 值。当 $pH<pK^\ominus_a$ 时，溶液中＿＿＿＿＿＿为主要存在形式；当 $pH>pK^\ominus_a$ 时，则＿＿＿＿＿＿为主要存在形式。

8. $pH=9.0$ 和 $pH=11.0$ 的溶液等体积混合，溶液的 pH＝＿＿＿＿＿；$pH=5.0$ 和 $pH=9.0$ 的溶液等体积混合，溶液的 pH＝＿＿＿＿。（上述溶液指强酸、强碱的稀溶液）

9. 同离子效应使弱电解质的解离度＿＿＿＿＿＿；盐效应使弱电解质的解离度＿＿＿＿＿＿；后一种效应较前一种效应＿＿＿＿＿＿得多。

10. 酸碱滴定曲线是以＿＿＿＿＿＿变化为特征。滴定时，酸碱浓度越大，滴定突跃范围＿＿＿＿＿＿；酸碱强度越大，滴定突跃范围＿＿＿＿＿＿。

三、计算题

1. 有一混合碱试样，除 Na_2CO_3 外，还可能含有 NaOH 或 Na_2CO_3 以及不与酸作用的物质。称取该试样 1.10g 溶于适量水后，用甲基橙为指示剂需加 31.4mL HCl 溶液（1.00mL HCl $\triangleq$ 0.01400g CaO）才能达到终点。用酚酞做指示剂时，同样质量的试样需 15.0mL 该浓度 HCl 溶液才能达到终点。计算试样中各组分的含量。

（$M_{CaO}=56.08g \cdot mol^{-1}$，$M_{Na_2CO_3}=106.0g \cdot mol^{-1}$，$M_{NaHCO_3}=84.01g \cdot mol^{-1}$，$M_{NaOH}=40.00g \cdot mol^{-1}$）

2. 用酸碱滴定法分析某试样中的氮（$M=14.01g \cdot mol^{-1}$）含量。称取 2.000g 试样，经化学处理使试样中的氮定量转化为 NH_4^+ 测量。再加入过量的碱溶液，使 NH_4^+ 转化为 NH_3，加热蒸馏，用 50.00mL 0.2500mol $\cdot L^{-1}$ HCl 标准溶液吸收分馏出的 NH_3，过量的 HCl 用 0.1150mol $\cdot L^{-1}$ NaOH 标准溶液回滴，消耗 26.00mL。求试样中氮的含量。

3. 将 100.0mL 0.200mol $\cdot L^{-1}$ HAc 与 300.0mL 0.400mol $\cdot L^{-1}$ HCN 混合，计算混合溶液中的各离子浓度。[$K^\ominus_a(HAc)=1.75\times10^{-5}$，$K^\ominus_a(HCN)=6.2\times10^{-10}$]

4. 今有 $1.0dm^3$ $0.10mol \cdot dm^{-3}$ 氨水，问：

(1)氨水中的 $[H^+]$ 是多少？

(2)加入 5.35g NH_4Cl 后,溶液的$[H^+]$是多少?(忽略加入 NH_4Cl 后溶液体积的变化)

(3)加入 NH_4Cl 前后氨水的解离度各为多少?(NH_3:$K_b^{\ominus}=1.8\times10^{-5}$)(相对原子质量:Cl 35.5,N 14)

5. 氢氰酸 HCN 解离常数为 4×10^{-10},将含有 5.01g HCl 的水溶液和 6.74g NaCN 混合,并加水稀释到 $0.275dm^3$,求 H_3O^+,CN^-,HCN 的浓度是多少?($M_{HCl}=36.46g\cdot mol^{-1}$,$M_{NaCN}=49.01g\cdot mol^{-1}$)

6. 测得某一弱酸(HA)溶液的 pH=2.52,该一元弱酸的钠盐(NaA)溶液的 pH=9.15,当上述 HA 与 NaA 溶液等体积混匀后测得 pH=4.52,求该一元弱酸的电离常数 $K_{HA}^{\ominus}$ 值为多少?

7. 在血液中,H_2CO_3-$NaHCO_3$ 缓冲对的功能之一是从细胞组织中,迅速地除去运动产生的乳酸(HLac:$K_{HLac}^{\ominus}=8.4\times10^{-4}$)。

(1)已知 $K_{a1}^{\ominus}(H_2CO_3)=4.3\times10^{-7}$,求 $HLac+HCO_3^- \rightleftharpoons Lac^-+H_2CO_3$ 的平衡常数 $K^{\ominus}$;

(2)在正常血液中,$[H_2CO_3]=1.4\times10^{-3}mol\cdot L^{-1}$,$[HCO_3^-]=2.7\times10^{-2}mol\cdot L^{-1}$,求 pH 值;

(3)若 1.0L 血液中加入 $5.0\times10^{-3}mol$ HLac 后,pH 值为多少?

六、测验题解答

(一)选择题

1.(B);**2.**(A);**3.**(D);**4.**(C);**5.**(B);**6.**(D);**7.**(C);**8.**(C);**9.**(B);**10.**(C);**11.**(A);**12.**(B);**13.**(C);**14.**(D);**15.**(B);**16.**(B);**17.**(D);**18.**(A);**19.**(B)

(二)填空题

1. 2.70;

2. 粗 HCl 溶液

3. NH_3;$[H^+]+[NH_4^+]=[OH^-]$

4. $(CH_2)_6N_4H^+$;H_3AsO_4

5. 0.094;12.97

6. 3.2;3.3;3.0

7. HAc;Ac^-

8. 10.7；7.0

9. 降低；升高；小

10. 溶液 pH 值；大；大

(三)计算题

1.解

$$c_{HCl} = \frac{2 \times 0.0140 \times 1000}{56.08} = 0.4993(mol \cdot L^{-1})$$

$V_2 = 31.40 - 15.00 = 16.40(mL); V_1 = 15.0(mL)$

因为 $V_2 > V_1$，可见混合碱中含 Na_2CO_3 和 $NaHCO_3$ 而不含 NaOH

$$w_{Na_2CO_3} = \frac{1/2 \times 0.4993 \times (2 \times 15.0) \times 106.0}{1.10 \times 1000} \times 100\% = 72.2\%$$

$$w_{NaHCO_3} = \frac{0.4993 \times (31.4 - 2 \times 15.0) \times 84.01}{1.10 \times 1000} \times 100\% = 5.3\%$$

$$w_{杂质} = 100\% - (72.2\% + 5.3\%) = 22.5\%$$

2.解

有关反应如下：

$NH_3 + HCl == NH_4^+ + Cl^-$；

$NaOH + HCl_{(余)} == NaCl + H_2O$

$$w_N = \frac{(50.00 \times 0.2500 - 0.1150 \times 26.00) \times 14.01}{2.000 \times 1000} \times 100\% = 6.66\%$$

3.解

混合后

$$c(HAc) = \frac{100 \times 0.200}{(100 + 300)} = 0.0500(mol \cdot L^{-1})$$

$$c(HCN) = \frac{300 \times 0.400}{(100 + 300)} = 0.30(mol \cdot L^{-1})$$

因为 $K_a^{\ominus}(HAc) \gg K_a^{\ominus}(HCN)$，所以 H^+ 主要来自 HAc 的解离。

$$c(H^+) = \sqrt{1.75 \times 10^{-5} \times 0.0500} = 9.35 \times 10^{-4}(mol \cdot L^{-1})$$

$$c(Ac^-) = c(H^+) = 9.35 \times 10^{-4}(mol \cdot L^{-1})$$

$$HCN \rightleftharpoons H^+ + CN^-$$

平衡 $c/(mol \cdot L^{-1})$ $0.300 - x$ $9.35 \times 10^{-4} + x$ x

$$6.2 \times 10^{-10} = \frac{x(9.35 \times 10^{-4})}{0.300}$$

$$x = 2.00 \times 10^{-7}$$

$c(CN^-) = 2.00 \times 10^{-7} (mol \cdot L^{-1})$

4. 解

$(1)[OH^-] = \sqrt{0.10 \times 1.8 \times 10^{-5}} = 1.34 \times 10^{-3}$

$[H^+] = 7.5 \times 10^{-12}$

$(2)pH = pK_a^\ominus + \lg \dfrac{c_b}{c_a} = 9.26 + \lg \dfrac{0.1}{0.1} = 9.26$

$[H^+] = 5.6 \times 10^{-10}$

(3)加 NH_4Cl 前　$\dfrac{0.1\alpha \times 0.1\alpha}{0.1(1-\alpha)} = 1.8 \times 10^{-5}$

$\alpha = 1.3\%$

加 NH_4Cl 后　$\dfrac{0.1\alpha \times (0.1+0.1\alpha)}{0.1(1-\alpha)} = 1.8 \times 10^{-5}$

$\alpha = 0.018\%$

5. 解

$HCN \Longrightarrow H^+ + CN^-$

$\dfrac{0.138}{0.275} = 0.5$

$0.5-x \quad x \quad\quad x$

$\dfrac{x^2}{0.5-x} = 4 \times 10^{-10}$

$x = 1.0 \times 10^{-5}$

所以　$[H_3O^+] = 1 \times 10^{-5} mol \cdot L^{-1}$

$[CN^-] = 1 \times 10^{-5} mol \cdot L^{-1}$

$[HCN] \approx 0.499\ mol \cdot L^{-1}$

6. 解

$pH = pK_a^\ominus + \lg \dfrac{c_b}{c_a}$

$A^- + H_2O \Longrightarrow HA + OH^-$

$[OH^-] = \sqrt{c_b K_b^\ominus}$

$HA \Longrightarrow A^- + H^+$

$[H^+] = \sqrt{c_a K_a^\ominus}$

$c_b = \dfrac{[OH^-]^2}{K_b^\ominus} = \dfrac{K_a^\ominus [OH^-]^2}{K_w}$

$$c_a = \frac{[H^+]^2}{K_a^\ominus}$$

$$K_a^\ominus = 1.5 \times 10^{-5}$$

7. 解

$(1)\ K^\ominus = \dfrac{[Lac^-][H_2CO_3]}{[HLac][HCO_3^-]} = \dfrac{[Lac^-][H_2CO_3][H^+]}{[HLac][HCO_3^-][H^+]} = \dfrac{K_{HLac}^\ominus}{K_{a1,H_2CO_3}^\ominus}$

$\qquad = \dfrac{8.4 \times 10^{-4}}{4.3 \times 10^{-7}} = 2.0 \times 10^3$

$(2)\ pH = pK_{a1}^\ominus + \lg \dfrac{[HCO_3^-]}{[H_2CO_3]} = 6.36 + \lg \dfrac{2.7 \times 10^{-2}}{1.4 \times 10^{-3}} = 7.65$

$(3)\ pH' = pK_{a1}^\ominus + \lg \dfrac{[HCO_3^-]'}{[H_2CO_3]'} = 6.36 + \lg \dfrac{2.2 \times 10^{-2}}{6.4 \times 10^{-3}} = 6.90$

第四章 沉淀平衡与沉淀测定法
（Precipitation equilibrium and precipitation measurement）

⊙ **学习目标**

通过本章的学习，要求掌握：

1. 溶度积概念、溶度积和溶解度的换算；
2. 影响沉淀溶解平衡的因素，溶度积规则；
3. 沉淀溶解平衡的有关计算；
4. 沉淀的形成，影响沉淀纯度的因素；
5. 重量分析法的原理及应用；
6. 沉淀滴定法的原理及应用。

一、知识结构

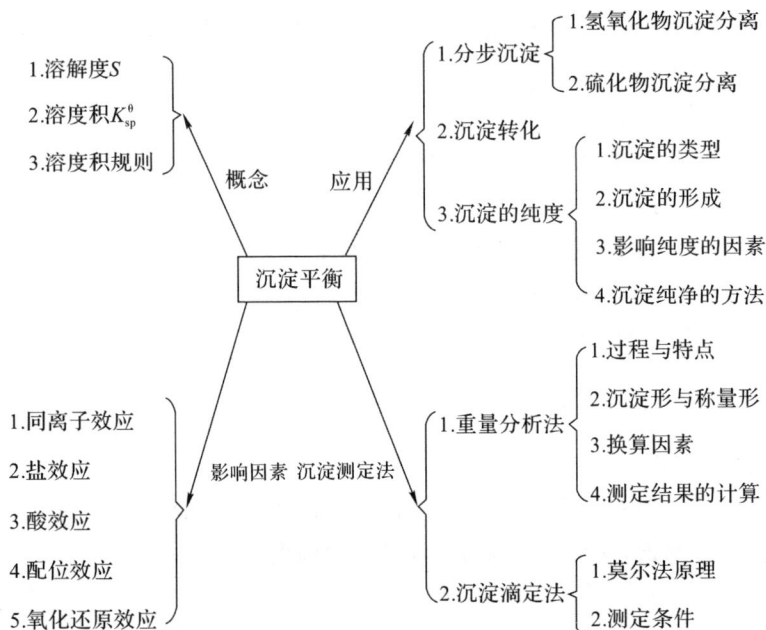

二、基本概念

1.溶度积与溶解度

(1)溶度积

当难溶物 M_mA_n 在温度一定,水中溶解或生成达到平衡时,据多重平衡原理:

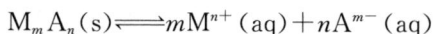

$$M_mA_n(s) \rightleftharpoons mM^{n+}(aq) + nA^{m-}(aq)$$

则 $\qquad K_{sp}^{\ominus} = [M^{n+}]^m \cdot [A^{m-}]^n$

式中:M^{n+},A^{m-} 分别称为构晶离子。$K_{sp}^{\ominus}$ 称为溶度积常数(activity product)。

$K_{sp}^{\ominus}$ 可以衡量难溶物生成或溶解能力的强弱。$K_{sp}^{\ominus}$ 越大,表明该难溶物质的溶解能力越强,要生成该沉淀就困难;$K_{sp}^{\ominus}$ 越小,表明该难溶物质的溶解能力越小,要生成该沉淀就相对容易。在进行相对比较时,对同型难溶物质,$K_{sp}^{\ominus}$ 越大,其溶解度就越大。不同型难溶物不能根据 $K_{sp}^{\ominus}$ 的大小直接比较它们溶解度的高低,要通过计算,才能判断其溶解度的大小。

(2)溶解度与溶度积的关系

对于 MA 型难溶物,若溶解度为 S mol·L^{-1}

$\qquad S = (K_{sp}^{\ominus})^{1/2}$

对于 MA_2 型或 M_2A 型难溶物质,若溶解度为 S mol·L^{-1}

$\qquad S = (K_{sp}^{\ominus}/4)^{1/3}$

(3)溶度积规则

对于任一沉淀反应:$M_mA_n(s) \rightleftharpoons mM^{n+}(aq) + nA^{m-}(aq)$

反应商(又称浓度商或离子积):$Q_c = c^m(M^{n+}) \cdot c^n(A^{m-})$

若 $Q_c > K_{sp}^{\ominus}$,溶液达到过饱和,将生成沉淀;

若 $Q_c < K_{sp}^{\ominus}$,溶液未饱和,将无沉淀析出,若有固体物质则会溶解;

当 $Q_c = K_{sp}^{\ominus}$,为饱和溶液,达到动态平衡。

2.同离子效应与沉淀完全的标准

(1)同离子效应

当沉淀反应中与难溶物质具有相同离子的电解质溶液存在时,会使难溶物质的溶解度降低,这种现象称为沉淀反应的同离子效应。

（2）沉淀完全的标准

对一般的沉淀分离或制备，以及定性分析：

被沉淀离子的浓度$\leqslant 10^{-5}$ mol·L^{-1}

对重量分析（定量沉淀完全）：

被沉淀离子的浓度$\leqslant 10^{-6}$ mol·L^{-1}

3. 酸效应

酸效应（acid effect）指沉淀反应中，酸度的改变对氢氧化物沉淀和硫化物沉淀的影响。主要有两种类型的计算，分别是难溶金属氢氧化物沉淀与难溶硫化物沉淀。

（1）难溶金属氢氧化物沉淀

对于难溶金属氢氧化物 M(OH)$_n$，如果溶液酸度增大则其溶解度会增大，甚至导致沉淀溶解。若要生成难溶金属氢氧化物，那就必须达到一定的 OH$^-$ 浓度，若酸度过大，就不能生成沉淀或使得沉淀不完全。

理论上只要知道氢氧化物的溶度积以及金属离子的初始浓度，就能计算该金属离子开始沉淀与沉淀完全时所对应的 pH 值。

（2）难溶硫化物沉淀

大部分金属离子可与 S^{2-} 生成硫化物沉淀，但是 $K_{sp}^{\ominus}$ 却各不相同，有很大差别。因为溶液中 S^{2-} 的浓度与溶液的酸度即 pH 有关，所以金属离子开始沉淀和沉淀完全时的 pH 值完全不同。基于这一原理，可以根据金属硫化物的 $K_{sp}^{\ominus}$，通过调节溶液的 pH 值，使某些金属硫化物沉淀出来，而使另一些金属离子仍留在溶液中，从而达到分离的目的。

4. 分步沉淀

分步沉淀（fractional precipitation）：混合溶液中由于各种难溶物溶度积的差异，它们沉淀的次序有所不同的现象。

规律：系统中同时存在几种离子时，离子积首先超过溶度积的难溶物先沉淀。

5. 沉淀的转化

沉淀的转化（inversion of precipitation）是指一种沉淀借助于某一试剂的作用，转化为另一种沉淀的过程。

沉淀转化的一般规律：溶度积较大的难溶物质容易转化为溶度积较小的难

溶物质。两种物质的溶度积相差越大,沉淀转化得越完全。

6.沉淀的类型

根据沉淀颗粒的大小和外观形态,沉淀可以分成下列三类。
(1)晶形沉淀
(2)无定形沉淀
(3)凝乳状沉淀

7.沉淀的形成

沉淀的形成可以分为两个基本过程:晶核生成与晶体长大。
(1)晶核生成
晶核(crystal nucleus)生成中的成核类型一般有两种,分别为:①均相成核;②异相成核。
(2)晶体长大
在晶核形成之后,构晶离子可以向晶核表面运动并沉积下来,使晶核逐渐长大,形成沉淀微粒,最后形成沉淀。沉淀的类型有两种,分别是晶形沉淀和无定形沉淀。

在沉淀形成的过程中,存在两种速率,分别是:①聚集速率;②定向速率。
①聚集速率(aggregation velocity),是指当构晶离子聚集成晶核,然后进一步聚集成沉淀微粒的速率。
②定向速率(direction velocity),是指在聚集的同时,构晶离子按一定顺序在晶核上进行定向排列的速率。

如果聚集速率大于定向速率,就会形成颗粒细小的无定形沉淀。如果定向速率大于聚集速率,则能形成颗粒较大的晶形沉淀。

定向速率的大小主要取决于沉淀物质的本性。强极性难溶物质,具有较大的定向速率。

聚集速率的大小主要与沉淀形成的条件有关。冯·韦曼(von Weimarn)提出了聚集速率的经验公式,与沉淀的分散度(表示沉淀颗粒的大小)和溶液的相对过饱和度有关:

$$v(聚集速率) = K\frac{Q-S}{S}$$

由冯·韦曼公式可知,溶液的相对过饱和度越大,分散度越大,聚集速率就越大而获得小晶形沉淀,即无定形沉淀。反之,溶液的相对过饱和度越小,分散度越小,就将获得大晶形沉淀,即晶形沉淀。

8. 共沉淀现象

共沉淀现象(coprecipitation)是在进行沉淀反应时,某些可溶性杂质被同时沉淀下来的现象。

共沉淀现象主要有三类。分别是:(1)表面吸附;(2)吸留与包藏;(3)混晶。

9. 后沉淀现象

后沉淀(postprecipitation),是指某些沉淀析出后,另一种本来难以沉淀的物质在已沉淀的表面继续析出的现象。

10. 获得纯净沉淀的方法

(1)选择合适的沉淀次序

用沉淀法分离含量相差悬殊的两种组分时,一般应先沉淀含量少的组分。否则容易造成少量组分的损失,并且也难以获得纯净的沉淀。

(2)针对沉淀不纯的原因,采取不同的方法

①对于表面吸附,在沉淀时可以通过加热、洗涤的方式来减少表面吸附。

②对于吸留或包藏,可以采取陈化(aging)、重结晶(recrystallization)或再沉淀(reprecipitation)等方法。

所谓陈化,是指沉淀后,让沉淀与母液共同放置一段时间,或通过加热搅拌一定的时间后再进行过滤分离的过程。

③对于混晶来说,一般采用事先分离的方法。

④对于后沉淀现象,应缩短沉淀与母液的共存时间,沉淀后迅速过滤分离。

(3)选择合适的沉淀条件

①对于晶形沉淀。采用的沉淀条件是,在较稀的热溶液中,边搅拌边缓慢滴加稀的沉淀剂,然后将沉淀陈化。

②对于非晶形沉淀。采用的沉淀条件是,在较浓的热溶液中,加入一些易挥发的电解质,不断搅拌,同时适当加快沉淀剂的加入速度,沉淀后加热水进行稀释,充分搅拌后趁热过滤,不要陈化。

11. 重量分析法

重量分析法是一种通过称量物质的质量来确定被测组分含量的方法。分为沉淀法、气化法、电解法等。

(1)重量分析法的基本过程与特点

重量分析法的基本过程为:首先通过一定方式将试样分解为溶液,然后加入合适的沉淀剂,使被测组分转变成沉淀,该沉淀的物质形式称为沉淀形。接着将所得的沉淀经过滤、洗涤,再干燥(烘干或灼烧)成为组成一定的物质,此时的物质形式称为称量形。最后,称取称量形的质量,通过称量形与被测组分之间的关系,从而求出被测组分的含量。

重量分析法的特点是:①适用于主量组分;②不需基准物质或标准试样;③准确度高,相对误差为 1‰~2‰;④所需时间长。

(2)重量分析法对沉淀形与称量形物质的要求

对沉淀形物质要求:①沉淀溶解度小;②沉淀纯净;③易过滤、洗涤;④易转化为称量形。

对称量形物质要求:①化学组成固定;②化学稳定性好;③摩尔质量尽可能大。

在重量分析法中,称量形与沉淀形可以相同,也可以不同。

12. 沉淀滴定法

沉淀滴定法是一种以沉淀反应为基础的滴定分析法,最常用的是利用生成难溶银盐的银量法,其基本反应为:$Ag^+ + X^- \Longrightarrow AgX(s)$,$X^-$ 为 Cl^-,Br^-,I^-,SCN^- 等。

根据所用指示剂的不同,银量法有三种。按创立者的名字命名,分别是莫尔法、佛尔哈德法、法扬司法,常用的是莫尔法。

莫尔法是一种以 K_2CrO_4 为指示剂,在中性或弱碱性溶液中,用 $AgNO_3$ 标准溶液滴定 Cl^- 或 Br^- 的银量法。

在莫尔法测定过程中,主要应该注意三个问题:

①指示剂用量应适当。一般使 $[CrO_4^{2-}] = 5.0 \times 10^{-3} \, mol \cdot L^{-1}$。

②溶液的酸度应该是中性或弱碱性。一般控制 pH = 6.5~10.5。若有 NH_4^+ 存在,则酸度的上限应降至 pH = 7.2。

③在滴定过程中时应剧烈摇动溶液。

三、主要公式

1. 溶解度与溶度积的关系

对于 MA 形难溶物,若溶解度为 S mol · L^{-1}

$$S = (K_{sp}^{\ominus})^{1/2}$$

对于 MA_2 型(如 CaF_2)或 M_2A 型(如 Ag_2CrO_4)难溶物质,其溶度积与溶解度的关系为:

$$S = (K_{sp}^{\ominus}/4)^{1/3}$$

2. 难溶金属氢氧化物沉淀的 pH 值计算

对于难溶金属氢氧化物 $M(OH)_n$,如果金属离子的初始浓度为$[M^{n+}]$,则该金属离子开始沉淀的$[OH^-]$为:

$$[OH^-]_{开始} \geqslant \sqrt[n]{\frac{K_{sp}^{\ominus}}{[M^{n+}]}}$$

金属离子开始沉淀的 pH 值:

$$pH \geqslant 14 - pOH_{(开始)}$$

金属离子沉淀完全时的$[OH^-]$为:

$$[OH^-]_{完全} \geqslant \sqrt[n]{\frac{K_{sp}^{\ominus}}{1.0 \times 10^{-5}}}$$

金属离子沉淀完全时 pH 值:

$$pH \geqslant 14 - pOH_{(完全)}$$

3. 难溶金属硫化物沉淀的 pH 值计算

MS 型金属硫化物开始沉淀时,应控制的 H^+ 的最大浓度为:

$$[H^+] \leqslant \sqrt{\frac{K_{a1}^{\ominus} K_{a2}^{\ominus} [M^{2+}][H_2S]}{K_{sp}^{\ominus}(MS)}}$$

若要使 M^{2+} 沉淀完全,应控制的 H^+ 的最大浓度为:

$$[H^+] \leqslant \sqrt{\frac{K_{a1}^{\ominus} K_{a2}^{\ominus} \times 1.0 \times 10^{-5} \times [H_2S]}{K_{sp}^{\ominus}(MS)}}$$

从以上两式可求出 MS 型金属硫化物开始沉淀和沉淀完全时的 pH 值。

4. 测定结果的计算

①当所得称量形与被测组分的表示形式一致时:

$$\omega(B) = \frac{被测组分的质量 \, m(B)}{试样质量 \, m_s}$$

②当所得称量形与被测组分表示形式不同时:

$$\omega(B) = \frac{称量形的质量 \, m(B) \times 被测组分的换算因子 \, F}{试样质量 \, m_s}$$

换算因数(化学因数,chemical factor),常以 F 表示:被测组分的摩尔质量与称量形的摩尔质量之比。

应该要注意的是,换算因数表达式中,分子分母中主要元素的原子数目应相等。

换算因数为:

$$F = \frac{M_{(被测组分)} \times n_{(称量形)}}{M_{(称量形)} \times m_{(被测组分)}}$$

$M_{(被测组分)}$ 为被测组分相对分子质量(或相对原子质量)。

$M_{(称量形)}$ 为称量形相对分子质量。

$n_{(称量形)}$ 为称量形中所含被测组分中主要元素的原子数。

$m_{(被测组分)}$ 为被测组分中所含被测组分中主要元素的原子数。

四、习题详解

4.1 已知 PbI_2 的溶度积为 9.8×10^{-9},计算其溶解度。

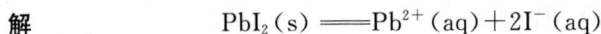

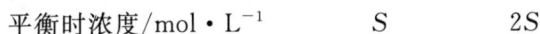

解 $\qquad PbI_2(s) \Longrightarrow Pb^{2+}(aq) + 2I^-(aq)$

平衡时浓度/$mol \cdot L^{-1}$ $\qquad\qquad\quad S \qquad\quad 2S$

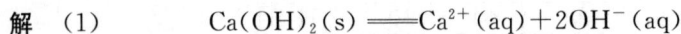

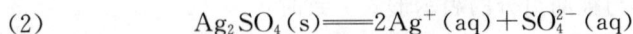

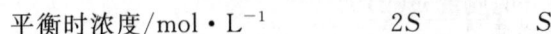

因为 $\qquad\qquad K_{sp}^{\ominus} = 4S^3$

所以 $\qquad\qquad S = (K_{sp}^{\ominus}/4)^{1/3} = (9.8 \times 10^{-9}/4)^{1/3}$

$\qquad\qquad\qquad\qquad\qquad = 1.35 \times 10^{-3} (mol \cdot L^{-1})$

4.2 已知以下难溶物的溶度积,求它们的溶解度(以 $mol \cdot L^{-1}$ 表示)。

(1) $Ca(OH)_2$,$K_{sp}^{\ominus} = 5.02 \times 10^{-6}$;

(2) Ag_2SO_4,$K_{sp}^{\ominus} = 1.20 \times 10^{-5}$。

解 (1) $\qquad Ca(OH)_2(s) \Longrightarrow Ca^{2+}(aq) + 2OH^-(aq)$

平衡时浓度/$mol \cdot L^{-1}$ $\qquad\qquad\quad S \qquad\quad 2S$

因为 $\qquad\qquad K_{sp}^{\ominus} = 4S^3$

所以 $\qquad\qquad S = (K_{sp}^{\ominus}/4)^{1/3} = (5.02 \times 10^{-6}/4)^{1/3}$

$\qquad\qquad\qquad\qquad\qquad = 0.01079 (mol \cdot L^{-1})$

(2) $\qquad Ag_2SO_4(s) \Longrightarrow 2Ag^+(aq) + SO_4^{2-}(aq)$

平衡时浓度/$mol \cdot L^{-1}$ $\qquad\qquad 2S \qquad\quad S$

因为 $\qquad\qquad K_{sp}^{\ominus} = 4S^3$

所以 $\qquad\qquad S = (K_{sp}^{\ominus}/4)^{1/3} = (1.20 \times 10^{-5}/4)^{1/3}$

$\qquad\qquad\qquad\qquad\qquad = 0.01442 (mol \cdot L^{-1})$

4.3　已知 CaF_2 的溶度积为 3.45×10^{-11}。求其：

①在纯水中；

②在 1.5×10^{-3} mol·L^{-1} NaF 溶液中；

③在 2.0×10^{-3} mol·L^{-1} $CaCl_2$ 溶液中的溶解度（以 mol·L^{-1} 表示）。

解　①在纯水中：

$$CaF_2(s) \Longrightarrow Ca^{2+}(aq) + 2F^-(aq)$$

平衡时浓度/mol·L^{-1}　　　　　S　　　　　$2S$

因为　　　　$K_{sp}^\ominus = 4S^3$

所以　　　　$S = (K_{sp}^\ominus/4)^{1/3} = (3.45 \times 10^{-11}/4)^{1/3}$

$$= 2.05 \times 10^{-4}(\text{mol} \cdot L^{-1})$$

②在 1.0×10^{-2} mol·L^{-1} NaF 溶液中

$$CaF_2(s) \Longrightarrow Ca^{2+}(aq) + 2F^-(aq)$$

平衡时浓度/mol·L^{-1}　　　　　S　　　　　$2S + 1.5 \times 10^{-3}$

因为　　　　$K_{sp}^\ominus = S \times (2S + 1.5 \times 10^{-3})^2$

所以　　　　$S = 1.53 \times 10^{-5}$ mol·L^{-1}

③在 2.0×10^{-3} mol·L^{-1} $CaCl_2$ 溶液中的溶解度

$$CaF_2(s) \Longrightarrow Ca^{2+}(aq) + 2F^-(aq)$$

平衡时浓度/mol·L^{-1}　　　　　$S + 2.0 \times 10^{-3}$　$2S$

因为　　　　$K_{sp}^\ominus = (2S)^2 \times (S + 2.0 \times 10^{-3})$

所以　　　　$S = 6.57 \times 10^{-5}$ mol·L^{-1}

4.4　等体积的 0.2 mol·L^{-1} 的 $Pb(NO_3)_2$ 与 KI 水溶液混合，是否能产生 PbI_2 沉淀？

解　$PbI_2(s) \Longrightarrow Pb^{2+}(aq) + 2I^-(aq)$

$Q_c = c(Pb^{2+}) \cdot c(I^-)^2$

$= 0.1 \times (0.1)^2$

$= 1.0 \times 10^{-3}$

查表得：$K_{sp}^\ominus(PbI_2) = 9.8 \times 10^{-9}$

因为　$Q_c > K_{sp}^\ominus$，所以会产生 PbI_2 沉淀。

4.5　$25 \,^\circ\!C$ 时，铬酸银的溶解度为 0.0279 g·L^{-1}，计算铬酸银的溶度积。

解　已知 $M(Ag_2CrO_4) = 331.73$ g·mol^{-1}

设 Ag_2CrO_4 的溶解度为 S

$$Ag_2CrO_4(s) = 2Ag^+(aq) + CrO_4^{2-}(aq)$$

平衡时浓度/mol·L^{-1} $2S$ S

所以 $K_{sp}^{\ominus} = [Ag^+]^2[CrO_4^{2-}] = 4S^3$

因此 $S = 0.0279/331.73 = 8.41 \times 10^{-5}(mol·L^{-1})$

$$K_{sp}^{\ominus} = [Ag^+]^2[CrO_4^{2-}] = 4S^3 = 4 \times (8.41 \times 10^{-5})^3 = 2.38 \times 10^{-12}$$

4.6 根据下列条件求溶度积常数。

(1)$FeC_2O_4 \cdot 2H_2O$ 在 $1dm^3$ 水中能溶解 $0.10g$;

(2)$Ni(OH)_2$ 在 $pH = 9.00$ 的溶液中的溶解度为 1.6×10^{-6} mol·L^{-1}。

解 (1)$c = \dfrac{0.10}{180 \times 1.0} = 5.56 \times 10^{-4}(mol·L^{-1})$

$$K_{sp}^{\ominus} = S^2 = (5.56 \times 10^{-4})^2$$
$$= 3.09 \times 10^{-7}$$

(2)$[OH^-] = 10^{-5}$ mol·L^{-1},$[Ni^{2+}] = 1.6 \times 10^{-6}$ mol·L^{-1}

$$K_{sp}^{\ominus} = [Ni^{2+}][OH^-]^2 = 1.6 \times 10^{-6} \times (1.0 \times 10^{-5})^2$$
$$= 1.6 \times 10^{-16}$$

4.7 Mg 的一个主要来源是海水,可以用 NaOH 将 Mg^{2+} 沉淀,但是海水中同时存在 Ca^{2+},在 $Mg(OH)_2$ 沉淀时,$Ca(OH)_2$ 是否会沉淀?已知海水中含 Mg^{2+} 0.020mol·L^{-1},Ca^{2+} 0.010 mol·L^{-1}。求在海水中加入 NaOH 时,沉淀次序和每种离子沉淀开始时的$[OH^-]$。

解 已知:$K_{sp}^{\ominus}\{Mg(OH)_2\} = 5.61 \times 10^{-12}$,$K_{sp}^{\ominus}\{Ca(OH)_2\} = 5.02 \times 10^{-6}$

当 $Mg(OH)_2$ 开始沉淀时:

$$[OH^-] = \sqrt{\dfrac{K_{sp(Mg(OH)_2)}^{\ominus}}{[Mg^{2+}]}} = \sqrt{\dfrac{5.61 \times 10^{-12}}{0.020}} = 1.67 \times 10^{-5}(mol·L^{-1})$$

当 $Ca(OH)_2$ 开始沉淀时

$$[OH^-] = \sqrt{\dfrac{K_{sp(Ca(OH)_2)}^{\ominus}}{[Ca^{2+}]}} = \sqrt{\dfrac{5.02 \times 10^{-6}}{0.010}} = 2.24 \times 10^{-2}(mol·L^{-1})$$

所以当 NaOH 加入时,$Mg(OH)_2$ 先沉淀,此时$[OH^-]$为 1.67×10^{-5} mol·L^{-1}。

当 $Mg(OH)_2$ 开始沉淀时:

$$Q_c = c(Ca^{2+}) \cdot c^2(OH^-) = 0.010 \times (1.67 \times 10^{-5})^2$$
$$= 2.79 \times 10^{-12} < K_{sp}^{\ominus}\{Ca(OH)_2\}$$

所以,$Ca(OH)_2$ 未沉淀。

当 $Mg(OH)_2$ 沉淀完全时:

$$[OH^-]=\sqrt{\frac{K^{\ominus}_{sp(Mg(OH)_2)}}{[Mg^{2+}]}}=\sqrt{\frac{5.61\times10^{-12}}{1.0\times10^{-5}}}=7.49\times10^{-4}(mol\cdot L^{-1})$$

$$Q_c=c(Ca^{2+})\cdot c^2(OH^-)=0.010\times(7.49\times10^{-4})^2$$
$$=5.61\times10^{-9}<K^{\ominus}_{sp}\{Ca(OH)_2\}$$

所以，$Ca(OH)_2$ 不会沉淀。

当 $Ca(OH)_2$ 开始沉淀时，$[OH^-]$ 为 $2.24\times10^{-2}mol\cdot L^{-1}$。

4.8　①在 15 mL $2.0\times10^{-3}mol\cdot L^{-1}$ $MnSO_4$ 溶液中，加入 10mL 0.25 $mol\cdot L^{-1}$氨水溶液，问能否生成 $Mn(OH)_2$ 沉淀？②若在上述 15 mL 2.0×10^{-3} $mol\cdot L^{-1}$ $MnSO_4$ 溶液中，先加入 0.4941g 固体（$NH_4)_2SO_4$（假定加入量对溶液体积影响不大），然后再加入 10mL 0.25 $mol\cdot L^{-1}$ 氨水溶液，问是否有 $Mn(OH)_2$沉淀生成？

解　①混合后：$MnSO_4+2NH_3\cdot H_2O\Longrightarrow Mn(OH)_2\downarrow+(NH_4)_2SO_4$

$c(Mn^{2+})=2.0\times10^{-3}\times 15/25=1.2\times10^{-3}(mol\cdot L^{-1})$

$c(NH_3)=0.25\times10/25=0.10(mol\cdot L^{-1})$

$c(OH^-)=(cK^{\ominus}_b)^{1/2}=(0.10\times1.8\times10^{-5})^{1/2}=1.34\times10^{-3}(mol\cdot L^{-1})$

$Q_c=c(Mn^{2+})\cdot c^2(OH^-)=2.15\times10^{-9}$

查表得：$K^{\ominus}_{sp}\{Mn(OH)_2\}=1.9\times10^{-13}$

因为 $Q_c>K^{\ominus}_{sp}\{Mn(OH)_2\}$，所以有 $Mn(OH)_2$ 沉淀产生。

②混合后 $c(Mn^{2+})=2.0\times10^{-3}\times15/25$
$$=1.2\times10^{-3}(mol\cdot L^{-1})$$

$$c(NH_3)=0.25\times10/25=0.10(mol\cdot L^{-1})$$

$$c(NH_4^+)=2\times\frac{0.4941}{132\times25\times10^{-3}}=0.2995(mol\cdot L^{-1})$$

$$c(OH^-)=K^{\ominus}_b\times\frac{c(NH_3)}{c(NH_4^+)}=1.8\times10^{-5}\times\frac{0.10}{0.2995}$$
$$=6.01\times10^{-6}(mol\cdot L^{-1})$$

$Q_c=c(Mn^{2+})c^2(OH^-)=1.2\times10^{-3}\times(6.01\times10^{-6})^2=4.33\times10^{-14}$

查表得：$K^{\ominus}_{sp}\{Mn(OH)_2\}=1.9\times10^{-13}$

因为 $Q_c<K^{\ominus}_{sp}\{Mn(OH)_2\}$，所以无 $Mn(OH)_2$ 沉淀产生。

4.9　某溶液中含有 Fe^{3+} 和 Fe^{2+}，浓度均为 0.25 $mol\cdot L^{-1}$。若要使 $Fe(OH)_3$ 沉淀完全，而 Fe^{2+} 不沉淀，问所需控制的溶液 pH 的范围是多少？

解　$Fe(OH)_3$ 沉淀完全时：

$$[OH^-] = \sqrt[3]{\frac{K_{sp}^\ominus}{1.0 \times 10^{-5}}} = \sqrt[3]{\frac{2.79 \times 10^{-39}}{1.0 \times 10^{-5}}} = 6.53 \times 10^{-12} (mol \cdot L^{-1})$$

$$[H^+] = \frac{K_w^\ominus}{[OH^-]} = 1.53 \times 10^{-3} \ mol \cdot L^{-1}$$

$$pH \geqslant 2.82$$

而 $Fe(OH)_2$ 开始沉淀时：

$$[OH^-] = \sqrt{\frac{K_{sp}^\ominus}{[Fe^{2+}]}} = \sqrt{\frac{4.87 \times 10^{-17}}{0.25}} = 1.40 \times 10^{-8} (mol \cdot L^{-1})$$

$$[H^+] = \frac{K_w^\ominus}{[OH^-]} = 7.14 \times 10^{-7} \ mol \cdot L^{-1}$$

$$pH \leqslant 6.15$$

所以所需控制的溶液 pH 的范围是：$2.82 \leqslant pH \leqslant 6.15$

4.10 ①在含有 $5.0 \times 10^{-2} \ mol \cdot L^{-1} \ Ni^{2+}$ 和 $3.0 \times 10^{-2} \ mol \cdot L^{-1} \ Cr^{3+}$ 的溶液中,逐滴加入浓 NaOH,使 pH 渐增,问 $Ni(OH)_2$ 和 $Cr(OH)_3$ 哪个先沉淀？试通过计算说明(不考虑体积变化)；②若要分离这两种离子,溶液的 pH 值应控制在什么范围?

解 ①$Ni(OH)_2$ 开始沉淀时：

$$[OH^-] = \sqrt{\frac{K_{sp}^\ominus}{[Ni^{2+}]}} = \sqrt{\frac{5.48 \times 10^{-16}}{5.0 \times 10^{-2}}} = 1.05 \times 10^{-7} (mol \cdot L^{-1})$$

$Cr(OH)_3$ 开始沉淀时：

$$[OH^-] = \sqrt[3]{\frac{K_{sp}^\ominus}{[Cr^{3+}]}} = \sqrt[3]{\frac{6.3 \times 10^{-31}}{3.0 \times 10^{-2}}} = 2.76 \times 10^{-10} (mol \cdot L^{-1})$$

所以 $Cr(OH)_3$ 先沉淀。

②$Cr(OH)_3$ 完全沉淀时：

$$[OH^-] \geqslant \sqrt[3]{\frac{K_{sp}^\ominus}{1.0 \times 10^{-5}}} = \sqrt[3]{\frac{6.3 \times 10^{-31}}{1.0 \times 10^{-5}}} = 3.98 \times 10^{-9} (mol \cdot L^{-1})$$

$$[H^+] = \frac{K_w^\ominus}{[OH^-]} = 2.51 \times 10^{-6} \ mol \cdot L^{-1}$$

$$pH \geqslant 5.60$$

$Ni(OH)_2$ 开始沉淀时：

$$[OH^-] = \sqrt{\frac{K_{sp}^\ominus}{[Ni^{2+}]}} = \sqrt{\frac{5.48 \times 10^{-16}}{5.0 \times 10^{-2}}} = 1.05 \times 10^{-7} (mol \cdot L^{-1})$$

$$[H^+] = \frac{K_w^\ominus}{[OH^-]} = 9.52 \times 10^{-8} \ mol \cdot L^{-1}$$

pH$\geqslant$7.02

所以若要分离这两种离子,溶液的 pH 值应控制在 5.60$\leqslant$pH$\leqslant$7.02

4.11 在 1.0 mol·L^{-1} Mn^{2+} 溶液中含有少量 Pb^{2+},如欲使 Pb^{2+} 形成 PbS 沉淀,而 Mn^{2+} 留在溶液中,从而达到分离的目的,溶液中 S^{2-} 的浓度应控制在什么范围? 若通入 H_2S 气体来实现上述目的,问溶液的 H^+ 浓度应控制在什么范围?

解 要使 MnS 不沉淀,则:

$$[S^{2-}]\leqslant\frac{K_{sp,MnS}^{\ominus}}{[Mn^{2+}]}=\frac{2.5\times10^{-13}}{1.0}=2.5\times10^{-13}(mol\cdot L^{-1})$$

如果 PbS 完全沉淀,则:

$$[S^{2-}]\geqslant\frac{K_{sp,PbS}^{\ominus}}{[Pb^{2+}]}=\frac{8.0\times10^{-28}}{1.0\times10^{-5}}=8.0\times10^{-23}(mol\cdot L^{-1})$$

所以溶液中 S^{2-} 的浓度应控制在:8.0$\times10^{-23}$ mol·$L^{-1}\leqslant[S^{2-}]\leqslant$2.5$\times10^{-13}$ mol·L^{-1}

要使 MnS 不沉淀,$[S^{2-}]\leqslant2.5\times10^{-13}$mol·$L^{-1}$,那么:

$$[H^+]\geqslant\sqrt{\frac{K_{a1}^{\ominus}K_{a2}^{\ominus}[H_2S]}{[S^{2-}]}}=2.12\times10^{-5}\ mol\cdot L^{-1}$$

如果 PbS 完全沉淀,$[S^{2-}]\geqslant8.0\times10^{-23}$mol·$L^{-1}$,那么:

$$[H^+]\leqslant\sqrt{\frac{K_{a1}^{\ominus}K_{a2}^{\ominus}[H_2S]}{[S^{2-}]}}=1.18\ mol\cdot L^{-1}$$

因此,溶液的 H^+ 浓度应控制在:2.12$\times10^{-5}$mol·$L^{-1}\leqslant[H^+]\leqslant$1.18 mol·$L^{-1}$。

4.12 向浓度为 0.10 mol·L^{-1} 的 $MnSO_4$ 溶液中逐滴加入 Na_2S 溶液,通过计算说明 MnS 和 $Mn(OH)_2$ 何者先沉淀? 已知 $K_{sp}^{\ominus}(MnS)=2.5\times10^{-13}$,$K_{sp}^{\ominus}\{Mn(OH)_2\}=1.9\times10^{-13}$。

解 MnS 开始沉淀时:$[S^{2-}]=\dfrac{K_{sp,MnS}^{\ominus}}{[Mn^{2+}]}=\dfrac{2.5\times10^{-13}}{0.1}=2.5\times10^{-12}(mol\cdot L^{-1})$

$Mn(OH)_2$ 开始沉淀时:$[OH^-]=\sqrt{\dfrac{K_{sp}^{\ominus}}{[Mn^{2+}]}}=\sqrt{\dfrac{1.9\times10^{-13}}{0.1}}$

$$=1.38\times10^{-6}(mol\cdot L^{-1})$$

因为 $S^{2-}+H_2O\Longrightarrow HS^-+OH^-$

$K_{b1}^{\ominus}=K_w^{\ominus}/K_{a2}^{\ominus}=1.0\times10^{-14}/(1.26\times10^{-14})=0.794$

解法一 设 $Mn(OH)_2$ 先沉淀出来,此时溶液中$[OH^-]=1.38\times10^{-6}$mol·L^{-1},而溶液中的

$$[S^{2-}]=\frac{[OH^-]^2}{K_b^{\ominus}}=\frac{(1.38\times10^{-6})^2}{0.794}=2.40\times10^{-12}<2.5\times10^{-12}(mol\cdot L^{-1})$$

因此,无 MnS 沉淀。所以 $Mn(OH)_2$ 先沉淀。

解法二 设 MnS 先沉淀出来,此时溶液中 $[S^{2-}]=2.5\times10^{-12}$ 时,溶液中的

$$[OH^-]=\sqrt{[S^{2-}]\times K_b^{\ominus}}=\sqrt{2.5\times10^{-12}\times0.794}=1.41\times10^{-6}(mol\cdot L^{-1})$$

$$Q_c=[Mn^{2+}][OH^-]^2=0.10\times(1.41\times10^{-6})^2=1.99\times10^{-13}>K_{sp}^{\ominus}\{Mn(OH)_2\}$$

故假设不成立,应该是 $Mn(OH)_2$ 先析出。

4.13 试求 $Mg(OH)_2$ 在 $1.0\ dm^3\ 1.0\ mol\cdot L^{-1} NH_4Cl$ 溶液中的溶解度。已知 $K_b^{\ominus}(NH_3)=1.8\times10^{-5}$,$K_{sp}^{\ominus}\{Mg(OH)_2\}=5.61\times10^{-12}$。

解 设 $Mg(OH)_2$ 溶解度为 $S\ mol\cdot L^{-1}$,则 $[Mg^{2+}]=S\ mol\cdot L^{-1}$

$$Mg(OH)_2+2NH_4^+ \Longrightarrow Mg^{2+}+2NH_3\cdot H_2O$$

平衡浓度$/mol\cdot L^{-1}$ $\qquad\qquad 1.0-2S \qquad S \qquad 2S$

$$K^{\ominus}=\frac{[Mg^{2+}][NH_3]^2}{[NH_4^+]^2}=\frac{[Mg^{2+}][NH_3]^2[OH^-]^2}{[NH_4^+]^2[OH^-]^2}=\frac{K_{sp}^{\ominus}}{(K_b^{\ominus})^2}=1.73\times10^{-2}$$

$$K^{\ominus}=\frac{[Mg^{2+}][NH_3]^2}{[NH_4^+]^2}=\frac{S\times(2S)^2}{(1.0-2S)^2}=1.73\times10^{-2}$$

解得:$S=0.133\ mol\cdot L^{-1}$

4.14 向含有 Cd^{2+} 和 Fe^{2+} 浓度均为 $0.020\ mol\cdot L^{-1}$ 的溶液中通入 H_2S 达饱和,欲使两种离子完全分离,则溶液的 pH 应控制在什么范围?

已知 $K_{sp}^{\ominus}(CdS)=8.0\times10^{-27}$,$K_{sp}^{\ominus}(FeS)=6.3\times10^{-18}$,常温常压下,饱和 H_2S 溶液的浓度为 $0.1\ mol\cdot L^{-1}$,H_2S 的电离常数为 $K_{a1}^{\ominus}=8.9\times10^{-8}$,$K_{a2}^{\ominus}=1.26\times10^{-14}$。

解 CdS 开始沉淀时:$[S^{2-}]=\dfrac{K_{sp,CdS}^{\ominus}}{[Cd^{2+}]}=\dfrac{8.0\times10^{-27}}{0.02}=4.0\times10^{-25}(mol\cdot L^{-1})$

FeS 开始沉淀时:$[S^{2-}]=\dfrac{K_{sp,FeS}^{\ominus}}{[Fe^{2+}]}=\dfrac{6.3\times10^{-18}}{0.02}=3.15\times10^{-16}(mol\cdot L^{-1})$

所以 CdS 先沉淀。

CdS 沉淀完全时:$[S^{2-}]=\dfrac{K_{sp,CdS}^{\ominus}}{[Cd^{2+}]}=\dfrac{8.0\times10^{-27}}{1.0\times10^{-5}}=8.0\times10^{-22}(mol\cdot L^{-1})$

$$[H^+]\leqslant\sqrt{\frac{K_{a1}^{\ominus}K_{a2}^{\ominus}[H_2S]}{[S^{2-}]}}=0.37\ mol\cdot L^{-1}$$

$pH\geqslant0.43$

FeS 开始沉淀时:$[S^{2-}]=\dfrac{K_{sp,PbS}^{\ominus}}{[Fe^{2+}]}=\dfrac{6.3\times10^{-18}}{0.02}=3.15\times10^{-16}(mol\cdot L^{-1})$

$$[H^+]\leqslant\sqrt{\frac{K_{a1}^{\ominus}K_{a2}^{\ominus}[H_2S]}{[S^{2-}]}}=5.97\times10^{-4}\ mol\cdot L^{-1}$$

$pH \geqslant 3.22$

所以溶液的 pH 应控制在 $0.43 < pH < 3.22$。

4.15 某溶液中含有 Pb^{2+} 和 Ba^{2+}，①若它们的浓度均为 $0.10\ mol \cdot L^{-1}$，问加入 Na_2SO_4 试剂，哪一种离子先沉淀？两者有无分离的可能？②若 Pb^{2+} 的浓度为 $0.0010\ mol \cdot L^{-1}$，Ba^{2+} 的浓度仍为 $0.10\ mol \cdot L^{-1}$，两者有无分离的可能？

解　① Pb^{2+} 开始沉淀时：$[SO_4^{2-}] = \dfrac{K_{sp,PbSO_4}^{\ominus}}{[Pb^{2+}]} = \dfrac{2.53 \times 10^{-8}}{0.10} = 2.53 \times 10^{-7}\ (mol \cdot L^{-1})$

Ba^{2+} 开始沉淀时：$[SO_4^{2-}] = \dfrac{K_{sp,BaSO_4}^{\ominus}}{[Ba^{2+}]} = \dfrac{1.08 \times 10^{-10}}{0.10} = 1.08 \times 10^{-9}\ (mol \cdot L^{-1})$

所以 Ba^{2+} 先沉淀。

当 Pb^{2+} 开始沉淀时，$[SO_4^{2-}] = 2.53 \times 10^{-7}\ mol \cdot L^{-1}$，此时：

$[Ba^{2+}] = \dfrac{K_{sp,BaSO_4}^{\ominus}}{[SO_4^{2-}]} = \dfrac{1.08 \times 10^{-10}}{2.53 \times 10^{-7}} = 4.27 \times 10^{-4}\ (mol \cdot L^{-1}) > 1.0 \times 10^{-5}\ mol \cdot L^{-1}$

因此 Pb^{2+} 开始沉淀时，Ba^{2+} 还没有沉淀完全，所以不能实现分离。

②若 Pb^{2+} 的浓度为 $0.0010\ mol \cdot L^{-1}$，Ba^{2+} 的浓度仍为 $0.10\ mol \cdot L^{-1}$，两者有无分离的可能？

Pb^{2+} 开始沉淀时：

$[SO_4^{2-}] = \dfrac{K_{sp,PbSO_4}^{\ominus}}{[Pb^{2+}]} = \dfrac{2.53 \times 10^{-8}}{0.0010} = 2.53 \times 10^{-5}\ (mol \cdot L^{-1})$

此时：

$[Ba^{2+}] = \dfrac{K_{sp,BaSO_4}^{\ominus}}{[SO_4^{2-}]} = \dfrac{1.08 \times 10^{-10}}{2.53 \times 10^{-5}} = 4.27 \times 10^{-6}\ (mol \cdot L^{-1}) < 1.0 \times 10^{-5}\ mol \cdot L^{-1}$

因此在此条件下 Pb^{2+} 开始沉淀时，Ba^{2+} 已沉淀完全，所以能实现分离。

4.16 如果在 $1.0\ L\ Na_2CO_3$ 溶液中溶解 $0.010\ mol$ 的 $CaSO_4$，问 Na_2CO_3 的初始浓度应为多少？

解　$CaSO_4 + CO_3^{2-} \rule[0.5ex]{2em}{0.4pt} CaCO_3 + SO_4^{2-}$

$K^{\ominus} = \dfrac{[SO_4^{2-}]}{[CO_3^{2-}]} = \dfrac{[SO_4^{2-}][Ca^{2+}]}{[CO_3^{2-}][Ca^{2+}]} = \dfrac{K_{sp,CaSO_4}^{\ominus}}{K_{sp,CaCO_3}^{\ominus}} = \dfrac{4.93 \times 10^{-5}}{3.36 \times 10^{-9}} = 1.47 \times 10^4$

平衡时 $[SO_4^{2-}] = 0.010\ mol \cdot L^{-1}$，则

$[CO_3^{2-}] = \dfrac{0.010}{1.47 \times 10^4} = 6.8 \times 10^{-7}\ (mol \cdot L^{-1})$

Na_2CO_3 的初始浓度为 $0.010 + 6.8 \times 10^{-7} \approx 0.010\ (mol \cdot L^{-1})$

4.17 通过计算说明分别用 Na_2CO_3 溶液和 Na_2S 溶液处理 AgI 沉淀,能否实现沉淀的转化?已知 $K_{sp}^{\ominus}(Ag_2CO_3)=8.46\times10^{-12}$,$K_{sp}^{\ominus}(AgI)=8.52\times10^{-17}$,$K_{sp}^{\ominus}(Ag_2S)=6.3\times10^{-50}$。

解 $CO_3^{2-}+2AgI\Longrightarrow Ag_2CO_3+2I^-$

$$K_1^{\ominus}=\frac{[I^-]^2}{[CO_3^{2-}]}=\frac{\{K_{sp}^{\ominus}(AgI)\}^2}{K_{sp}^{\ominus}(Ag_2CO_3)}=\frac{(8.52\times10^{-17})^2}{8.46\times10^{-12}}=8.58\times10^{-22}$$

从平衡常数可以看出只能有极微量的 AgI 转化为 Ag_2CO_3。

$S^{2-}+2AgI\Longrightarrow Ag_2S+2I^-$

$$K_2^{\ominus}=\frac{[I^-]^2}{[S^{2-}]}=\frac{\{K_{sp}^{\ominus}(AgI)\}^2}{K_{sp}^{\ominus}(Ag_2S)}=\frac{(8.52\times10^{-17})^2}{6.3\times10^{-50}}=1.15\times10^{17}$$

从平衡常数可以看出 AgI 可以转化为 Ag_2S。

4.18 在 $1dm^3$ $0.10\ mol\cdot L^{-1}$ $ZnSO_4$ 溶液中含有 0.010mol 的 Fe^{2+} 杂质,加入过氧化氢将 Fe^{2+} 氧化为 Fe^{3+} 后,调节溶液 pH 使 Fe^{3+} 生成 $Fe(OH)_3$ 沉淀而除去,问应如何控制溶液的 pH?已知 $K_{sp}^{\ominus}\{Zn(OH)_2\}=3.0\times10^{-17}$,$K_{sp}^{\ominus}\{Fe(OH)_3\}=2.79\times10^{-39}$。

解 $Zn(OH)_2$ 沉淀时,

$$[OH^-]=\sqrt{\frac{3.0\times10^{-17}}{0.10}}=1.73\times10^{-8}mol\cdot L^{-1}$$

$$pH=6.24$$

当 Fe^{3+} 完全沉淀时,$[Fe^{3+}]=1.0\times10^{-5}(mol\cdot L^{-1})$

$$[OH^-]=\sqrt[3]{\frac{2.79\times10^{-39}}{1.0\times10^{-5}}}=6.53\times10^{-12}(mol\cdot L^{-1})$$

$$pH=2.81$$

pH 应控制在:$2.81<pH<6.24$

4.19 在 $100cm^3$ 浓度为 $0.20mol\cdot L^{-1}$ 的 $MnCl_2$ 溶液中,加入 $100cm^3$ 含有 NH_4Cl 的氨水溶液($0.10mol\cdot L^{-1}$),若不使 $Mn(OH)_2$ 沉淀,则氨水中 NH_4Cl 的含量是多少克?

解 已知 $K_{sp}^{\ominus}\{Mn(OH)_2\}=1.9\times10^{-13}$

加入氨水溶液后 $[Mn^{2+}]=\frac{0.20}{2}=0.10\ (mol\cdot L^{-1})$

$Mn(OH)_2(s)\Longrightarrow Mn^{2+}(aq)+2OH^-(aq)$

根据溶度积规则,若不使 $Mn(OH)_2$ 沉淀,则溶液中 $Q_c<K_{sp}^{\ominus}\{Mn(OH)_2\}$

$$Q_c=c(Mn^{2+})\cdot c^2(OH^-)=0.10\times c^2(OH^-)<1.9\times10^{-13}$$

$$c(OH^-) < 1.38 \times 10^{-6} \ mol \cdot L^{-1}$$

因为 NH_3 与 NH_4Cl 构成缓冲体系,所以

$$[OH^-] = K_b^\ominus \cdot \frac{c_b}{c_a}$$

$$1.38 \times 10^{-6} = 1.8 \times 10^{-5} \times 0.05/c(NH_4^+)$$

$$c(NH_4^+) = 0.652 \ mol \cdot L^{-1}$$

$$M(NH_4Cl) = 53.49 \ g \cdot mol^{-1}$$

$$m(NH_4Cl) = 0.652 \times 200 \times 10^{-3} \times 53.49 = 6.98 \ (g)$$

4.20 计算下列换算因数:

称量形	被测组分
① $AgCl$	Cl
② $Mg_2P_2O_7$	$MgSO_4 \cdot 7H_2O$
③ Fe_2O_3	$FeSO_4 \cdot (NH_4)_2SO_4 \cdot 12H_2O$
④ $PbCrO_4$	Cr_2O_3
⑤ $(NH_4)_3PO_4 \cdot 12MoO_3$	$Ca_3(PO_4)_2$

解 ① $F = \dfrac{M(Cl)}{M(AgCl)} = \dfrac{35.5}{143.3} = 0.2477$

② $F = \dfrac{2M(MgSO_4 \cdot 7H_2O)}{M(Mg_2P_2O_7)} = \dfrac{2 \times 246}{222.55} = 2.211$

③ $F = \dfrac{2M(FeSO_4 \cdot (NH_4)_2SO_4 \cdot 12H_2O)}{M(Fe_2O_3)} = 6.25$

④ $F = \dfrac{M(Cr_2O_3)}{2M(PbCrO_4)} = 0.239$

⑤ $F = \dfrac{M\{Ca_3(PO_4)_2\}}{2M\{(NH_4)_3PO_4 \cdot 12MoO_3\}} = 0.083$

4.21 计算下列换算因数:

(1)以 $(NH_4)_3PO_4 \cdot 12MoO_3$ 的质量计算 P 和 P_2O_5 的质量;

(2)以 $Cu(C_2H_3O_2)_2 \cdot 3Cu(AsO_2)_2$ 的质量计算 As_2O_3 和 CuO 的质量;

(3)以丁二酮肟镍 $Ni(C_4H_7N_2O_2)_2$ 的质量计算 Ni 的质量;

(4)以 8-羟基喹啉铝 $(C_9H_6NO)_3Al$ 的质量计算 Al_2O_3 的质量。

解 (1) $F = \dfrac{M(P)}{M\{(NH_4)_3PO_4 \cdot 12MoO_3\}} = \dfrac{30.97}{1876.53} = 0.01650$

$F = \dfrac{M(P_2O_5)}{2M\{(NH_4)_3PO_4 \cdot 12MoO_3\}} = \dfrac{141.95}{2 \times 1876.53} = 0.03782$

$$(2)F=\frac{3M(As_2O_3)}{M\{Cu(C_2H_3O_2)_2\cdot 3Cu(AsO_2)_2\}}=\frac{3\times197.84}{1013.79}=0.5854$$

$$F=\frac{4M(CuO)}{M\{Cu(C_2H_3O_2)_2\cdot 3Cu(AsO_2)_2\}}=\frac{4\times79.54}{1013.79}=0.3138$$

$$(3)F=\frac{M(Ni)}{M\{Ni(C_4H_7N_2O_2)_2\}}=\frac{58.69}{288.91}=0.2031$$

$$(4)F=\frac{M(Al_2O_3)}{2M\{(C_9H_6NO)_3Al\}}=\frac{101.96}{2\times458.98}=0.1110$$

4.22 称取不纯的 $MgSO_4\cdot 7H_2O$ 0.7998g,首先使 Mg^{2+} 生成 $MgNH_4PO_4$,最后灼烧成 $Mg_2P_2O_7$,称得 0.1868g。计算样品中 $MgSO_4\cdot 7H_2O$ 的质量分数。

解
$$\omega(MgSO_4\cdot 7H_2O)=\frac{m(Mg_2P_2O_7)\times\frac{2M(MgSO_4\cdot 7H_2O)}{M(Mg_2P_2O_7)}}{m(sample)}\times100\%$$

$$=\frac{0.1868\times\frac{2\times246}{222}}{0.7998}\times100\%=51.76\%$$

4.23 分析某铬矿(不纯的 Cr_2O_3)中的 Cr_2O_3 含量时,把 Cr 转变为 $BaCrO_4$ 沉淀。设称取 0.4995g 试样,最后得 $BaCrO_4$ 质量为 0.2489g。求此矿中 Cr_2O_3 的质量分数。

解
$$\omega(Cr_2O_3)=\frac{m(BaCrO_4)\times\frac{M(Cr_2O_3)}{2M(BaCrO_4)}}{m(sample)}\times100\%$$

$$=\frac{0.2489\times\frac{152.0}{2\times253.0}}{0.4995}\times100\%=14.97\%$$

4.24 用莫尔法测定生理盐水中 NaCl 含量。准确量取生理盐水10.00mL,加入 K_2CrO_4 指示剂 0.5~1.0mL,以 $0.1040\ mol\cdot L^{-1}$ $AgNO_3$ 标准溶液滴至砖红色,共用去 14.56mL。计算生理盐水中 NaCl 的含量 $(g\cdot mL^{-1})$。

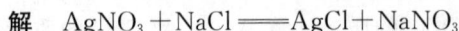

解 $AgNO_3+NaCl=\!\!=\!\!=AgCl+NaNO_3$

$n(NaCl)=n(AgNO_3)=c(AgNO_3)\cdot V(AgNO_3)=0.1040\times14.56\times10^{-3}$
$$=1.514\times10^{-3}(mol)$$

$$\omega(NaCl)=\frac{m(NaCl)}{V}=\frac{c(AgNO_3)\cdot V(AgNO_3)\times58.5}{10.00}\times100\%$$

$$=\frac{1.514\times10^{-3}\times58.5}{10.00}\times100\%=8.857\times10^{-3}(g\cdot mL^{-1})$$

五、测验题

(一)选择题

1. AgCl 在 $1\,mol \cdot L^{-1}$ 氨水中比在纯水中的溶解度大。其原因是( )。

(A)盐效应 (B)配位效应 (C)酸效应 (D)同离子效应

2. 已知 AgCl 的 $pK_{sp}^{\ominus} = 9.80$。若 $0.010\ mol \cdot L^{-1}$ NaCl 溶液与 $0.020\ mol \cdot L^{-1}$ AgNO$_3$ 溶液等体积混合,则混合后溶液中$[Ag^+]$(单位:$mol \cdot L^{-1}$)约为( )。

(A)0.020 (B)0.010 (C)0.030 (D)0.0050

3. Sr$_3$(PO$_4$)$_2$ 的 $S = 1.0 \times 10^{-8}\ mol \cdot L^{-1}$,则其 $K_{sp}^{\ominus}$ 值为( )。

(A)1.0×10^{-30} (B)5.0×10^{-30} (C)1.1×10^{-38} (D)1.0×10^{-12}

4. 用莫尔法测定 Cl^-,对测定没有干扰的情况是( )。

(A)在 H$_3$PO$_4$ 介质中测定 NaCl

(B)在氨缓冲溶液(pH=10)中测定 NaCl

(C)在中性溶液中测定 CaCl$_2$

(D)在中性溶液中测定 BaCl$_2$

5. 今有 $0.010\,mol \cdot L^{-1}$ MnCl$_2$ 溶液,开始形成 Mn(OH)$_2$ 溶液($pK_{sp}^{\ominus} = 12.35$)时的 pH 值是( )。

(A)1.65 (B)5.18 (C)8.83 (D)10.35

6. 已知 BaCO$_3$ 和 BaSO$_4$ 的 $pK_{sp}^{\ominus}$ 分别为 8.10 和 9.96。如果将 1mol BaSO$_4$ 放入 1L $1.0\,mol \cdot L^{-1}$ 的 Na$_2$CO$_3$ 溶液中,则下述结论错误的是( )。

(A)有将近 $10^{-1.86}$ mol 的 BaSO$_4$ 溶解

(B)有将近 $10^{-4.05}$ mol 的 BaCO$_3$ 沉淀析出

(C)该沉淀的转化反应平衡常数约为 $10^{-1.86}$

(D)溶液中 $[SO_4^{2-}] = 10^{-1.86}[CO_3^{2-}]$

7. 晶形沉淀陈化的目的是( )。

(A)沉淀完全 (B)去除混晶

(C)小颗粒长大,使沉淀更纯净 (D)形成更细小的晶体

8. 某溶液中含有 KCl,KBr 和 K$_2$CrO$_4$,其浓度均为 $0.010\,mol \cdot L^{-1}$,向该溶液中逐滴加入 $0.010\,mol \cdot L^{-1}$ 的 AgNO$_3$ 溶液时,最先和最后沉淀的是( )。

(已知:$K_{sp}^{\ominus}(AgCl) = 1.77 \times 10^{-10}$,$K_{sp}^{\ominus}(AgBr) = 5.35 \times 10^{-13}$,$K_{sp}^{\ominus}(Ag_2CrO_4) = 1.12 \times 10^{-12}$)

(A)AgBr 和 Ag_2CrO_4 (B)Ag_2CrO_4 和 AgCl

(C)AgBr 和 AgCl   (D)一起沉淀

9. 在 $100cm^3$ 含有 $0.010mol$ Cu^{2+} 溶液中通 H_2S 气体使 CuS 沉淀,在沉淀过程中,保持 $c(H^+)=1.0mol \cdot L^{-1}$,则沉淀完全后生成 CuS 的量是( )。

(已知:$H_2S:K_1^\ominus=8.9\times10^{-8}$,$K_2^\ominus=1.26\times10^{-14}$,$K_{sp}^\ominus(CuS)=6.3\times10^{-36}$;相对原子质量:Cu 63.6,S 32)

(A)0.096g   (B)0.96g

(C)7.0×10^{-22}g   (D)以上数值都不对

10. $BaSO_4$ 的相对分子质量为 233,$K_{sp}^\ominus=1.0\times10^{-10}$,把 $1.0mol$ 的 $BaSO_4$ 配成 $10dm^3$ 溶液,$BaSO_4$ 没有溶解的量是( )。

(A)0.0021g   (B)0.021g   (C)0.21g   (D)2.1g

11. 当 $0.075\ mol \cdot L^{-1}$ 的 $FeCl_2$ 溶液通 H_2S 气体至饱和(浓度为 $0.10\ mol \cdot L^{-1}$),若控制 FeS 不沉淀析出,溶液的 pH 值应是( )。

(已知:$K_{sp}^\ominus(FeS)=6.3\times10^{-18}$,$H_2S:K_{a1}^\ominus=8.9\times10^{-8}$,$K_{a2}^\ominus=1.26\times10^{-14}$)

(A)pH≤0.10   (B)pH≥0.10

(C)pH≤8.7×10^{-2} (D)pH≤2.94

12. $La_2(C_2O_4)_3$ 饱和溶液的浓度为 $1.1\times10^{-6}mol \cdot L^{-1}$,其溶度积为( )。

(A)1.2×10^{-12} (B)1.7×10^{-28}

(C)1.6×10^{-30} (D)1.7×10^{-14}

13. 已知在室温下 AgCl 的 $K_{sp}^\ominus=1.8\times10^{-10}$,$Ag_2CrO_4$ 的 $K_{sp}^\ominus=1.12\times10^{-12}$,$Mg(OH)_2$ 的 $K_{sp}^\ominus=5.61\times10^{-12}$,$Al(OH)_3$ 的 $K_{sp}^\ominus=2\times10^{-32}$。那么溶解度最大的是(不考虑水解)( )。

(A)AgCl   (B)Ag_2CrO_4

(C)$Mg(OH)_2$ (D)$Al(OH)_3$

14. 若将 $AgNO_2$ 放入 $1.0dm^3$ pH$=3.00$ 的缓冲溶液中,$AgNO_2$ 溶解的物质的量是( )。

(已知:$AgNO_2$ 的 $K_{sp}^\ominus=6.0\times10^{-4}$,$HNO_2$ 的 $K_a^\ominus=4.6\times10^{-4}$)

(A)1.3×10^{-3}mol   (B)3.6×10^{-2}mol

(C)1.0×10^{-3}mol   (D)不是以上的数值

(二)填空题

1. 沉淀重量法,在进行沉淀反应时,某些可溶性杂质同时沉淀下来的现象称_____现象,其产生原因有表面吸附、吸留和_____。

2. 常用 ZnO 悬浮液控制沉淀的 pH 值。当 $[Zn^{2+}]=0.1mol \cdot L^{-1}$ 时,它可控制的 pH 是 _____ 左右($Zn(OH)_2$ 的 $pK_{sp}^{\ominus}=16.92$)。

将 $AgCl(pK_{sp}^{\ominus}=9.80)$ 沉淀放入 KBr 溶液中,可能有 $AgBr(pK_{sp}^{\ominus}=12.30)$ 沉淀形成。则 AgCl 沉淀转化为 AgBr 沉淀的平衡常数为 _____。

3. 已知 $Fe(OH)_3$ 的 $pK_{sp}^{\ominus}=37.5$。若从 $0.010mol \cdot L^{-1} Fe^{3+}$ 溶液中沉淀出 $Fe(OH)_3$,则沉淀的酸度条件 $pH_{始} \sim pH_{终}$ 为 _____。

4. 在与固体 $AgBr(K_{sp}^{\ominus}=4\times10^{-13})$ 和 $AgSCN(K_{sp}^{\ominus}=7\times10^{-18})$ 处于平衡的溶液中,$[Br^-]$ 对 $[SCN^-]$ 的比值为 _____。

5. 已知难溶盐 $BaSO_4$ 的 $K_{sp}^{\ominus}=1.1\times10^{-10}$,$H_2SO_4$ 的 $K_{a2}^{\ominus}=1.02\times10^{-2}$,则 $BaSO_4$ 在纯水中的溶解度是 _____ $mol \cdot L^{-1}$,在 $0.10mol \cdot L^{-1}$,$BaCl_2$ 溶液中的溶解度是 _____ $mol \cdot L^{-1}$。

6. $CaF_2(pK_{sp}^{\ominus}=10.5)$ 与浓度为 1L $0.10mol \cdot L^{-1}$ HCl 溶液达到平衡时有 s mol 的 CaF_2 溶解了,则溶液中 $[Ca^{2+}]=$ _____,$[F^-]=$ _____。

7. (1)Ag^+,Pb^{2+},Ba^{2+} 混合溶液中,各离子浓度均为 $0.10mol \cdot L^{-1}$,往溶液中滴加 K_2CrO_4 试剂,各离子开始沉淀的顺序为 _____。

(2)有 Ni^{2+},Cd^{2+} 浓度相同的两溶液,分别通入 H_2S 至饱和,_____ 开始沉淀所需酸度大,而 _____ 开始沉淀所需酸度小。

$(K_{sp}^{\ominus}(PbCrO_4)=1.77\times10^{-14}$,$K_{sp}^{\ominus}(BaCrO_4)=1.17\times10^{-10}$,$K_{sp}^{\ominus}(Ag_2CrO_4)=1.12\times10^{-12}$,$K_{sp}^{\ominus}(NiS)=1.0\times10^{-24}$,$K_{sp}^{\ominus}(CdS)=8.0\times10^{-27})$

8. 25℃ 时,$Mg(OH)_2$ 的 $K_{sp}^{\ominus}=1.8\times10^{-11}$,其饱和溶液的 pH= _____。

9. 同离子效应使难溶电解质的溶解度 _____;盐效应使难溶电解质的溶解度 _____。

10. 难溶电解质 $MgNH_4PO_4$ 的溶度积表达式是 _____。

(三)计算题

1. 用 $AgNO_3$ 标准溶液滴定 Cl^-,采用此沉淀滴定法测定岩盐中 $KCl(M=74.55g \cdot mol^{-1})$ 含量。如果每次称样 0.5000g,欲使滴定用去的 $AgNO_3$ 体积(以毫升表示)即为试样中 KCl 的含量(以百分数表示),问 $c(AgNO_3)$ 和 $T(KCl/AgNO_3)$ 为多少?

2. 如果已知 K_3PO_4 中所含的 P_2O_5 的质量和 $0.5000g Ca_3(PO_4)_2$ 中所含 P_2O_5 的质量相等,问多少克 KNO_3 中 K 的质量相当于 K_3PO_4 中 K 的质量。

(已知:$M(KNO_3)=101.1g \cdot mol^{-1}$,$M\{Ca_3(PO_4)_2\}=310.18g \cdot mol^{-1}$)

3. SO_4^{2-} 沉淀 Ba^{2+} 时,$[SO_4^{2-}]$ 最终浓度为 $0.01mol \cdot L^{-1}$。计算 $BaSO_4$ 的

溶解度。若溶液总体积为 200mL，$BaSO_4$ 沉淀损失为多少毫克？

（已知：$BaSO_4$ 的 $K_{sp}^{\ominus}=1.1\times10^{-10}$，$M(BaSO_4)=233.4g\cdot mol^{-1}$）

4. $0.05mol\cdot L^{-1}Sr^{2+}$ 和 $0.10mol\cdot L^{-1}Ca^{2+}$ 的混合溶液用固体 Na_2CO_3 处理，$SrCO_3$ 首先沉淀。当 $CaCO_3$ 开始沉淀时，Sr 沉淀的百分数为多少？

（已知：$K_{sp}^{\ominus}(CaCO_3)=3.36\times10^{-9}$，$K_{sp}^{\ominus}(SrCO_3)=1.1\times10^{-10}$）

5. 称取纯 Ag，Pb 合金试样 $0.2000g$ 溶于稀 HNO_3 溶液中，然后用冷 HCl 溶液沉淀，得到混合氯化物沉淀 $0.2466g$。将此混合氯化物沉淀用热水充分处理，使 $PbCl_2$ 全部溶解，剩余的 $AgCl$ 沉淀 $0.2067g$。计算：(1)合金中 Ag 的含量；(2)加入冷 HCl 后，未被沉淀的 Pb 的质量。

（已知：$M(Ag)=107.9g\cdot mol^{-1}$，$M(Pb)=207.2g\cdot mol^{-1}$，$M(AgCl)=143.3g\cdot mol^{-1}$，$M(PbCl_2)=278.1g\cdot mol^{-1}$）

6. 某溶液含 Mg^{2+} 和 Ca^{2+} 离子，浓度分别为 $0.50mol\cdot L^{-1}$，计算说明滴加 $(NH_4)_2C_2O_4$ 溶液时，哪种离子先沉淀？当第一种离子沉淀完全时($\leqslant1.0\times10^{-5}$)，第二种离子沉淀了百分之几？ $(K_{sp}^{\ominus}(CaC_2O_4)=2.6\times10^{-9}$，$K_{sp}^{\ominus}(MgC_2O_4)=8.5\times10^{-5})$

六、测验题解答

(一)选择题

1. (B)；**2.** (D)；**3.** (C)；**4.** (C)；**5.** (C)；**6.** (B)；**7.** (C)；**8.** (A)；**9.** (B)；**10.** (C)；
11. (D)；**12.** (B)；**13.** (C)；**14.** (B)

(二)填空题

1. 共沉淀；生成混晶

2. 6.0；3.16×10^{-3}

3. $2.2\sim3.2$

4. 5.7×10^4

5. 1.05×10^{-5}；1.1×10^{-9}

6. $s\ mol\cdot L^{-1}$；$2s\ mol\cdot L^{-1}$

7. (1) Pb^{2+}，Ag^+，Ba^{2+}

(2) CdS，NiS

8. 10.52

9. 减小；增大

10. $K_{sp}^{\ominus}(MgNH_4PO_4)=[Mg^{2+}][NH_4^+][PO_4^{3-}]$

(三)计算题

1. 解

$$AgNO_3 + KCl \Longrightarrow AgCl\downarrow + KNO_3$$

$(1)V(AgNO_3) = \dfrac{n(KCl)\times 74.55}{0.5000}\times 100$

$V(AgNO_3) = \dfrac{c(AgNO_3)V(AgNO_3)\times 74.55}{0.5000\times 1000}\times 100$

$c(AgNO_3) = \dfrac{0.5000\times 1000}{74.55\times 100} = 0.06707(mol\cdot L^{-1})$

$(2)n(AgNO_3) = n(KCl)$

$c(AgNO_3)\times \dfrac{1}{1000} = \dfrac{T(KCl/AgNO_3)}{74.55}$

$T(KCl/AgNO_3) = \dfrac{0.06707\times 74.55}{1000} = 0.00500\ (g\cdot mL^{-1})$

2. 解

$$m(KNO_3)\times \dfrac{M(K)}{M(KNO_3)} = m(K_3PO_4)\times \dfrac{3M(K)}{M(K_3PO_4)}$$

$$m(KNO_3) = m(K_3PO_4)\times \dfrac{3M(KNO_3)}{M(K_3PO_4)}$$

$$m(K_3PO_4)\times \dfrac{M(P_2O_5)}{2M(K_3PO_4)} = m\{Ca_2(PO_4)_3\}\times \dfrac{M(P_2O_5)}{M\{Ca_3(PO_4)_2\}}$$

$$m(K_3PO_4) = m\{Ca_2(PO_4)_3\}\times \dfrac{2M(K_3PO_4)}{M\{Ca_2(PO_4)_3\}}$$

$$m(KNO_3) = m\{Ca_2(PO_4)_3\}\times \dfrac{2M(K_3PO_4)}{M\{Ca_2(PO_4)_3\}}\times \dfrac{3M(KNO_3)}{M(K_3PO_4)} = 0.9778\ g$$

3. 解

$$BaSO_4 \Longrightarrow Ba^{2+} + SO_4^{2-}$$
$$\qquad\qquad S \qquad 0.01+S$$

$[Ba^{2+}] = S$

$[SO_4^{2-}] = 0.01+S \approx 0.01$

$[Ba^{2+}][SO_4^{2-}] = S\times 0.01 = 1.1\times 10^{-10}$

$S = 1.1\times 10^{-8}\,mol\cdot L^{-1}$

溶解损失 $m = 1.1\times 10^{-8}\times 233.4\times (200/1000)$

$\qquad\qquad = 5.13\times 10^{-7}(g)$

$\qquad\qquad = 5.13\times 10^{-4}(mg)$

4. 解

$CaCO_3$ 开始沉淀时: $[CO_3^{2-}] = \dfrac{3.36 \times 10^{-9}}{0.10} = 3.36 \times 10^{-8} (mol \cdot L^{-1})$

$[Sr^{2+}] = \dfrac{K_{sp}^{\ominus}(SrCO_3)}{[CO_3^{2-}]} = \dfrac{1.1 \times 10^{-10}}{3.36 \times 10^{-8}} = 3.27 \times 10^{-3} (mol \cdot L^{-1})$

Sr 沉淀百分数:

$\dfrac{(0.05 - 3.27 \times 10^{-3})}{0.05} \times 100\% = 93.46\%$

5. 解

$(1) \omega(Ag) = \dfrac{0.2067 \times \dfrac{107.9}{143.3}}{0.2000} \times 100\% = 77.82\%$

(2)未被沉淀的 Pb 的质量:

$m = \left[0.2000 - 0.2000 \times 77.82\% - (0.2466 - 0.2067) \times \dfrac{207.2}{278.1} \right]$

$\quad = 0.0146 (g)$

6. 解

同类型, $K_{sp}^{\ominus}$ 越小,先沉淀,所以 CaC_2O_4 先沉淀。

当 CaC_2O_4 沉淀完全时, $[Ca^{2+}] = 1.0 \times 10^{-5} \, mol \cdot L^{-1}$

$[C_2O_4^{2-}] = \dfrac{K_{sp}^{\ominus}(CaC_2O_4)}{1.0 \times 10^{-5}} = \dfrac{2.6 \times 10^{-9}}{1.0 \times 10^{-5}} = 2.6 \times 10^{-4} (mol \cdot L^{-1})$

$[Mg^{2+}] = \dfrac{K_{sp}^{\ominus}(MgC_2O_4)}{2.6 \times 10^{-4}} = \dfrac{8.5 \times 10^{-5}}{2.6 \times 10^{-4}} = 0.33 (mol \cdot L^{-1})$

Mg^{2+} 沉淀百分数: $\dfrac{(0.5 - 0.33)}{0.5} \times 100\% = 34.0\%$

第五章　氧化还原平衡与氧化还原滴定法
（Redox Equilibrium and Redox Titration）

学习目标

通过本章的学习,要求掌握:

1.氧化还原反应的基本概念;

2.判断氧化还原反应进行的方向和程度;

3.能斯特方程式;

4.元素电势图;

5.常用的氧化还原滴定方法:高锰酸钾法、重铬酸钾法和碘量法;

6.氧化还原滴定分析结果的计算。

一、知 识 结 构

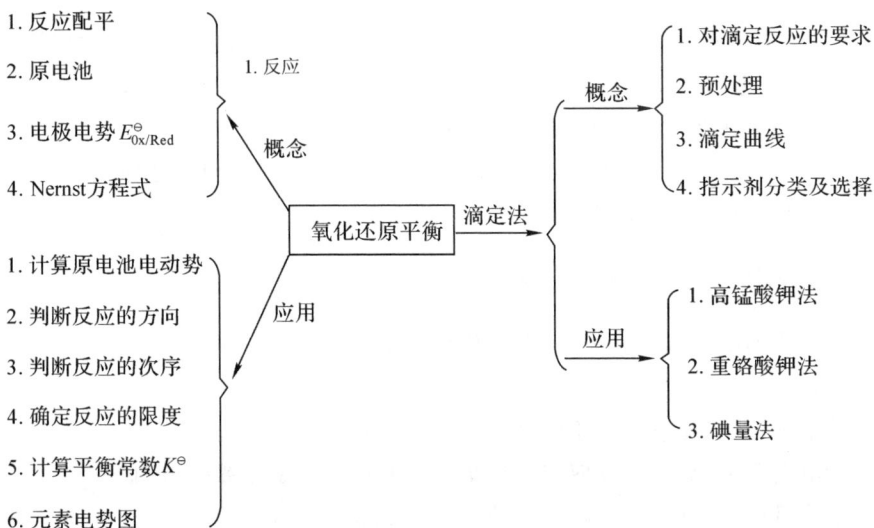

二、基本概念

1.氧化数

氧化数是某元素一个原子的荷电数(即原子所带的净电荷数)。确定元素氧化数的一般规则如下:

(1)单质中元素的氧化值为零。

(2)氢的氧化值一般为+1,在金属氢化物中为-1。

(3)氧的氧化值一般为-2,在过氧化物(如 H_2O_2,Na_2O_2 等)中为-1,在氧的氟化物(如 OF_2 等)中为+2。

(4)在二元离子化合物中,元素的氧化数等于该元素离子的电荷数。

(5)在共价型化合物中,两原子的形式电荷数即为它们的氧化值。

(6)在中性分子中各元素原子氧化数的代数和为零。复杂离子的电荷数等于各元素氧化数的代数和。

2.氧化还原反应

(1)物质的氧化数升高的过程称为氧化,氧化数降低的过程称为还原。

(2)反应中氧化数升高的物质是还原剂(reducing agent),该物质发生的是氧化反应;反应中氧化数降低的物质是氧化剂(oxidizing agent),该物质发生的是还原反应。

(3)氧化还原电对:由同一种元素的氧化态物质和其对应的还原态物质所构成的整体,一般以 Ox/Red 表示。注意:氧化还原电对是相对的,由参加反应的两电对物质氧化还原能力的相对强弱而定。

(4)氧化还原反应的本质:氧化还原反应是由氧化剂电对与还原剂电对共同作用的结果,氧化还原反应的本质是电子的转移。

3.氧化还原反应方程式的配平

最常用的配平方法有离子-电子法和氧化数法。

(1)离子-电子法

离子-电子法配平氧化还原反应方程式的原则是:

①电荷守恒:氧化半反应与还原半反应的得失电子总数必须相等;

②质量守恒:反应前后各元素的原子总数必须相等。

配平过程中半反应左右两边添加 H^+，OH^-，H_2O 的一般规律：

(a)对于酸性介质：多 n 个 O，$+2n$ 个 H^+，另一边 $+n$ 个 H_2O。

(b)对于碱性介质：多 n 个 O，$+n$ 个 H_2O，另一边 $+2n$ 个 OH^-。

(c)对于中性介质：左边多 n 个 O，$+n$ 个 H_2O，右边 $+2n$ 个 OH^-。

右边多 n 个 O，$+2n$ 个 H^+，左边 $+n$ 个 H_2O。

(2)氧化数法

氧化数法的配平原则是氧化还原反应中元素氧化数的增加总数与氧化数的降低总数必须相等。首先配平氧化数有变化的元素原子数，再配平氧化数没有变化的元素原子数；最后配平氢原子数与水分子数。

4. 电化学概念

(1)电化学把电极上进行的有电子得失的化学反应称电极反应。

(2)两个电极反应的总和为电池反应。

(3)发生氧化反应的电极为阳极，发生还原反应的为阴极。

(4)电位高的是正极，电位低的是负极。

(5)对电解池，阳极就是正极，阴极就是负极。

(6)对原电池，阳极就是负极，阴极就是正极。

5. 标准电极电势

(1)标准氢电极

标准氢电极的电极反应：$2H^+(aq)+2e^- \rightleftharpoons H_2(g)$

标准氢电极的符号可以写为：$Pt \mid H_2(100kPa) \mid H^+(1mol \cdot L^{-1})$

规定标准氢电极的电极电势在任何温度下的值为 0，即 $E^{\ominus}(H^+/H_2)=0.000V$。

(2)甘汞电极

甘汞电极的电极反应：$Hg_2Cl_2(s)+2e^- \rightleftharpoons 2Hg(l)+2Cl^-(aq)$

甘汞电极的电极符号可以写为：$Hg \mid Hg_2Cl_2(s) \mid KCl(c)$

常用饱和甘汞电极（KCl 溶液为饱和溶液，SCE）或者 Cl^- 浓度分别为 $1mol \cdot L^{-1}$，$0.1 mol \cdot L^{-1}$ 的甘汞电极作参比电极。

(3)标准电极电势

电化学规定：在热力学标准状态下，即有关物质的浓度为 $1.0mol \cdot L^{-1}$（严格地说，应是活度等于 1），有关气体的分压为 100kPa，液体或固体是纯物质时，某电极的电极电势称为该电极的标准电极电势（standard electrode potential），

以符号 $E^{\ominus}(\text{Ox}/\text{Red})$ 表示。

(4)标准电极电势的意义

① $E^{\ominus}(\text{Ox}/\text{Red})$ 代数值越小,电对所对应的还原态物质的还原能力越强,氧化态物质的氧化能力越弱。

② $E^{\ominus}(\text{Ox}/\text{Red})$ 代数值越大,电对所对应的氧化态物质的氧化能力越强,还原态物质的还原能力越弱。

6.电极电势的应用

(1)判断原电池的正、负极,计算原电池的电动势

在组成原电池的两个电极中,电极电势代数值较大的是原电池的正极,代数值较小的是原电池的负极。原电池的电动势等于正极的电极电势减去负极的电极电势:

$$E = E(+) - E(-)$$

求解步骤:

①根据 Nernst 方程式,分别计算两个电极的电极电势;

②电极电势大的电极为正极,电极电势小的为负极;

③计算原电池的电动势:$E = E(+) - E(-)$

④写出电极反应,完成电池反应;

⑤写出原电池符号。

(2)判断氧化还原反应的方向

根据电极电势代数值的相对大小,可以判断氧化还原反应进行的方向。

求解步骤:

①对 $a\text{A} + b\text{B} \Longrightarrow c\text{C} + d\text{D}$ 反应进行分析,确定正负极:

(a)氧化反应→阳极(−);

(b)还原反应→阴极(+);

②分别根据 Nernst 方程,求 $E(+)$ 与 $E(-)$

③ $E = E(+) - E(-)$

④ $E > 0$,反应正向进行;$E < 0$,反应逆向进行。

(3)判断氧化还原反应的次序

氧化还原反应的次序原则:一般是电动势最大的两电对优先发生反应。

(4)确定氧化还原反应的限度

将氧化还原反应设计成原电池,通过该原电池的标准电动势 $E^{\ominus}$,可以计算氧化还原反应的标准平衡常数 $K^{\ominus}$,从而确定氧化还原反应的限度。

7.元素电势图

(1)元素电势图的基本概念

拉提莫尔(W. M. Latimer)将同一元素的不同氧化态物质按照氧化数高低的顺序进行排列,并用连线在两种氧化态物质之间标出相应电对的标准电极电势,从而得到元素标准电极电势图,简称元素电势图。

(2)元素电势图的应用

①判断是否发生歧化反应

规律:对于元素电势图

$$M^{2+} \xrightarrow{\quad E^{\ominus}_{左} \quad} M^{+} \xrightarrow{\quad E^{\ominus}_{右} \quad} M$$

若 $E^{\ominus}_{右} > E^{\ominus}_{左}$ 时,处于中间氧化值的物质 M^{+} 就会发生歧化反应:

$$2M^{+} \longrightarrow M^{2+} + M$$

若 $E^{\ominus}_{右} < E^{\ominus}_{左}$ 时,处于中间氧化值的物质 M^{+} 就不发生歧化反应,而是发生反歧化反应:

$$M^{2+} + M \longrightarrow 2M^{+}$$

②计算未知电对的电极电势

某元素的元素电势图为:

$$E^{\ominus}_{B}/V \quad A \xrightarrow[n_1]{E^{\ominus}_1} B \xrightarrow[n_2]{E^{\ominus}_2} C \xrightarrow[n_3]{E^{\ominus}_3} D$$
$$(n) \quad E^{\ominus}_x$$

$$nE^{\ominus}_x = n_1 E^{\ominus}_1 + n_2 E^{\ominus}_2 + n_3 E^{\ominus}_3$$

式中的 n_1, n_2, n_3, n 分别代表各电对内转移的电子数,$n = n_1 + n_2 + n_3$。

8.氧化还原滴定法

以氧化还原反应为基础的滴定分析法称为氧化还原滴定法。主要有高锰酸钾法、重铬酸钾法与碘量法。

只有当氧化还原反应的电动势 $E \geqslant 0.40V$,才能用于滴定分析。

9.高锰酸钾法

(1)高锰酸钾法原理

以 $KMnO_4$ 为滴定剂的氧化还原滴定法,称为高锰酸钾法。

$MnO_4^- + 8H^+ + 5e^- = Mn^{2+} + 4H_2O$,$E^{\ominus}(MnO_4^-/Mn^{2+}) = 1.507V$;

高锰酸钾法一般在强酸性溶液中进行,采用自身指示剂。

(2)高锰酸钾法的滴定方式

①直接滴定法

如果待测物质是还原性物质,可以用 $KMnO_4$ 作氧化剂,直接进行滴定。如 H_2O_2、Fe^{2+}、草酸盐等还原性物质。

②返滴定法

如果待测物质是氧化性物质,可以采用返滴定法。

具体测定如下:将待测物质中加入一定量过量 $Na_2C_2O_4$,使之作用完全,剩余 $C_2O_4^{2-}$,以 $KMnO_4$ 标准溶液滴定。

滴定反应为: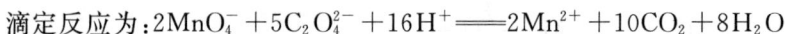
$$2MnO_4^- + 5C_2O_4^{2-} + 16H^+ = 2Mn^{2+} + 10CO_2 + 8H_2O$$

③间接滴定法

测定某些非氧化还原性质的物质。虽然这些物质不具有氧化还原性,但能与其他物质(比如 $Na_2C_2O_4$)发生定量反应,也可以用高锰酸钾法进行间接测定。

凡是能与 $C_2O_4^{2-}$ 定量沉淀为草酸盐的金属离子,都能采用 $KMnO_4$ 间接测定法进行测定。

(3)高锰酸钾法的测定条件

$KMnO_4$ 的标准溶液不够稳定,需要进行标定。通常用草酸钠为基准物标定高锰酸钾浓度。

10. 重铬酸钾法

(1)重铬酸钾法原理

$$Cr_2O_7^{2-} + 14H^+ + 6e^- = 2Cr^{3+} + 7H_2O, \quad E^{\ominus}(Cr_2O_7^{2-}/Cr^{3+}) = 1.33V;$$

重铬酸钾法主要特点:

①$K_2Cr_2O_7$ 易提纯,可以直接配制成标准溶液;

②$K_2Cr_2O_7$ 很稳定;

③不受 Cl^- 还原作用的影响,可在 HCl 溶液中滴定;

④指示剂采用氧化还原指示剂。

(2)重铬酸钾法的滴定方式

①直接法

用 $K_2Cr_2O_7$ 标准溶液直接滴定待测物质。如:

$$6Fe^{2+} + Cr_2O_7^{2-} + 14H^+ = 6Fe^{3+} + 2Cr^{3+} + 7H_2O$$

②返滴定法

在一些有机试样的分析中,常在硫酸溶液中加入过量 $K_2Cr_2O_7$ 标准溶液,加热至一定温度,冷却后稀释,再用 Fe^{2+} 标准溶液进行返滴定。

③间接滴定法

比如 Ba^{2+} 的测定,可以在待测溶液中,先加入 K_2CrO_4,生成 $BaCrO_4$,然后过滤、洗涤生成 $K_2Cr_2O_7$,再用 Fe^{2+} 标准溶液进行返滴定。

11. 碘量法

碘量法是利用 I_2 的氧化性和 I^- 的还原性进行滴定的分析方法。

(1)直接碘量法(碘滴定法)

直接碘量法(iodimetry)是利用碘的氧化性直接测定一些强还原剂,也称为碘滴定法。用 I_2 标准溶液直接滴定还原性物质,以淀粉做指示剂。

(2)间接碘量法(滴定碘法)

间接碘量法(iodometry)是利用 I^- 的还原性,与氧化性物质作用,定量释放出 I_2,所释出 I_2 再以 $Na_2S_2O_3$ 标准溶液滴定。这种方法也称为滴定碘法。凡能与 I_2 作用定量析出 I_2 的氧化性物质以及能与过量 I_2 在碱性介质中作用的有机物质,都可用间接碘量法测定。

①滴定的酸度条件

在中性、弱酸性介质中进行。

②主要误差来源与采取的措施

主要误差来源:

(a) I_2 易挥发。

(b) I^- 易被氧化。

清除误差的措施:

(a)防止 I_2 挥发

加入过量的 KI 使 I_2 形成 I_3^-;释出 I_2 后立刻滴定,且滴速应适当快些。

(b)防止 I^- 被氧化

酸度不宜过高;避阳光照射;干扰离子事先除去。

三、主要公式

1. 能斯特(Nernst)方程式

对于任意一个给定的电极反应:$a\text{Ox}+ne^- \mathop{=\!=\!=} b\text{Red}$

$$E_{\mathrm{Ox/Red}} = E_{\mathrm{Ox/Red}}^{\ominus} + \frac{RT}{nF} \ln \frac{\left\{ \dfrac{c^{\mathrm{eq}}(\mathrm{Ox})}{c^{\ominus}} \right\}^a}{\left\{ \dfrac{c^{\mathrm{eq}}(\mathrm{Red})}{c^{\ominus}} \right\}^b}$$

在 298.15K 时,将各常数代入上式,并将自然对数换成常用对数,即得:

$$E_{\mathrm{Ox/Red}} = E_{\mathrm{Ox/Red}}^{\ominus} + \frac{0.0592}{n} \lg \frac{[\mathrm{Ox}]^a}{[\mathrm{Red}]^b}$$

应用能斯特方程式时,应注意以下几点:

① [Ox],[Red]分别代表了电极反应中氧化型和还原型一侧各组分平衡浓度幂的乘积。如果参加电极反应的除氧化态、还原态物质外,还有其他物质如 H^+,OH^- 等,则这些物质的浓度也应表示在能斯特方程式中(固体、纯液体以及溶剂水除外)。

②如果是气体物质,用相对压力 $p/p^{\ominus}$ 代入。

2.氧化还原反应平衡常数的计算

$$\lg K^{\ominus} = \frac{n'E^{\ominus}}{0.0592} = \frac{n' \cdot (E_{(+)}^{\ominus} - E_{(-)}^{\ominus})}{0.0592}$$

式中,n' 为上述氧化还原反应中的电子转移总数。即 n' 是氧化还原反应中两个电对的电子转移数 n_1 和 n_2 的最小公倍数。

3.化学计量点电势计算公式

$$E_{\mathrm{sp}} = \frac{n_1 E_1^{\ominus'} + n_2 E_2^{\ominus'}}{n_1 + n_2}$$

上式适用于电对的氧化态和还原态系数相等时使用。系数不相等时还要考虑浓度的因素。

4. $Na_2S_2O_3$ 标准溶液浓度的计算

$Na_2S_2O_3$ 溶液可以用 KIO_3 等基准物质来进行标定。

$$c(Na_2S_2O_3) = \frac{6m_{KIO_3}}{M_{KIO_3} \cdot V_{Na_2S_2O_3}}$$

5.氧化还原滴定结果的计算

氧化还原滴定结果的计算,主要是根据氧化还原反应式中的化学计量关系。如待测组分 X 经一系列反应后得到 Z,然后,用滴定剂 T 滴定 X,由各步反应中的化学计量关系可得：

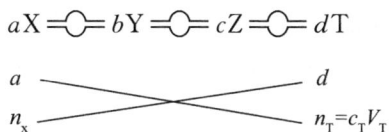

$$aX \xlongequal{} bY \xlongequal{} cZ \xlongequal{} dT$$

$$
\begin{array}{ccc}
a & \diagdown\diagup & d \\
n_X & \diagup\diagdown & n_T = c_T V_T
\end{array}
$$

则：

$$n_X = \frac{a \times n_T}{d}$$

$$\omega_X = \frac{m_X}{m_s} = \frac{n_X M_X}{m_s} = \frac{\dfrac{a}{d} n_T M_X}{m_s} = \frac{\dfrac{a}{d} c_T V_T M_X}{m_s}$$

式中，c_T 和 V_T 分别为滴定剂 T 的浓度和体积，M_X 为待测组分 X 的摩尔质量，m_s 为试样的质量。

四、习题详解

5.1　指出下列化合物中各元素的氧化数。

Fe_3O_4，PbO_2，Na_2O_2，$Na_2S_2O_3$，NCl_3，KO_2，N_2O_4

解　Fe_3O_4 中，O 为 -2，Fe 为 $+8/3$。

PbO_2 中，O 为 -2，Pb 为 $+4$。

Na_2O_2 中，O 为 -1，Na 为 $+1$。

$Na_2S_2O_3$ 中，O 为 -2，Na 为 $+1$，S 为 $+2$。

NCl_3 中，Cl 为 -1，N 为 $+3$。

KO_2 中，O 为 $-1/2$，K 为 $+1$。

N_2O_4 中，O 为 -2，N 为 $+4$。

5.2　配平下列反应方程式。

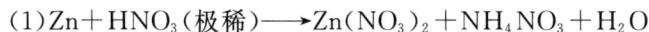

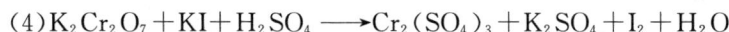

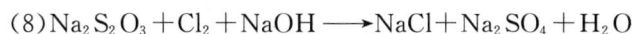

(1) $Zn + HNO_3(极稀) \longrightarrow Zn(NO_3)_2 + NH_4NO_3 + H_2O$

(2) $Mg + HNO_3(稀) \longrightarrow Mg(NO_3)_2 + N_2O + H_2O$

(3) $CuS + HNO_3(浓) \longrightarrow CuSO_4 + NO_2 + H_2O$

(4) $K_2Cr_2O_7 + KI + H_2SO_4 \longrightarrow Cr_2(SO_4)_3 + K_2SO_4 + I_2 + H_2O$

(5) $Na_2C_2O_4 + KMnO_4 + H_2SO_4 \longrightarrow MnSO_4 + K_2SO_4 + Na_2SO_4 + CO_2 + H_2O$

(6) $H_2O_2 + KMnO_4 + H_2SO_4 \longrightarrow MnSO_4 + K_2SO_4 + O_2 + H_2O$

(7) $Na_2S_2O_3 + I_2 \longrightarrow Na_2S_4O_6 + NaI$

(8) $Na_2S_2O_3 + Cl_2 + NaOH \longrightarrow NaCl + Na_2SO_4 + H_2O$

解　(1) $4Zn + 10HNO_3(极稀) \xlongequal{} 4Zn(NO_3)_2 + NH_4NO_3 + 3H_2O$

(2) $4Mg+10HNO_3(稀)\!=\!=\!4Mg(NO_3)_2+N_2O+5H_2O$

(3) $CuS+8HNO_3(浓)\!=\!=\!CuSO_4+8NO_2+4H_2O$

(4) $K_2Cr_2O_7+6KI+7H_2SO_4\!=\!=\!Cr_2(SO_4)_3+4K_2SO_4+3I_2+7H_2O$

(5) $5Na_2C_2O_4+2KMnO_4+8H_2SO_4$
$$=\!=\!2MnSO_4+K_2SO_4+5Na_2SO_4+10CO_2+8H_2O$$

(6) $4H_2O_2+4KMnO_4+6H_2SO_4\!=\!=\!4MnSO_4+2K_2SO_4+7O_2+10H_2O$

(7) $2Na_2S_2O_3+I_2\!=\!=\!Na_2S_4O_6+2NaI$

(8) $Na_2S_2O_3+4Cl_2+10NaOH\!=\!=\!8NaCl+2Na_2SO_4+5H_2O$

5.3 配平下列离子反应式(酸性介质):

(1) $IO_3^-+I^-\longrightarrow I_2$

(2) $Mn^{2+}+NaBiO_3\longrightarrow MnO_4^-+Bi^{3+}$

(3) $Cr^{3+}+PbO_2\longrightarrow Cr_2O_7^{2-}+Pb^{2+}$

解 (1) $IO_3^-+5I^-+6H^+\!=\!=\!3I_2+3H_2O$

(2) $2Mn^{2+}+5NaBiO_3+14H^+\!=\!=\!2MnO_4^-+5Bi^{3+}+7H_2O+5Na^+$

(3) $2Cr^{3+}+3PbO_2+H_2O\!=\!=\!Cr_2O_7^{2-}+3Pb^{2+}+2H^+$

5.4 配平下列离子反应式(碱性介质):

(1) $CrO_4^{2-}+HSnO_2^-\longrightarrow CrO_2^-+HSnO_3^-$

(2) $H_2O_2+CrO_2^-\longrightarrow CrO_4^{2-}$

(3) $Br_2+OH^-\longrightarrow BrO_3^-+Br^-$

解 (1) $2CrO_4^{2-}+3HSnO_2^-+H_2O\!=\!=\!2CrO_2^-+3HSnO_3^-+2OH^-$

(2) $3H_2O_2+2CrO_2^-+2OH^-\!=\!=\!2CrO_4^{2-}+4H_2O$

(3) $4Br_2+6OH^-\!=\!=\!BrO_3^-+7Br^-+3H_2O$

5.5 将反应 $2Fe^{2+}(1.0mol\cdot L^{-1})+Cl_2(100kPa)\longrightarrow 2Fe^{3+}(0.10mol\cdot L^{-1})+2Cl^-(2.0mol\cdot L^{-1})$ 设计成原电池,并写出电池符号。

解 将反应拆分成如下电极:

阳极: $Fe^{2+}(aq)\!=\!=\!Fe^{3+}(aq)+e^-$ (负极)

阴极: $Cl_2(g)+2e^-\!=\!=\!2Cl^-(aq)$ (正极)

$(-)Pt|Fe^{2+}(1.0mol\cdot L^{-1}),Fe^{3+}(0.10mol\cdot L^{-1})\parallel Cl^-(2.0mol\cdot L^{-1})|Cl_2(100kPa)|Pt(+)$

5.6 计算 Zn^{2+}/Zn 电对,在 $[Zn^{2+}]=1.00\times10^{-3}$ mol·L^{-1} 时的电极电势 $\{$已知 $E^\ominus(Zn^{2+}/Zn)=-0.7618V\}$。

解 $E(Zn^{2+}/Zn)=E^\ominus(Zn^{2+}/Zn)+\dfrac{0.0592}{2}lg[Zn^{2+}]$

$$= -0.7618 + \frac{0.0592}{2}\lg(1.00 \times 10^{-3})$$

$$= -0.8506(V)$$

5.7　计算在 AgCl 饱和，$[Cl^-] = 0.1\ mol \cdot L^{-1}$ 的溶液中 Ag 电极的电极电势（已知 $E^\ominus(Ag^+/Ag) = 0.7996V$）。

解　原 Ag 电极的电极反应：$Ag^+ + e^- \Longrightarrow Ag$

$$E(Ag^+/Ag) = E^\ominus(Ag^+/Ag) + 0.0592\ \lg[Ag^+]$$

$$K_{sp}^\ominus(AgCl) = [Ag^+][Cl^-] = 1.77 \times 10^{-10}$$

所以　$[Ag^+] = 1.77 \times 10^{-10}/[Cl^-]$

$$E(Ag^+/Ag) = E^\ominus(Ag^+/Ag) + 0.0592\ \lg(1.77 \times 10^{-10}/[Cl^-])$$

又因为　$[Cl] = 0.1\ mol \cdot L^{-1}$

所以　$E(Ag^+/Ag) = E(AgCl/Ag) = 0.7996 + 0.0592\lg(1.77 \times 10^{-9})$

$$= 0.2814(V)$$

5.8　已知 $E^\ominus(Cu^{2+}/Cu^+) = +0.153(V)$，$E^\ominus(I_2/I^-) = +0.5355(V)$。由此可见，$Cu^{2+}$ 不可能氧化 I^-，然而实际在 KI 适当过量的条件下能发生反应。试计算说明。

解　$K_{sp}^\ominus(CuI) = 1.27 \times 10^{-12}$。

$$Cu^{2+} + 3I^- \Longrightarrow CuI \downarrow + I_2$$

将上述反应拆分成：

$$(+)\ Cu^{2+} + I^- + e^- \Longrightarrow CuI$$

$$(-)2I^- \Longrightarrow I_2 + 2e^-$$

$$E_{(-)} = E^\ominus(I_2/I^-) = +0.5355V$$

$$E_{(+)} = E^\ominus(Cu^{2+}/Cu^+) + 0.0592\lg([Cu^{2+}]/[Cu^+])$$

$$= E^\ominus(Cu^{2+}/Cu^+) + 0.0592\lg([Cu^{2+}][I^-]/K_{sp}^\ominus)$$

令 $[Cu^{2+}] = [I^-] = 1.0\ mol \cdot L^{-1}$，则：

$$E_{(+)} = E^\ominus(Cu^{2+}/CuI)$$

$$= E^\ominus(Cu^{2+}/Cu^+) + 0.0592\lg(1/K_{sp}^\ominus)$$

$$= 0.86\ V$$

因为 $E_{(+)} > E_{(-)}$，所以反应能正向进行。

5.9　(1)根据标准电极电势，判断下列反应进行的方向：

$$MnO_4^- + 5Fe^{2+} + 8H^+ \Longrightarrow Mn^{2+} + 5Fe^{3+} + 4H_2O$$

(2)将该氧化还原反应设计构成一个原电池，用电池符号表示该原电池的组成，计算其标准电动势。

(3)当氢离子浓度为 $10 \mathrm{mol \cdot L^{-1}}$,其他各离子浓度均为 $1.0 \mathrm{mol \cdot L^{-1}}$ 时,计算该电池的电动势。

解 (1)根据反应,设计原电池:

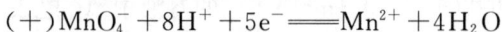

$$(+)MnO_4^- + 8H^+ + 5e^- \Longrightarrow Mn^{2+} + 4H_2O$$

$$(-)Fe^{2+} \Longrightarrow Fe^{3+} + e^-$$

$$E^\ominus = E_{(+)}^\ominus - E_{(-)}^\ominus = E^\ominus(MnO_4^-/Mn^{2+}) - E^\ominus(Fe^{3+}/Fe^{2+})$$

$$= 1.507 - 0.771 = 0.736(V) > 0$$

所以反应正向进行。

(2)电池符号:$(-)Pt|Fe^{2+},Fe^{3+} \| MnO_4^-,H^+(1.0 \mathrm{mol \cdot L^{-1}}),Mn^{2+}|Pt(+)$

$$E^\ominus = E^\ominus(MnO_4^-/Mn^{2+}) - E^\ominus(Fe^{3+}/Fe^{2+})$$

$$= 1.507 - 0.771 = 0.736(V)$$

(3)$E(MnO_4^-/Mn^{2+}) = E^\ominus(MnO_4^-/Mn^{2+}) + \dfrac{0.0592}{5}\lg\dfrac{[MnO_4^-][H^+]^8}{[Mn^{2+}]}$

$$= 1.507 + \dfrac{0.0592}{5}\lg[H^+]^8$$

$$= 1.602 \text{ V}$$

$$E = E_{(+)} - E_{(-)}^\ominus = E(MnO_4^-/Mn^{2+}) - E^\ominus(Fe^{3+}/Fe^{2+})$$

$$= 1.602 - 0.771 = 0.8310(V)$$

5.10 计算电池的电动势 E,并指出其正负极。

(1)$Zn|Zn^{2+}(0.1 \mathrm{mol \cdot L^{-1}}) \| Cu^{2+}(2.0 \mathrm{mol \cdot L^{-1}})|Cu$

(2)$Ag|AgCl(s),Cl^-(0.010 \mathrm{mol \cdot L^{-1}}) \| Ag^+(0.010 \mathrm{mol \cdot L^{-1}})|Ag$

解 (1)$E(Cu^{2+}/Cu) = E^\ominus(Cu^{2+}/Cu) + \dfrac{0.0592}{2}\lg[Cu^{2+}]$

$$= 0.3419 + \dfrac{0.0592}{2}\lg2.0$$

$$= +0.3508(V)$$

$$E(Zn^{2+}/Zn) = E^\ominus(Zn^{2+}/Zn) + \dfrac{0.0592}{2}\lg[Zn^{2+}]$$

$$= -0.7618 + \dfrac{0.0592}{2}\lg0.1 = -0.7914(V)$$

$$E = E(Cu^{2+}/Cu) - E(Zn^{2+}/Zn) = 0.3508 - (-0.7914) = 1.1422(V)$$

$$(-)Zn|Zn^{2+}(0.1 \mathrm{mol \cdot L^{-1}}) \| Cu^{2+}(2.0 \mathrm{mol \cdot L^{-1}})|Cu(+)$$

(2)$E(Ag^+/Ag) = E^\ominus(Ag^+/Ag) + \dfrac{0.0592}{1}\lg[Ag^+]$

$$=0.7996+\frac{0.0592}{1}\lg 0.01=+0.6812(V)$$

$$E(Ag^+/Ag)=E^\ominus(Ag^+/Ag)+\frac{0.0592}{1}\lg[Ag^+]$$

$$=E^\ominus(Ag^+/Ag)+\frac{0.0592}{1}\lg\frac{K_{sp}^\ominus}{[Cl^-]}$$

$$=0.7996+\frac{0.0592}{1}\lg\frac{1.77\times10^{-10}}{0.01}=+0.3407(V)$$

也可以按照下式计算：

$$E(AgCl/Ag)=E^\ominus(AgCl/Ag)+\frac{0.0592}{1}\lg\frac{1}{[Cl^-]}$$

$$=0.2223+\frac{0.0592}{1}\lg\frac{1}{0.01}=+0.3407\ (V)$$

$$E=E(Ag^+/Ag)-E^\ominus(AgCl/Ag)$$

$$=0.6812-0.3407=0.3405\ (V)$$

$$(-)Ag|AgCl(s),Cl^-(0.01mol\cdot L^{-1})\parallel Ag^+(0.010mol\cdot L^{-1})|Ag(+)$$

5.11　计算下列反应的标准平衡常数：

(1)$2Ag^++Zn=\!=\!=2Ag+Zn^{2+}$

(2)$HAsO_2+I_2+2H_2O=\!=\!=2I^-+H_3AsO_4+2H^+$

解　(1)$2Ag^++Zn=\!=\!=2Ag+Zn^{2+}$

根据反应：

$$(+)Ag^++e^-=\!=\!=Ag$$

$$(-)Zn=\!=\!=Zn^{2+}+2e^-$$

$$\lg K^\ominus=\frac{n'E^\ominus}{0.0592}=\frac{2\times[E^\ominus(Ag^+/Ag)-E^\ominus(Zn^{2+}/Zn)]}{0.0592}$$

$$=\frac{2\times[0.7996-(-0.7618)]}{0.0592}=52.75$$

$$K^\ominus=5.6\times10^{52}$$

(2)$HAsO_2+I_2+2H_2O=\!=\!=2I^-+H_3AsO_4+2H^+$

根据反应：

$$(+)I_2+2e^-=\!=\!=2I^-$$

$$(-)HAsO_2+2H_2O=\!=\!=H_3AsO_4+2H^++2e^-$$

$$E^\ominus=E^\ominus_{(+)}-E^\ominus_{(-)}=E^\ominus(I_2/I^-)-E^\ominus(H_3AsO_4/HAsO_2)$$

$$=0.5355-0.56=-0.0245\ (V)$$

$$\lg K^{\ominus} = \frac{nE^{\ominus}}{0.0592} = \frac{2 \times (-0.0245)}{0.0592} = -0.8277$$

$$K^{\ominus} = 0.149$$

5.12 计算反应：$Ag^+ + Fe^{2+} \rightleftharpoons Ag + Fe^{3+}$

(1)298.15K 时的 $K^{\ominus}$；

(2)反应开始时，若$[Ag^+] = 1.0mol \cdot L^{-1}$，$[Fe^{2+}] = 0.10mol \cdot L^{-1}$，达平衡时，$Fe^{3+}$ 浓度为多少？

解 (1)$E^{\ominus}(Ag^+/Ag) = 0.7996\ V$，$E^{\ominus}(Fe^{3+}/Fe^{2+}) = 0.771\ V$。

根据题意，将反应拆分成如下电极：

$$(+)Ag^+ + e^- \rightleftharpoons Ag$$

$$(-)Fe^{2+} \rightleftharpoons Fe^{3+} + e^-$$

因此：

$$\lg K^{\ominus} = \frac{nE^{\ominus}}{0.0592} = \frac{1 \times (E^{\ominus}_{(+)} - E^{\ominus}_{(-)})}{0.0592}$$

$$= \frac{1 \times (0.7996 - 0.771)}{0.0592} = 0.4831$$

$$K^{\ominus} = 3.04$$

(2)

$$Ag^+ + Fe^{2+} \rightleftharpoons Ag + Fe^{3+}$$

平衡浓度/mol · L^{-1} $(1.0-x)$ $0.10-x$ x

$$\frac{x}{(1.0-x)(0.1-x)} = 3.04$$

$$x = 0.074\ mol \cdot L^{-1}$$

5.13 有一电池：$Ag \mid AgCl(s), Cl^- (0.010mol \cdot L^{-1}) \parallel Ag^+ (0.010mol \cdot L^{-1}) \mid Ag$，测得其电池的电动势为 0.3409V。求 AgCl 的 $K^{\ominus}_{sp}$。

解 $E = E_{(+)} - E_{(-)} = 0.3409\ V$

$E_{(+)} = E(Ag^+/Ag) = E^{\ominus}(Ag^+/Ag) + 0.0592\lg[Ag^+]$

$E_{(-)} = E(AgCl/Ag) = E^{\ominus}(Ag^+/Ag) + 0.0592\lg(K^{\ominus}_{sp}/[Cl^-])$

代入

$E = E_{(+)} - E_{(-)} =$

$\{E^{\ominus}(Ag^+/Ag) + 0.0592\lg[Ag^+]\} - \{E^{\ominus}(Ag^+/Ag) + 0.0592\lg(K^{\ominus}_{sp}/[Cl^-])\}$

$\qquad = 0.3409\ V$

$0.0592\lg 0.010 - 0.0592\lg(K^{\ominus}_{sp}/0.010) = 0.3409$

可解得 $K^{\ominus}_{sp} = 1.8 \times 10^{-10}$

5.14　298K 时,在 Fe^{3+},Fe^{2+} 的混合溶液中加入 NaOH 溶液,有 $Fe(OH)_3$,$Fe(OH)_2$ 的沉淀生成(假设无其他反应发生)。当沉淀反应达到平衡时,保持 $[OH^-]=1.0mol \cdot L^{-1}$。求 Fe^{3+}/Fe^{2+} 电对的电极电势。

解　在混合溶液中,沉淀反应达到平衡时:

$[Fe^{3+}][OH^-]^3=K_{sp}^{\ominus}[Fe(OH)_3]$,因为 $[OH^-]=1.0\ mol \cdot L^{-1}$,则:

$[Fe^{3+}]=K_{sp}^{\ominus}[Fe(OH)_3]$

同理,$[Fe^{2+}]=K_{sp}^{\ominus}[Fe(OH)_2]$

$$E(Fe^{3+}/Fe^{2+})=0.771+0.0592\lg\frac{[Fe^{3+}]}{[Fe^{2+}]}$$

$$=0.771+0.0592\lg\frac{2.79\times10^{-39}}{4.87\times10^{-17}}$$

$$=-0.546\ (V)$$

5.15　已知 $E^{\ominus}(Cu^{2+}/Cu)=0.3419V$,$E^{\ominus}(Cu^{2+}/Cu^+)=0.1530V$,$K_{sp}^{\ominus}(CuCl)=1.72\times10^{-7}$。通过计算判断反应 $Cu^{2+}+Cu+2Cl^-\Longrightarrow 2CuCl$ 在 298K、标准状态下能否自发进行,并计算反应的平衡常数 $K^{\ominus}$。

解　根据反应 $Cu^{2+}+Cu+2Cl^-\Longrightarrow 2CuCl$,拆分成下列电极:

$(+)Cu^{2+}+Cl^-+e^-\Longrightarrow CuCl(s)$

$(-)Cu(s)+Cl^-\Longrightarrow CuCl(s)+e^-$

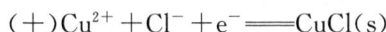

$$E_{(+)}^{\ominus}=E^{\ominus}(Cu^{2+}/CuCl)=E(Cu^{2+}/Cu^+)=E^{\ominus}(Cu^{2+}/Cu^+)+\frac{0.0592}{1}\lg\frac{[Cu^{2+}]}{[Cu^+]}$$

$$=E^{\ominus}(Cu^{2+}/Cu^+)+\frac{0.0592}{1}\lg\frac{[Cu^{2+}][Cl^-]}{K_{sp}^{\ominus}(CuCl)}=0.1530+\frac{0.0592}{1}\lg\frac{1.0}{1.72\times10^{-7}}$$

$$=0.5535(V)$$

$$E_{(-)}^{\ominus}=E^{\ominus}(CuCl/Cu)=E(Cu^+/Cu)=E^{\ominus}(Cu^+/Cu)+\frac{0.0592}{1}\lg[Cu^+]$$

$$=E^{\ominus}(Cu^+/Cu)+\frac{0.0592}{1}\lg\frac{K_{sp}^{\ominus}(CuCl)}{[Cl^-]}$$

$$=0.5210+0.0592\lg\frac{1.72\times10^{-7}}{1.0}=+0.1205(V)$$

$$E^{\ominus}=E_{(+)}^{\ominus}-E_{(-)}^{\ominus}=0.5535-0.1205=0.4330(V)>0$$

所以,该反应在 298K、标准状态下能自发进行。

$$\lg K^{\ominus}=\frac{nE^{\ominus}}{0.0592}=\frac{1\times(0.5535-0.1205)}{0.0592}=7.314$$

$$K^{\ominus}=2.06\times10^7$$

5.16　根据下列酸性介质中铁的元素电势图求 $E^{\ominus}(Fe^{3+}/Fe)$。

$$Fe^{3+} \xrightarrow{+0.771} Fe^{2+} \xrightarrow{-0.447} Fe$$

解 因为

$$nE^{\ominus}(Fe^{3+}/Fe) = n_1 E^{\ominus}(Fe^{3+}/Fe^{2+}) + n_2 E^{\ominus}(Fe^{2+}/Fe)$$

所以

$$E^{\ominus}(Fe^{3+}/Fe) = [(0.771 \times 1) + (-0.447 \times 2)]/3 = -0.0410(V)$$

5.17 称取褐铁矿试样 0.4125 g，用 HCl 溶解后，将 Fe^{3+} 还原为 Fe^{2+}，用 $K_2Cr_2O_7$ 标准溶液滴定。若所用 $K_2Cr_2O_7$ 溶液的体积(以 mL 为单位)与试样中 Fe_2O_3 的质量分数相等，求 $K_2Cr_2O_7$ 溶液对铁的滴定度。

解 由方程式：$Cr_2O_7^{2-} + 6Fe^{2+} + 14H^+ = 2Cr^{3+} + 6Fe^{3+} + 7H_2O$ 可得
$K_2Cr_2O_7 = 6Fe = 3Fe_2O_3$，所以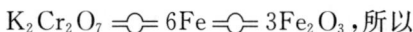

$$\omega(Fe_2O_3) = \frac{3c(K_2Cr_2O_7)V(K_2Cr_2O_7)M(Fe_2O_3)}{m(sample)} \times 100\%$$

根据题意：

$$\omega(Fe_2O_3) \times 100 = V(K_2Cr_2O_7) \times 1000$$

所以

$$c(K_2CrO_7) = \frac{\omega(Fe_2O_3)}{V(K_2CrO_7)} \times \frac{m(sample)}{3M(Fe_2O_3)} = \frac{1000}{100} \times \frac{m(sample)}{3M(Fe_2O_3)}$$

$$= \frac{10 \times 0.4125}{3 \times 159.69} = 8.610 \times 10^{-3}(mol \cdot L^{-1})$$

$$T(Fe/K_2Cr_2O_7) = 6 \times 8.610 \times 10^{-3} \times 1 \times 10^{-3} \times 55.85$$

$$= 2.885 \times 10^{-3}(g \cdot mL^{-1})$$

5.18 在 H_2SO_4 溶液中，2.000g 工业甲醇与 25.00mL 0.01688 mol·L^{-1} 的 $K_2Cr_2O_7$ 溶液作用。在反应完成后，以二苯胺磺酸钠做指示剂，用 0.1000 mol·L^{-1}(NH_4)$_2$Fe(SO_4)$_2$ 溶液滴定剩余的 $K_2Cr_2O_7$，用去 10.00mL。求试样中甲醇的质量分数。

解 $CH_3OH + Cr_2O_7^{2-} + 8H^+ = 2Cr^{3+} + CO_2 + 6H_2O$

$$n(CH_3OH) = n(Cr_2O_7^{2-}) = n[Cr_2O_7^{2-}(总)] - n[Cr_2O_7^{2-}(余)]$$

$$6Fe^{2+} + Cr_2O_7^{2-} + 14H^+ = 6Fe^{3+} + 2Cr^{3+} + 7H_2O$$

$$n[Cr_2O_7^{2-}(余)] = \frac{1}{6}n(Fe^{2+})$$

$$\omega(CH_3OH) = \frac{m(CH_3OH)}{m(sample)}$$

$$= \frac{(25 \times 0.01688 - \frac{1}{6} \times 0.1 \times 10.00) \times 10^{-3} \times 32.04}{2.000} \times 100\%$$

$$=0.41\%$$

5.19　有一 $K_2Cr_2O_7$ 标准溶液，已知其浓度为 $0.01721\ mol \cdot L^{-1}$，求其对 Fe_2O_3 的滴定度 $T(Fe_2O_3/K_2Cr_2O_7)$。称取某含铁试样 $0.2833g$，溶解后将溶液中的 Fe^{3+} 还原为 Fe^{2+}，然后用上述 $K_2Cr_2O_7$ 标准溶液滴定，用去 $25.60mL$。求试样中 Fe_2O_3 的质量分数。

解　Fe_2O_3  $2Fe^{2+}$

$$n(Fe_2O_3) = \frac{1}{2}n(Fe^{2+})$$

$$6Fe^{2+} + Cr_2O_7^{2-} + 14H^+ =\!=\!= 6Fe^{3+} + 2Cr^{3+} + 7H_2O$$

$$6Fe^{2+} \diamond Cr_2O_7^{2-}$$

$$n(Fe^{2+}) = 6n(Cr_2O_7^{2-})$$

$$n(Fe_2O_3) = 3n(Cr_2O_7^{2-})$$

$$\frac{m(Fe_2O_3)}{M(Fe_2O_3)} = 3c(Cr_2O_7^{2-})V(Cr_2O_7^{2-})$$

$$m(Fe_2O_3) = 3c(Cr_2O_7^{2-})V(Cr_2O_7^{2-})M(Fe_2O_3)$$

$$T(Fe_2O_3/Cr_2O_7^{2-}) = m(Fe_2O_3) = 3c(Cr_2O_7^{2-}) \times 1.0 \times 10^{-3} \times M(Fe_2O_3)$$
$$= 3 \times 0.01721 \times 1.0 \times 10^{-3} \times 159.7 = 8.245 \times 10^{-3}\ (g \cdot mL^{-1})$$

$$\omega(Fe_2O_3) = \frac{m(Fe_2O_3)}{m_s} \times 100\%$$

$$= \frac{25.60 \times T(Fe_2O_3/Cr_2O_7^{2-})}{0.2833} \times 100\%$$

$$= \frac{25.60 \times 8.245 \times 10^{-3}}{0.2833} \times 100\% = 74.50\%$$

5.20　称取含 KI 试样 $1.500g$ 溶于水。加 $10.00\ mL\ 0.05000\ mol \cdot L^{-1}$ KIO_3 溶液处理，反应后煮沸除尽所生成的 I_2，冷却后，加入过量 KI 溶液与剩余的 KIO_3 反应。析出的 I_2 需用 $21.65\ mL\ 0.1008\ mol \cdot L^{-1}\ Na_2S_2O_3$ 溶液滴定。试计算试样中 KI 的质量分数。

解　$5I^- + IO_3^- + 6H^+ =\!=\!= 3I_2 + 3H_2O$

$$n(I^-) = 5n(KIO_3)$$

$$I_2 + 2S_2O_3^{2-} =\!=\!= 2I^- + S_4O_6^{2-}$$

$$IO_3^- \diamond 3I_2 \diamond 6S_2O_3^{2-}$$

$$n[KIO_3(余)] = \frac{1}{3}n\,I_2 = \frac{1}{3}\left[\frac{1}{2}n(S_2O_3^{2-})\right] = \frac{1}{6}n(S_2O_3^{2-})$$

$$n(KIO_3) = c(KIO_3)V(KIO_3) - n[KIO_3(余)]$$

$$n(I^-) = 5n(KIO_3)$$

$$\omega(KIO_3) = \frac{m(KI)}{m(\text{sample})} = \frac{n(KI)M(KI)}{m(\text{sample})} = \frac{5n(KIO_3)M(KI)}{m(\text{sample})}$$

$$= \frac{5 \times (10.0 \times 0.0500 \times 10^{-3} - \frac{1}{6} \times 21.65 \times 0.1008 \times 10^{-3}) \times 166}{1.500} \times 100\%$$

$$= 7.54\%$$

5.21 称取铜矿试样 0.6130g，用酸溶解后，控制溶液的 pH 值为 3.0～4.0，用 20.00mL $Na_2S_2O_3$ 溶液滴定至终点。1mL $Na_2S_2O_3$ 溶液相当于 0.004164g $KBrO_3$。计算 $Na_2S_2O_3$ 溶液准确浓度及试样中 Cu_2O 的质量分数。(有关反应为：$6S_2O_3^{2-} + BrO_3^- + 6H^+ = 3S_4O_6^{2-} + Br^- + 3H_2O$；$2Cu^{2+} + 2S_2O_3^{2-} = 2Cu^+ + S_4O_6^{2-}$)

解 $n(S_2O_3^{2-}) = 6n(BrO_3^-) = 6c(S_2O_3^{2-})V(S_2O_3^{2-})$

$$c(S_2O_3^{2-}) = 6 \times \frac{m(KBrO_3)}{M(KBrO_3)V(S_2O_3^{2-})}$$

$$= 6 \times \frac{0.004164}{167.01 \times 1.0 \times 10^{-3}} = 0.1496(\text{mol} \cdot L^{-1})$$

因为　$Cu_2O \Longleftrightarrow 2Cu \Longleftrightarrow 2S_2O_3^{2-}$

所以　$n(Cu_2O) = \frac{1}{2}n(S_2O_3^{2-})$

$$\omega(Cu_2O) = \frac{m(Cu_2O)}{m(\text{sample})} = \frac{\frac{1}{2}n(S_2O_3^{2-})M(Cu_2O)}{m(\text{sample})} \times 100\%$$

$$= \frac{\frac{1}{2} \times 20.00 \times 0.1496 \times 10^{-3} \times 143.09}{0.6130} \times 100\% = 34.92\%$$

5.22 现有硅酸盐试样 1.2000g，用重量法测定其中铁及铝的含量时，得到 $Fe_2O_3 + Al_2O_3$ 沉淀共重 0.5000g。将沉淀溶于酸并将 Fe^{3+} 还原成 Fe^{2+} 后，用 0.03322mol·L^{-1} $K_2Cr_2O_7$ 溶液滴定至终点时用去 25.00mL。求试样中 FeO 及 Al_2O_3 的质量分数各为多少？

解　$Cr_2O_7^{2-} + 6Fe^{2+} + 14H^+ == 2Cr^{3+} + 6Fe^{3+} + 7H_2O$
因为　$Fe_2O_3 \Longleftrightarrow 2Fe^{2+}$

$$n(Fe_2O_3) = \frac{1}{2}n(Fe^{2+})$$

$6Fe^{2+} \Longleftrightarrow Cr_2O_7^{2-}$

$$n(\text{Fe}^{2+}) = 6n(\text{K}_2\text{Cr}_2\text{O}_7)$$

$$\text{Fe}_2\text{O}_3 \rightleftharpoons 2\text{FeO}$$

$$n(\text{FeO}) = 2n(\text{Fe}_2\text{O}_3) = 6n(\text{K}_2\text{Cr}_2\text{O}_7)$$

所以
$$\omega(\text{FeO}) = \frac{m(\text{FeO})}{m(\text{sample})} = \frac{6c(\text{K}_2\text{Cr}_2\text{O}_7)V(\text{K}_2\text{Cr}_2\text{O}_7)M(\text{FeO})}{m(\text{sample})} \times 100\%$$

$$= \frac{6 \times 0.03322 \times 25.00 \times 10^{-3} \times 71.84}{1.200} \times 100\% = 29.83\%$$

$$\omega(\text{Al}_2\text{O}_3) = \frac{m(\text{Al}_2\text{O}_3)}{m(\text{sample})} = \frac{m(\text{s}) - m(\text{Fe}_2\text{O}_3)}{m(\text{sample})} \times 100\%$$

$$n(\text{Fe}_2\text{O}_3) = 3n(\text{K}_2\text{Cr}_2\text{O}_7)$$

$$m(\text{Fe}_2\text{O}_3) = 3c(\text{Cr}_2\text{O}_7^{2-})V(\text{Cr}_2\text{O}_7^{2-})M(\text{Fe}_2\text{O}_3)$$

$$\omega(\text{Al}_2\text{O}_3) = \frac{m(\text{Al}_2\text{O}_3)}{m(\text{sample})} = \frac{m(\text{s}) - m(\text{Fe}_2\text{O}_3)}{m(\text{sample})} \times 100\%$$

$$= \frac{m(\text{s}) - 3c(\text{K}_2\text{Cr}_2\text{O}_7)V(\text{K}_2\text{Cr}_2\text{O}_7)M(\text{Fe}_2\text{O}_3)}{m(\text{sample})} \times 100\%$$

$$= \frac{0.5000 - 3 \times 0.03322 \times 25.00 \times 10^{-3} \times 159.69}{1.200} \times 100\%$$

$$= 8.51\%$$

5.23 试剂厂生产的试剂 $\text{FeCl}_3 \cdot 6\text{H}_2\text{O}$,根据国家标准 GB 1621—1979 规定其一级品含量不少于 96.00%,二级品含量不少于 92.00%。为了检查质量,称取 0.5000g 试样,溶于水,加浓 HCl 溶液 3mL 和 KI 2g,最后用 $0.1000\text{mol} \cdot \text{L}^{-1}$ $\text{Na}_2\text{S}_2\text{O}_3$ 标准溶液 18.15mL 滴定至终点。计算说明该试样符合哪级标准?

解 有关反应如下:

$$2\text{Fe}^{3+} + 2\text{I}^- = 2\text{Fe}^{2+} + \text{I}_2$$

$$\text{I}_2 + 2\text{S}_2\text{O}_3^{2-} = 2\text{I}^- + \text{S}_4\text{O}_6^{2-}$$

故 $\quad 2\text{Fe}^{3+} \rightleftharpoons \text{I}_2 \rightleftharpoons 2\text{S}_2\text{O}_3^{2-}$

$$\omega(\text{FeCl}_3 \cdot 6\text{H}_2\text{O}) = \frac{c(\text{Na}_2\text{S}_2\text{O}_3)V(\text{Na}_2\text{S}_2\text{O}_3)M(\text{FeCl}_3 \cdot 6\text{H}_2\text{O})}{m(\text{sample})} \times 100\%$$

$$= \frac{0.1000 \times 18.15 \times 10^{-3} \times 270.29}{0.5000} \times 100\% = 98.12\%$$

所以属于一级品。

5.24 用碘量法测定葡萄糖的含量。准确称取试样 10.00g 溶解后,定容于 250mL 容量瓶中,移取 50.00mL 试液于碘量瓶中,加入 $0.05000 \text{ mol} \cdot \text{L}^{-1}$ I_2 溶液 30.00mL(过量),在搅拌下加入 40mL $0.1\text{mol} \cdot \text{L}^{-1}$ NaOH 溶液,摇匀后,放置暗处 20min。然后加入 $0.5\text{mol} \cdot \text{L}^{-1}$ HCl 8mL,析出的 I_2 用 $0.1000\text{mol} \cdot \text{L}^{-1}$

$Na_2S_2O_3$ 溶液滴定至终点,消耗 $9.94mL$。计算试样中葡萄糖的质量分数。(有关反应为:$C_6H_{12}O_6+I_2(过量)+2NaOH \Longrightarrow C_6H_{12}O_7+2NaI+H_2O$)

解 $C_6H_{12}O_6+I_2(过量)+2NaOH \Longrightarrow C_6H_{12}O_7+2NaI+H_2O$

$3I_2(余)+6OH^- \Longrightarrow IO_3^-+5I^-+3H_2O$

$5I^-+IO_3^-+6H^+ \Longrightarrow 3I_2+3H_2O$

$I_2+2S_2O_3^{2-} \Longrightarrow 2I^-+S_4O_6^{2-}$

故 $C_6H_{12}O_6 \sim I_2 \sim 2S_2O_3^{2-}$

$$\omega = \frac{\frac{250}{50} \times (0.05 \times 30 \times 10^{-3} - \frac{1}{2} \times 0.1000 \times 9.94 \times 10^{-3}) \times 180}{10.00} \times 100\%$$

$=9.03\%$

五、测 验 题

(一)选择题

1. 下列两个原电池在标准状态时均能放电:

(1)$(-)Pt|Sn^{2+},Sn^{4+} \| Fe^{3+},Fe^{2+}|Pt(+)$;

(2)$(-)Pt|Fe^{2+},Fe^{3+} \| MnO_4^-,H^+,Mn^{2+}|Pt(+)$,下列叙述中错误的是( )。

(A)$E^{\ominus}(MnO_4^-/Mn^{2+})>E^{\ominus}(Fe^{3+}/Fe^{2+})>E^{\ominus}(Sn^{4+}/Sn^{2+})$

(B)$E^{\ominus}(MnO_4^-/Mn^{2+})>E^{\ominus}(Sn^{4+}/Sn^{2+})>E^{\ominus}(Fe^{3+}/Fe^{2+})$

(C)原电池(2)的电动势与介质酸碱性有关

(D)由原电池(1)、(2)中选择两个不同电对组成的第三个原电池电动势为最大

2. 已知 $E^{\ominus}(Pb^{2+}/Pb)=-0.1262V$,$K_{sp}^{\ominus}(PbI_2)=7.1 \times 10^{-9}$,则由反应

$Pb(s)+2HI(1.0mol \cdot L^{-1}) \Longrightarrow PbI_2(s)+H_2(p^{\ominus})$ 构成的原电池的标准电动势 $E^{\ominus}=($)。

(A)$-0.37V$　　(B)$-0.61V$　　(C)$+0.37V$　　(D)$+0.61V$

3. 已知:$E^{\ominus}(Ag^+/Ag)=+0.799V$,而 $E^{\ominus}(Fe^{3+}/Fe)=0.77V$,说明金属银不能还原3价铁,但实际上反应在 $1mol \cdot L^{-1}$ HCl 溶液中,金属银能够还原3价铁,其原因是( )。

(A)增加了溶液的酸度　　　　(B)HCl起了催化作用

（C）生成了 $AgCl$ 沉淀　　　　　（D）HCl 诱导了该反应发生

4. 为了使 $Na_2S_2O_3$ 标准溶液稳定,正确配制的方法是（　　）。

（A）将 $Na_2S_2O_3$ 溶液煮沸 1 小时,放置 7 天,过滤后再标定

（B）用煮沸冷却后的纯水配制 $Na_2S_2O_3$ 溶液后,即可标定

（C）用煮沸冷却后的纯水配制,放置 7 天后再标定

（D）用煮沸冷却后的纯水配制,且加入少量 Na_2CO_3,放置 7 天后再标定

5. 用间接碘法测定锌含量的反应式为 $3Zn^{2+}+2I^-+2[Fe(CN)_6]^{3-}+2K^+$ $\longrightarrow K_2Zn_3[Fe(CN)_6]_2\downarrow+I_2$,析出的 I_2 用 $Na_2S_2O_3$ 标准溶液滴定,Zn 与 $Na_2S_2O_3$ 的化学计量关系 $n(Zn):n(Na_2S_2O_3)$ 是（　　）。

（A）$1:3$　　　（B）$3:1$　　　（C）$2:3$　　　（D）$3:2$

6. 在 $K_2Cr_2O_7$ 测定铁矿石中的全铁含量时,把铁还原为 Fe^{2+},应选用的还原剂是（　　）。

（A）Na_2WO_3　　　（B）$SnCl_2$　　　（C）KI　　　（D）Na_2S

7. 已知在 $1mol\cdot L^{-1}H_2SO_4$ 溶液中,$E^{\ominus'}(MnO_4^-/Mn^{2+})=1.45V$,$E^{\ominus'}(Fe^{3+}/Fe^{2+})=0.68V$。在此条件下用 $KMnO_4$ 标准溶液滴定 Fe^{2+},其化学计量点的电位为（　　）。

（A）$0.38V$　　　（B）$0.73V$　　　（C）$0.89V$　　　（D）$1.32V$

8. 用盐桥连接两只盛有等量 $CuSO_4$ 溶液的烧杯。两只烧杯中 $CuSO_4$ 溶液浓度分别为 $1.00mol\cdot L^{-1}$ 和 $0.0100mol\cdot L^{-1}$,插入两支电极,则在 $25℃$ 时两电极间的电压为（　　）。

（A）$0.118V$　　　（B）$0.059V$　　　（C）$-0.188V$　　　（D）$-0.059V$

9. 以 $0.015mol\cdot L^{-1}Fe^{2+}$ 溶液滴定 $0.015mol\cdot L^{-1}Br_2$ 溶液（$2Fe^{2+}+Br_2$ $\Longrightarrow 2Fe^{3+}+2Br^-$）,当滴定到化学计量点时,溶液中 Br^- 的浓度（单位:$mol\cdot L^{-1}$）为（　　）。

（A）0.015　　　（B）$0.015/2$　　　（C）$0.015/3$　　　（D）$0.015\times2/3$

10. 已知 $E^{\ominus}(I_2/2I^-)=0.5355V$,$E^{\ominus}(Cu^{2+}/Cu^+)=0.1530V$。从两电对的电位来看,下列反应:$2Cu^{2+}+4I^-\Longrightarrow 2CuI+I_2$ 应该向左进行,而实际是向右进行,其主要原因是（　　）。

（A）由于生成 CuI 是稳定的配合物,使 Cu^{2+}/Cu^+ 电对的电位升高

（B）由于生成 CuI 是难溶化合物,使 Cu^{2+}/Cu^+ 电对的电位升高

（C）由于 I_2 难溶于水,促使反应向右

(D)由于 I_2 有挥发性,促使反应向右

11. $KBrO_3$ 是强氧化剂,$Na_2S_2O_3$ 是强还原剂,但在用 $KBrO_3$ 标定 $Na_2S_2O_3$ 时,不能采用它们之间的直接反应的原因是( )。

(A)两电对的条件电极电位相差太小   (B)可逆反应

(C)反应不能定量进行   (D)反应速率太慢

12. $0.05mol \cdot L^{-1}$ $SnCl_2$ 溶液 10mL 与 $0.10mol \cdot L^{-1}$ $FeCl_3$ 溶液 20mL 混合,平衡体系的电势是( )。(已知 $E^{\ominus}{}'(Fe^{3+}/Fe^{2+})=0.68V$,$E^{\ominus}{}'(Sn^{4+}/Sn^{2+})=0.14V$)

(A)0.68V   (B)0.14V   (C)0.50V   (D)0.32V

13. 对于反应 $n_2Ox_1 + n_1Red_2 \rightleftharpoons n_1Ox_2 + n_2Red_1$,若 $n_1=n_2=2$,要使化学计量点时反应完全程度达到 99.9% 以上,两个电对(Ox_1/Red_1 和 Ox_2/Red_2)的条件电位之差($E_1^{\ominus}{}' - E_2^{\ominus}{}'$)至少应为( )。

(A)0.354V   (B)0.0885   (C)0.100V   (D)0.177V

(二)填空题

1. 任何电极电势绝对值都不能直接测定,在理论上,某电对的标准电极电势 $E^{\ominus}$ 是将其与_____电极组成原电池测定该电池的电动势而得到的电极电势的相对值。在实际测定中常以_____电极为基准,与待测电极组成原电池测定之。

2. 已知 $E^{\ominus}(Cl_2/Cl^-)=1.36V$ 和酸性溶液中钛的元素电势图为:$Ti^{3+} \xrightarrow{1.25V} Ti^+ \xrightarrow{-0.34V} Ti$,则水溶液中 Ti^+ _____发生歧化反应。当金属钛与 $H^+(aq)$ 发生反应时,得到_____离子,其反应方程式为_____;在溶液中 Cl_2 与 Ti 反应的产物是_____。

3. 已知:$E^{\ominus}(Hg_2^{2+}/Hg)=0.7973V$,$E^{\ominus}(Cu^{2+}/Cu)=0.3419V$,将铜片插入 $Hg_2(NO_3)_2$ 溶液中,将会有_____析出,其反应方程式为_____,若将上述两电对组成原电池,当增大 $c(Cu^{2+})$ 时,其 E 变_____,平衡将向_____移动。

4. 已知:$O_2 + 2H_2O + 4e^- \rightleftharpoons 4OH^-$,$E_1^{\ominus}=0.401V$,$O_2 + 4H^+ + 4e^- \rightleftharpoons 2H_2O$,$E_2^{\ominus}=1.23V$。

当 $p(O_2)=1.00 \times 10^5 Pa$,$E_1=E_2$ 时,pH=_____,此时 $E_1=E_2=$ _____V。

5. 氧化还原滴定曲线描述了滴定过程中电对电位的变化规律性,滴定突跃的大小与氧化剂和还原剂两电对的_____有关,它们相差越大,电位突跃范围

越_____。

6. 间接碘量法的基本反应是_____，所用的标准溶液是_____，选用的指示剂是_____。

7. 在操作无误的情况下,碘量法主要误差来源是_____和_____。

8. 用间接碘量法测定 Cu^{2+} 时,加入 KI,它起_____、_____和_____的作用。

9. 反应:$H_3AsO_4 + 2I^- + 2H^+ \rightleftharpoons H_3AsO_3 + I_2 + H_2O$,已知 $E^{\ominus}(AsO_4^{3-}/AsO_3^{3-}) = 0.56V$,$E^{\ominus}(I_2/I^-) = 0.5355V$,当溶液酸度 pH $= 8$ 时,反应向_____方向进行。

(三)配平反应方程式(用离子-电子法配平并写出配平过程)

1. $PbO_2 + MnBr_2 + HNO_3 \longrightarrow Pb(NO_3)_2 + Br_2 + HMnO_4$

2. $FeS_2 + HNO_3 \longrightarrow Fe_2(SO_4)_3 + NO_2 + H_2SO_4 + H_2O$

(四)计算题

1. 计算下列电池的电动势:

$SCE \parallel Na_2C_2O_4(5.0 \times 10^{-4} mol \cdot L^{-1}), Ag_2C_2O_4(饱和) \mid Ag$

已知 $K_{sp}^{\ominus}(Ag_2C_2O_4) = 1.1 \times 10^{-11}$,$E(SCE) = 0.2420V$,$E^{\ominus}(Ag^+/Ag) = 0.799V$。

2. 已知 298K 时 $E^{\ominus}(Ni^{2+}/Ni) = -0.25V$,$E^{\ominus}(V^{3+}/V) = -0.89V$。

某原电池:$(-)V(s) \mid V^{3+}(0.0011mol \cdot L^{-1}) \parallel Ni^{2+}(0.24mol \cdot L^{-1}) \mid Ni(s)(+)$

(1)写出电池反应的离子方程式,并计算其标准平衡常数 $K^{\ominus}$;

(2)计算电池电动势 E,并判断反应方向;

(3)电池反应达到平衡时,V^{3+},Ni^{2+} 的浓度各是多少? 电动势为多少? $E(Ni^{2+}/Ni)$ 是多少?

3. 已知下列电极反应的电势:$Cu^{2+} + e^- \rightleftharpoons Cu^+$,$E^{\ominus}(Cu^{2+}/Cu^+) = 0.15V$;$Cu^{2+} + I^- + e^- \rightleftharpoons CuI$,$E^{\ominus}(Cu^{2+}/CuI) = 0.86V$,计算 CuI 的溶度积。

4. 按国家标准规定:$FeSO_4 \cdot 7H_2O$ 的含量:99.50% ~ 100.5% 为一级;99.00% ~ 100.5% 为二级;98.00% ~ 101.0% 为三级。现用 $KMnO_4$ 法测定:称取试样 1.012g,酸性介质中用浓度为 $0.02034mol \cdot L^{-1}$ 的 $KMnO_4$ 溶液滴定,消耗 35.70mL 至终点。求此产品中 $FeSO_4 \cdot 7H_2O$ 的含量,并说明符合哪级产品标准。已知 $M(FeSO_4 \cdot 7H_2O) = 278.04g \cdot mol^{-1}$。

六、测验题解答

(一)选择题

1. (B)；**2.** (C)；**3.** (C)；**4.** (D)；**5.** (D)；**6.** (B)；**7.** (D)；**8.** (B)；**9.** (D)；**10.** (B)；**11.** (C)；**12.** (A)；**13.** (D)

(二)填空题

1. 标准氢；饱和甘汞。

2. 不；Ti^+；$2Ti+2H^+ \Longrightarrow 2Ti^+ + H_2(g)$；$TiCl_3$。

3. Hg；$Hg_2^{2+}+Cu \Longrightarrow 2Hg+Cu^{2+}$；小；左。

4. 7.00；0.82。

5. 电位差；大。

6. $I_2+2S_2O_3^{2-} \Longrightarrow S_4O_6^{2-}+2I^-$；$Na_2S_2O_3$ 溶液；淀粉溶液。

7. I_2 的挥发；在酸性条件下，I^- 被空气中的 O_2 氧化。

8. 还原剂；沉淀剂；配位剂。

9. 逆反应

(三)配平反应方程式

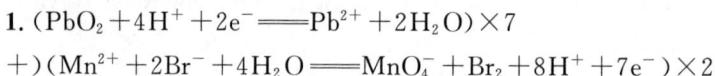

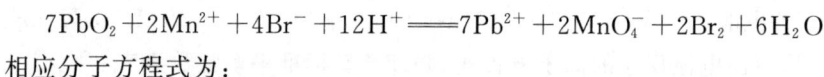

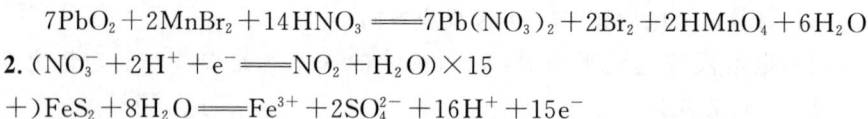

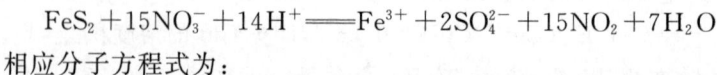

1. $(PbO_2+4H^++2e^- \Longrightarrow Pb^{2+}+2H_2O) \times 7$

$+) (Mn^{2+}+2Br^-+4H_2O \Longrightarrow MnO_4^-+Br_2+8H^++7e^-) \times 2$

$\overline{\qquad\qquad\qquad\qquad\qquad\qquad\qquad\qquad\qquad\qquad}$

$7PbO_2+2Mn^{2+}+4Br^-+12H^+ \Longrightarrow 7Pb^{2+}+2MnO_4^-+2Br_2+6H_2O$

相应分子方程式为：

$7PbO_2+2MnBr_2+14HNO_3 \Longrightarrow 7Pb(NO_3)_2+2Br_2+2HMnO_4+6H_2O$

2. $(NO_3^-+2H^++e^- \Longrightarrow NO_2+H_2O) \times 15$

$+) FeS_2+8H_2O \Longrightarrow Fe^{3+}+2SO_4^{2-}+16H^++15e^-$

$\overline{\qquad\qquad\qquad\qquad\qquad\qquad\qquad\qquad\qquad\qquad}$

$FeS_2+15NO_3^-+14H^+ \Longrightarrow Fe^{3+}+2SO_4^{2-}+15NO_2+7H_2O$

相应分子方程式为：

$2FeS_2+30HNO_3 \Longrightarrow Fe_2(SO_4)_3+30NO_2+H_2SO_4+14H_2O$

(四)计算题

1. 解

SCE 是 Saturated calomel electrode，饱和甘汞电极。

$E=E_{(+)}-E_{(-)}$

$E_{(+)}=E(Ag_2C_2O_4/Ag)$

$E_{(-)} = E(\text{SCE}) = 0.2420(\text{V})$

$E(\text{Ag}^+/\text{Ag}) = E^{\ominus}(\text{Ag}^+/\text{Ag}) + 0.0592\lg([\text{Ag}^+]/[\text{Ag}])$

$E(\text{Ag}_2\text{C}_2\text{O}_4/\text{Ag}) = E^{\ominus}(\text{Ag}^+/\text{Ag}) + 0.0592\lg\left(\sqrt{\dfrac{K^{\ominus}_{sp}}{[\text{C}_2\text{O}_4^{2-}]}}\right)$

$\qquad\qquad = 0.5730\ \text{V}$

$E = E_{(+)} - E_{(-)} = 0.5730 - 0.2420 = 0.3310(\text{V})$

2. 解

(1)根据电池,写出电极反应:

$(-)\ \text{V(s)} = \text{V}^{3+} + 3e^-$

$(+)\ \text{Ni}^{2+} + 2e^- = \text{Ni}$

___

$2\text{V(s)} + 3\text{Ni}^{2+} = 2\text{V}^{3+} + 3\text{Ni(s)}$

$\lg K^{\ominus} = \dfrac{nE^{\ominus}}{0.0592} = \dfrac{6 \times (-0.25 + 0.89)}{0.0592} = 64.86$

$K^{\ominus} = 7.3 \times 10^{64}$

(2) $E_{(+)} = E^{\ominus}(\text{Ni}^{2+}/\text{Ni}) + \dfrac{0.0592}{2}\lg\dfrac{[\text{Ni}^{2+}]}{[\text{Ni}]} = -0.25 + \dfrac{0.0592}{2}\lg\dfrac{0.24}{1} = -0.2683(\text{V})$

$E_{(-)} = E^{\ominus}(\text{V}^{3+}/\text{V}) + \dfrac{0.0592}{3}\lg\dfrac{[\text{V}^{3+}]}{[\text{V}]} = -0.89 + \dfrac{0.0592}{3}\lg\dfrac{0.0011}{1} = -0.9484(\text{V})$

$E = E_{(+)} - E_{(-)} = 0.6801(\text{V})$

因为 $E > 0$,

所以反应正向进行。

(3)因为电池达平衡时: $E = 0$

$E = E_{(+)} - E_{(-)} = 0$

$E^{\ominus}(\text{Ni}^{2+}/\text{Ni}) + \dfrac{0.0592}{2}\lg\dfrac{[\text{Ni}^{2+}]}{[\text{Ni}]} - E^{\ominus}(\text{V}^{3+}/\text{V}) - \dfrac{0.0592}{3}\lg\dfrac{[\text{V}^{3+}]}{[\text{V}]} = 0$

$\lg\left(\dfrac{[\text{V}^{3+}]^2}{[\text{Ni}^{2+}]^3}\right) = \dfrac{6 \times E^{\ominus}}{0.0592} = 64.86;\quad \dfrac{[\text{V}^{3+}]^2}{[\text{Ni}^{2+}]^3} = K^{\ominus} = 7.3 \times 10^{64}$

$\qquad\qquad 2\text{V(s)}\ +\ 3\text{Ni}^{2+} = 2\text{V}^{3+} + 3\text{Ni(s)}$

$t = 0 \qquad\qquad\qquad\ 0.24 \qquad 0.0011$

$t = t_{eq} \qquad\qquad\qquad\ x \qquad\ \ 0.0011 + \dfrac{2}{3}(0.24 - x)$

因为　$2\text{V(s)} + 3\text{Ni}^{2+} = 2\text{V}^{3+} + 3\text{Ni(s)}$

$\qquad \dfrac{[\text{V}^{3+}]^2}{[\text{Ni}^{2+}]^3} = 7.3 \times 10^{64}$

$$\frac{\left[0.0011+\dfrac{2}{3}(0.24-x)\right]^2}{x^3}=7.3\times10^{64}$$

$$x=[Ni^{2+}]=7.1\times10^{-23}(mol\cdot L^{-1})$$

$$[V^{3+}]=0.16(mol\cdot L^{-1})$$

$$E(Ni^{2+}/Ni)=E^{\ominus}(Ni^{2+}/Ni)+\frac{0.0592}{2}lg\frac{[Ni^{2+}]}{[Ni]}$$

$$=-0.25+\frac{0.0592}{2}lg\frac{7.1\times10^{-23}}{1}=-0.91(V)$$

3. 解

$$E(Cu^{2+}/Cu^+)=E^{\ominus}(Cu^{2+}/Cu^+)+0.0592lg([Cu^{2+}]/[Cu^+])$$

因为 $[Cu^+][I^-]=K_{sp}^{\ominus}(CuI)$

所以 $E(Cu^{2+}/CuI)=E^{\ominus}(Cu^{2+}/Cu^+)+0.0592lg([Cu^{2+}][I^-]/K_{sp}^{\ominus})$

$$E^{\ominus}(Cu^{2+}/CuI)=E^{\ominus}(Cu^{2+}/Cu^+)+0.0592lg(1/K_{sp}^{\ominus})$$

$$=0.15+0.0592lg(1/K_{sp}^{\ominus})=0.86\ V$$

$$K_{sp}^{\ominus}=1.1\times10^{-12}$$

4. 解

反应式： $5Fe^{2+}+MnO_4^-+8H^+\Longrightarrow5Fe^{3+}+Mn^{2+}+4H_2O$

$$n(FeSO_4\cdot7H_2O)=5n(MnO_4^-)$$

$$\omega(FeSO_4\cdot7H_2O)=\frac{5\times0.02034\times35.70\times278.04\times10^{-3}}{1.012}\times100\%=99.75\%$$

属于一级品。

第六章　物质结构
(Structure of Substance)

学习目标

通过本章的学习,要求掌握:

1. 原子轨道、波函数、电子云、量子数等基本概念;

2. 原子核外电子排布的一般规律及方法;

3. 离子键与共价键的特征及它们的区别;

4. 价键理论、杂化轨道理论与分子轨道理论及其应用;

5. 分子间作用力、氢键的特征与性质;

6. 晶体的概念,晶格能、离子极化对物质性质的影响。

一、知识结构

【知识结构-1】——原子结构

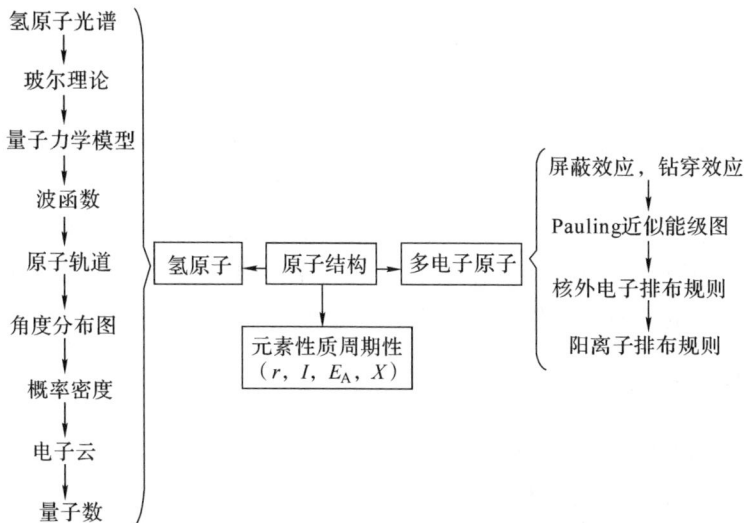

氢原子光谱
↓
玻尔理论
↓
量子力学模型
↓
波函数
↓
原子轨道
↓
角度分布图
↓
概率密度
↓
电子云
↓
量子数

氢原子 — 原子结构 — 多电子原子

元素性质周期性
(r, I, E_A, X)

屏蔽效应,钻穿效应
↓
Pauling近似能级图
↓
核外电子排布规则
↓
阳离子排布规则

【知识结构-2】——分子结构与晶体结构

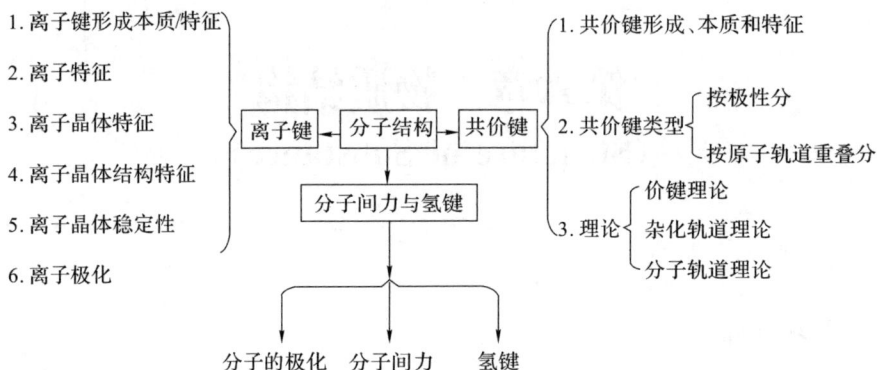

1. 离子键形成本质/特征

2. 离子特征

3. 离子晶体特征

4. 离子晶体结构特征

5. 离子晶体稳定性

6. 离子极化

离子键 → 分子结构 → 共价键

分子间力与氢键

分子的极化　分子间力　氢键

1. 共价键形成、本质和特征

2. 共价键类型 ⟨ 按极性分 / 按原子轨道重叠分

3. 理论 ⟨ 价键理论 / 杂化轨道理论 / 分子轨道理论

二、基本概念

(一)原子结构

1.玻尔的氢原子模型

(1)核外电子只能在定态轨道运动,运动时不辐射能量。

(2)不同定态轨道能量不同,且不连续。

(3)电子可在不同的定态轨道间跃迁,在这过程中吸收一定的辐射或以光的形式放出能量。吸收或发出辐射的频率与两个定态轨道间能量差 ΔE 的关系为:$\Delta E = h\nu = E_2 - E_1$

2.测不准原理

(1)对于具有波粒二象性的微粒而言,不可能同时准确测定它们在某瞬间的位置和速度(或动量)。

(2)原子核外电子运动没有确定的轨道,而是具有按概率分布的统计规律。

具有波动性的微观粒子不再服从经典力学规律,它们的运动没有确定的轨道,只有一定的空间概率分布,并遵循测不准原理。

3.薛定谔方程

1926 年薛定谔提出了描述微观粒子运动的基本方程:

$$\frac{\partial^2 \psi}{\partial x^2} + \frac{\partial^2 \psi}{\partial y^2} + \frac{\partial^2 \psi}{\partial z^2} + \frac{8\pi^2 m}{h^2}(E-V)\psi = 0$$

式中，ψ 为描述特定微观粒子运动状态的波函数；h 为普朗克常数；m 为微观粒子的质量；E 是体系的总能量；V 为体系的势能；x,y,z 为空间坐标。

4. 波函数与原子轨道

任何微观粒子的运动状态都可以用波函数 ψ 来描述。

波函数经常不写出它的具体的数学形式，而是用一组量子数来标记。

原子轨道是指电子某个允许的能量状态，就是原子的波函数 ψ，它表示电子在原子核外可能出现的范围。

波函数的意义：

(1)波函数是描述原子核外电子运动状态的数学函数式。

(2)每个 ψ_1，都有 E_i

(3)波函数就是原子轨道，是电子的一种空间运动状态。

5. 概率密度与电子云

(1)概率密度：在原子核外某处单位体积内电子出现的概率，用 $|\Psi|^2$ 来表示。

(2)电子云：描述电子在核外出现的概率密度分布所得到的空间图像。

6. 量子数

可以用 n,l,m,m_s 等量子数来表征和确定每一个电子的运动状态。

(1)主量子数 n

表示核外电子最大概率区离核的远近。n 取值：$1,2,3,4,5$ 等正整数。

(2)角量子数 l

表示电子运动角动量的大小，它决定电子在空间的角度分布，决定了原子轨道的形状，称为电子亚层。

对于 n 的任意给定值，l 可以取 $0 \sim (n-1)$ 之间的正整数。习惯上用光谱符号：s,p,d,f 表示电子亚层，电子云的几何形状分别为球形、哑铃形和花瓣形。

(3)磁量子数 m

m 决定了在外加磁场作用下，电子绕核运动的角动量在磁场方向的分量大小。它用来描述原子轨道在空间的不同取向。

对于给定的 l 值，m 可以取从 -1 到 l(包括 0 在内)的所有整数值。

(4)自旋量子数 m_s

表示了两种不同的电子自旋方式。可取两个数值：$+1/2$ 或 $-1/2$，习惯上用"↑"或"↓"表示。

n,l,m 三个量子数表示一个原子轨道。n,l,m,m_s 四个量子数描述每个电子的运动状态。

7. 屏蔽效应、钻穿效应与能级交错

(1)屏蔽效应

在多电子原子中,核电荷对某个电子的吸引力,因其他电子对该电子的排斥而被削弱的作用。通常把电子实际所受到的核电荷有效吸引的那部分核电荷称为有效核电荷,以 Z^* 表示。

$$Z^* = Z - \sigma$$

计算 σ 值的 Slater 规则:

① 轨道分组:(1s),(2s,2p),(3s,3p),(3d),(4s,4p),(4d),(4f),(5s,5p)。

②在上述顺序中处于被屏蔽电子右侧轨道的电子,对此电子无屏蔽,$\sigma=0$。

③如果被屏蔽电子为(ns,np)组,同组电子之间 $\sigma=0.35$(第一层 $\sigma=0.30$)。

④$(n-1)$ 层对 n 层为 $\sigma=0.85$;$(n-2)$ 层以及更内层的电子对 n 层 $\sigma=1.00$。

⑤如果被屏蔽电子为(nd)(nf)组,同组电子之间 $\sigma=0.35$,所有左侧电子对被屏蔽电子 $\sigma=1.00$。

(2)能级交错

多电子原子中电子能级的高低由 n,l 决定:

① l 相同,随 n 值增大,轨道能量升高。

② n 相同,随 l 值增大,轨道能量升高。

③ n,l 都不同,有时出现能级交错现象。

(3)钻穿效应

电子进入原子内部空间,受到核的较强的吸引作用。一般钻穿能力顺序为:$ns>np>nd>nf$。

(4)鲍林近似能级图

鲍林能级图反映了核外电子填充的一般顺序。核外电子填充顺序:

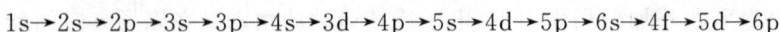

1s→2s→2p→3s→3p→4s→3d→4p→5s→4d→5p→6s→4f→5d→6p

8. 核外电子排布的一般规则

(1)最低能量原理:电子在核外排列应尽可能先排布在低能级轨道上。

(2)Pauli 不相容原理:每个原子轨道中最多容纳两个自旋方向相反的电子。

（3）Hund 规则:电子将尽可能单独分占不同的等价轨道,且自旋方向平行。

（4）Hund 特例:轨道处于全满(s^2, p^6, d^{10}, f^{14})、半满(p^3, d^5, f^7)、全空(p^0, d^0, f^0)时,原子较稳定。

9.基态原子中电子的排布

（1）排布顺序与书写

按 $1s-2s-2p-3s-3p-4s-3d-4p-5s-4d-5p-6s-4f-5d-6p-$ 排布。

书写时改为"原子实＋价电子层构型"表示。

原子实:某原子的原子核及电子排布同某稀有气体原子里的电子排布相同的那部分实体。

（2）价电子层构型

价电子层是指价电子所在的亚层。价电子层构型就是价电子层的电子排布式。

10.简单基态阳离子的电子排布

按以下价电子电离顺序的经验规律来排布:

$\rightarrow np \rightarrow ns \rightarrow (n-1)d \rightarrow (n-2)f$

原子失电子顺序并不是填充电子顺序的逆方向。

11.原子的电子层结构与元素周期系

根据核外电子排布的周期性规律:可把 112 种元素分成 7 个周期,5 个区,8 个主族,8 个副族。

（1）原子序数(atomic number)

由原子的核电荷数或核外电子总数而定。

（2）周期(period)

周期的序数对应于电子层数。

（3）族(group)

元素原子的价电子层结构决定了该元素在周期表中所处族次。

（4）价电子数

主族元素价电子数＝最外层 s,p 电子总数

ⅠB,ⅡB 副族元素价电子数＝最外层 s 电子数目

ⅢB 至ⅧB 元素的价电子数＝最外层 s＋次外层 d 电子总数

(5)区(block)

根据元素原子价电子层结构不同,可将周期表中的元素分为 s,p,d,ds 和 f 五个区。

12.元素性质的周期性

(1)有效核电荷 z^*

在短周期中的元素,从左到右,有效核电荷显著增加。

长周期中的过渡元素部分,有效核电荷略有下降;但后半部(填充 np 电子)有效核电荷又显著增大。

同一族元素由上到下,有效核电荷增加不显著。

(2)原子半径 r

常有共价半径、范德华半径和金属半径三种。

共价半径:同种元素组成的共价键中,其核间距离的一半。

范德华半径:分子晶体中,相邻非键的两个同种原子核间距的一半。

金属半径:金属单质中,相邻两金属原子核间距离的一半。

原子半径的大小主要取决于原子的有效核电荷和核外电子的层数。

主族元素:从左到右,r 减小;从上到下,r 增大。

过渡元素:从左到右,r 缓慢减小;从上到下,r 略有增大。

镧系收缩:镧系元素整个系列的原子半径缩小的现象。由于镧系收缩的影响,使镧以后元素的原子半径与第五周期同族元素的原子半径非常接近。

(3)电离能 I

基态气体原子失去一个电子成为带一个正电荷的气态正离子所消耗的能量被称为该元素原子的第一电离能,用 I_1 表示。元素原子电离能 I_1 越小,元素的金属性越强。

(4)电子亲和能 E_A

基态气态原子得到一个电子变为一价负离子所放出的能量称为该元素原子的电子亲和能。元素电子亲和能越大,元素的非金属性越强。

(5)电负性 χ

是指原子在分子中吸引成键电子的能力。

元素的电负性越大,表明原子在分子中吸引成键电子的能力越强。

(6)元素的金属性和非金属性

元素的原子越易失去电子,其金属性越强;越易得到电子,非金属性越强。

同一周期元素,从左到右,电负性增大,元素金属性减弱,非金属性增强。

同一族的元素,从上到下,电负性减小,元素的金属性增强,非金属性减弱。

(二)分子结构

1.价键理论与共价键

(1)价键理论要点

①键合双方各提供自旋方向相反的未成对电子。

②键合双方原子轨道应尽可能最大程度地重叠。

(2)共价键的形成与本质

共价键是由于成键电子的原子轨道重叠而形成的化学键。

本质:电性。

特点:具有饱和性与方向性。

(3)共价键的类型

按极性分:

①极性键。

②非极性键。

按原子轨道重叠分:

①σ 键

两个原子轨道沿着键轴方向,以"头碰头"的方式发生重叠。这种化学键称为 σ 键。

②π 键

两个原子轨道沿垂直于键轴的方向,以"肩并肩"的方式发生最大重叠。这种键称为 π 键。

(4)键参数

①键长:分子内成键两原子核间的平均距离称为键长。

②键能:在一定温度和标准压力下断裂 1mol 化学键所需要的能量。

③键角:分子中两相邻化学键之间的夹角称为键角。它是确定分子空间构型的重要参数之一。

2.杂化轨道理论与分子的几何构型

(1)杂化轨道理论要点

①成键时能级相近的价电子轨道相混杂,形成新的价电子轨道,称为杂化轨道。

②杂化前后轨道数目不变。

③杂化后轨道伸展方向、形状发生改变。

(2)杂化类型与分子几何构型(见下表)

杂化轨道类型	sp	sp^2	sp^3	不等性 sp^3
参加杂化的轨道	s＋p	s＋(2)p	s＋(3)p	s＋(3)p
杂化轨道数	2	3	4	4
成键轨道夹角	180°	120°	109°28′	90°＜θ＜109°28′
分子空间构型	直线形	平面三角形	正四面体	三角锥形或 V 形

3.分子轨道理论

(1)分子轨道理论基本要点

①电子是在整个分子范围内运动。

②分子轨道由原子轨道组合而成。

③电子逐个填入分子轨道,填充规则与填入原子轨道所遵循的规则相同。

④有效组成分子轨道的原子轨道必须符合三个成键原则。(能量近似原则、轨道最大重叠、对称性匹配)

(2)分子轨道能级顺序

① 第二周期同核双原子分子:$O_2(O,F)$

$$\sigma_{1s}<\sigma_{1s}^*<\sigma_{2s}<\sigma_{2s}^*<\sigma_{2p_x}<\pi_{2p_y}=\pi_{2p_z}<\pi_{2p_y}^*=\pi_{2p_z}^*<\sigma_{2p_x}^*$$

② 第二周期同核双原子分子:$B_2(B,C,N)$

$$\sigma_{1s}<\sigma_{1s}^*<\sigma_{2s}<\sigma_{2s}^*<\pi_{2p_y}=\pi_{2p_z}<\sigma_{2p_x}<\pi_{2p_y}^*=\pi_{2p_z}^*<\sigma_{2p_x}^*$$

(3)分子轨道理论的应用

①推测分子的存在和阐明分子的结构

可以根据键级的多少来判断分子能否存在以及分子结构的稳定性。

键级＝(成键轨道的电子数－反键轨道的电子数)/2

键级越大键能相应也越大,分子结构就越稳定。键级为零,则分子不可能存在。

②预言分子的顺磁与反磁性

凡有未成对电子的分子就具有顺磁性,否则就是反磁性的。

4.分子的极性和变形性

(1)共价键是否有极性,决定于相邻原子间共用电子对是否偏移。(看电负

性是否相等)

(2)分子是否有极性,决定于分子正、负电荷中心是否重合。(看偶极矩是否为零)

5.分子间力

(1)定义:分子间力包含色散力、诱导力、取向力。

①非极性分子间存在色散力。

②非极性分子与极性分子间存在色散力、诱导力。

③极性分子与极性分子间存在色散力、诱导力、取向力。

(2)分子间力的特点

①是电性作用力。

②作用范围一般为几百 pm。

③作用能一般为几十 $kJ \cdot mol^{-1}$。

④无方向性和饱和性。

⑤一般色散力是分子间的主要作用力;三种力相对大小为:色散力≫取向力＞诱导力。

6.氢键

(1)定义:氢键是强极性键(X—H)上的氢核与电负性很大含有孤对电子并带有部分负电荷的原子之间的静电吸引力。

氢键表示法:X—H……Y

X,Y 为 F,O,N 等电负性大且半径小的原子。

不仅同种分子之间可以形成氢键,不同分子之间也可以形成氢键。

(2)形成氢键条件与特点

①要有一个与电负性很大的元素(X)形成强极性键的氢原子。

②要有一个电负性很大,含有孤对电子并带有部分负电荷的原子(Y)。X,Y 的原子半径都要小。

③氢键具有饱和性和方向性。

④氢键使物质的熔点、沸点升高,溶解度、黏度增大。

(三)离子化合物

1.离子键的形成与特征

(1)形成:阴阳离子在静电吸引力作用下相互靠近,达到某一距离时处于相对最稳定的状态,这时阴阳离子间的作用力就是离子键。

(2)本质:阴阳离子间的静电引力。

(3)特征:无方向性、无饱和性。

2.离子电荷

原子在形成离子化合物的过程中失去或得到的电子数。

3.离子构型

(1)所有简单负离子具有8电子构型。

(2)正离子构型分为:2电子构型、8电子构型、9～17电子构型、18电子构型、18+2电子构型。

4.离子半径

(1)定义:在离子晶体里,我们把正、负离子看成是相互接触的两个球体,两个原子核间的平衡距离(核间距 d)等于两个离子半径之和($d=r_1+r_2$)。

(2)离子半径变化规律

①同周期,正离子半径<负离子半径。

②正离子半径<该元素的原子半径。

③负离子半径>该元素的原子半径。

④同周期相同电子层结构的正离子半径 r^+ 随离子电荷 Z 增大而减小。

⑤同族元素离子电荷 Z 相同的 r^+ 随周期数增大而增大。

⑥同元素 r^+ 随离子电荷 Z 增大而减小。

⑦周期表中处于相邻族的右下角与左上角斜对角线的正离子半径近似相等。

5.离子晶体

(1)晶体特征

①具有几何构型(非晶体:无定形体)

②固定熔点(非晶体:无固定熔点)

③各向异性(非晶体:各向同性)

各向异性:晶体的某些性质(光学、力学、导电导热性、溶解性)从晶体的各个方向去测定时是不相同的。

(2)晶体种类

①按晶体生长和堆积分:单晶、多晶。

②按晶格结点上粒子种类及粒子间结合力分:原子晶体、离子晶体、金属晶体、分子晶体。

（3）配位数与结构类型

①NaCl 型（晶格:面心立方;配位比为 6∶6）

②CsCl 型（晶格:体心立方;配位比为 8∶8）

③ZnS 型（晶格:面心立方;配位比为 4∶4）

（4）离子半径比与晶体构型见下表

r_+/r_-	配位数	构型
0.225～0.414	4	ZnS 型
0.414～0.732	6	NaCl 型
0.732～1.000	8	CsCl 型

6.离子晶体的晶格能

（1）定义:由无限远离的气态正负离子,形成 1mol 离子晶体时所放出的热量。

（2）影响晶格能的因素

①离子电荷:Z 越大,晶格能 U 越大。

②离子半径:r 越大,晶格能 U 越小。

（3）晶格能越大,则离子晶体的稳定性越大,熔沸点越高（$U \propto Z/r$）。

7.离子极化

（1）离子极化的概念

离子在外电场作用下,其核与电子会发生相对位移,从而产生诱导偶极,这一过程称为离子极化。

（2）影响离子极化的因素

离子极化强弱的判断:第一,分析阳离子的极化;第二,分析阴离子的变形;第三,看是否有附加极化作用。

① 阳离子极化力——→分析 $\varphi = Z/r$（先看离子电荷）

Z/r 越大,离子极化增大。

②阴离子变形性——→分析 r^-

r^- 越大,离子极化增大。

③阳阴离子附加极化──→分析离子构型

18 电子、18＋2 电子、2 电子构型＞9～17 电子构型＞8 电子构型

(3)离子极化对物质结构和性质的影响

① 对键型的影响

离子极化增强,键的极性减弱,使键型由离子键向共价键过渡。

②对晶体结构的影响

离子极化增强,导致离子核间距缩短,从而使配位数比减小。

③对溶解度的影响

由于离子相互极化,导致离子键向共价键过渡,物质在水中的溶解度明显下降。

④对化合物颜色的影响

离子极化增强,有利于化合物颜色变深。

⑤对晶体熔点的影响

离子极化增强,离子间作用力减弱,熔点降低。

8.其他晶体

(1)原子晶体

通过共价键直接形成的一个巨型分子,其内部的原子有规则地排列着,这种晶体称为原子晶体。原子晶体硬度大,熔点高,一般不导电、不导热。

(2)分子晶体

晶格结点上排列的微粒为分子,靠分子间的作用力结合而成的晶体统称为分子晶体。分子晶体一般硬度小,熔点低。

(3)金属晶体

晶格结点上排列的是金属原子。金属原子之间靠金属键相结合。

①金属键:金属原子,金属离子以及自由电子之间的作用力。金属键没有方向性和饱和性。

②金属晶体有三种基本构型:体心立方,面心立方,六方密堆积。

(4)混合型晶体

晶体中同时存在若干种不同的作用力,具有若干种晶体的结构和性质。

三、主要公式

1. 爱因斯坦(A. Einstein)光子学说

光子能量 E 与辐射能的频率 ν 成正比：
$$E = h\nu$$
光子的动量 P 与其波长 λ 成反比：
$$P = h / \lambda$$
h 为普朗克常数，$h = 6.626 \times 10^{-34}$ J·S

2. 德布罗依(Louis de Broglie)波长

$$\lambda = \frac{h}{p} = \frac{h}{m\nu}$$

3. 海森堡(W. Heisenberg)的测不准原理

$$\Delta p_x \cdot \Delta x \geqslant h$$

4. 薛定谔方程

$$\frac{\partial^2 \psi}{\partial x^2} + \frac{\partial^2 \psi}{\partial y^2} + \frac{\partial^2 \psi}{\partial z^2} + \frac{8\pi^2 m}{h^2}(E - V)\psi = 0$$

式中，ψ 是描述特定微观粒子运动状态的波函数；h 为普朗克常数；m 为微观粒子的质量；E 是体系的总能量；V 为体系的势能；x, y, z 为空间坐标。

5. 多电子原子的能级通式

$$E_n = -\frac{1312}{n^2} \text{ kJ} \cdot \text{mol}^{-1}$$

6. 键级计算公式

$$键级 = \frac{成键轨道的电子数 - 反键轨道的电子数}{2}$$

四、习题详解

6.1　试区别下列概念：连续光谱与线状光谱、概率与概率密度、电子云和原子轨道、基态原子和激发态原子。

答 连续光谱:白光通过棱镜后,不同波长的光以不同的角度折射,形成一条按红、橙、黄、绿、青、蓝、紫的次序连续分布的彩色光谱。

线状光谱:当气体被火焰、电弧或其他方法灼热时,会发出不同波长的光,通过棱镜折射,形成一系列按波长顺序排列的线条,这种由原子受激发后辐射出来的线状光谱或不连续光谱,也称为原子光谱。

概率:电子在核外某处出现的概率。

概率密度:微粒波函数 Ψ 的平方 $|\Psi|^2$ 反映了粒子在空间某点单位体积内 $|\Psi|^2$ 出现的概率。

电子云:用来描述电子在核外出现的概率密度分布的空间图像。

原子轨道:表示电子在空间不同角度所出现的概率大小,因为考虑径向部分,所以并不能表示电子出现的概率密度和核远近的关系。

基态原子:通常情况下,原子中的电子尽可能处于离核最近的轨道上,此时电子受核的束缚较牢,能量最低称为基态。

激发态原子:当基态电子获得能量后,可以跃迁到离核较远的高能态的轨道上去,此时原子处于激发态。

6.2 氮的价电子构型是 $2s^2 2p^3$,试用 4 个量子数分别表明每个电子的状态。

答

电子序号	主量子数 n	角量子数 l	磁量子数 m	自旋量子数 m_s
1	1	0	0	$+1/2$
2	1	0	0	$-1/2$
3	2	0	0	$+1/2$
4	2	0	0	$-1/2$
5	2	1	-1	$+1/2; -1/2$
6	2	1	0	$+1/2; -1/2$
7	2	1	$+1$	$+1/2; -1/2$

(1) l 的取值是小于 n 的非负整数,所以,$n=1$ 时,$l=0$;$n=2$ 时,$l=0,1$。

(2) m 的取值是所有绝对值不大于 l 的整数,所以,$l=0$ 时,$m=0$;$l=1$ 时,$m=-1,0,1$。

(3) 除 m_s 外的其他 3 个量子数都相同时,m_s 必须满足鲍林不相容原理,取正负 1/2，表示自旋方向相反。

(4)除 m_s 外的其他 3 个量子数有不同时，m_s 可以不同，也可以相同，之所以 5,6,7 号电子 m_s 都正(亦可都负，但不能有正有负；都正或都负的意义是相同的，都表示电子自旋平行)，是因为这样排列这三个电子的空间分布能尽量分开，彼此间斥力能尽量少，体系能量最低。

6.3　写出下列各轨道的名称：

(1)$n=5, l=3$　　(2)$n=3, l=2$

(3)$n=4, l=1$　　(4)$n=2, l=0$

答　(1) 5f　(2)3d　(3)4p　(4)2s

6.4　请填写下列各组在表示电子运动状态时所缺的量子数。

(1)$n=3, l=2, m=?, m_s=+\dfrac{1}{2}$　　　　(2)$n=4, l=?, m=-1, m_s=-\dfrac{1}{2}$

(3)$n=?, l=2, m=1, m_s=+\dfrac{1}{2}$　　　　(4)$n=2, l=1, m=0, m_s=?$

答　因为对于 n 的任意给定值，l 可取 0～$(n-1)$ 的正整数。对于给定的 l 值，m 可以取从 $-l$～l(包括 0 在内)的所有整数值。

所以(1)$m=-2,-1,0,1,2$

　　　(2)$l=1,2,3$

　　　(3)$n \geqslant 3$

　　　(4)$m_s=+1/2, -1/2$

6.5　下列各量子数哪些是不合理的，为什么？

(1)$n=2, l=2, m=-1$　　(2)$n=2, l=3, m=+2$

(3)$n=2, l=1, m=0$　　　(4)$n=2, l=0, m=-1$

(5)$n=3, l=0, m=0$　　　(6)$n=3, l=1, m=+1$

答　因为：$n=1,2,3,4,5,6,7$；对于 n 的任意给定值，l 可以取 0～$(n-1)$ 的正整数。

对于给定的 l 值，m 可以取从 $-l$～l(包括 0 在内)的整数值。

所以(1)(2)(4)不合理。(3)(5)(6)合理。

6.6　在下述 3 种类型的原子轨道中，试说明：

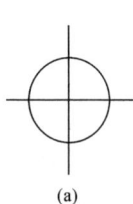

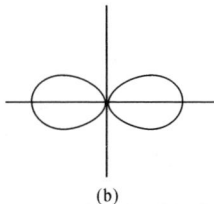

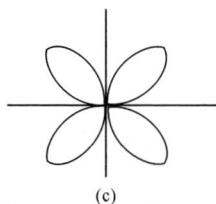

(a)　　　　　　　　　　(b)　　　　　　　　　　(c)

(1)在 $n=4$ 电子层中,可以找到多少个 l 值相同的轨道(a)、轨道(b)、轨道(c)呢?

(2)在原子轨道(b)中包含的最大电子数是多少?

(3)上述 3 种轨道中每一种轨道的 l 值是多少?

(4)上述 3 种轨道以能量递增顺序排列,这些轨道在 M 电子层中和在其他电子层中有无不同的顺序?

(5)关于上述 3 种类型的轨道中的一个电子而言,可能的 n 的最小值是多少?

答 (1)1;3;5

(2)6

(3)0;1;2

(4)有

(5)1;2;3

6.7 在 19 号元素钾中,3d 和 4s 哪一种状态能量高? 为什么?

答 3d 能量比 4s 高。根据钻穿原理,当 n,l 均不同时,会发生轨道能级重叠,引起能级交错。虽然 4s 的最高峰比 3d 的最高峰离核要远得多,但 4s 的 3 个小峰中有两个小峰比 3d 的高峰离核更近,故 4s 电子的钻穿效应大,受到周围电子的屏蔽作用大大减小,钻穿效应对能量的降低作用超过了主量子数 n 对能量的升高作用,使 4s 的能量小于 3d。

根据徐光宪规则,多电子原子 $(n+0.7l)$ 值越大,则能量越高,4s,3d 分别为 4.0 和 4.4,故 4s 的能量比 3d 小。

根据屏蔽效应,在原子中,如果屏蔽效应大,就会使电子受到的有效核电荷的吸引力减小,因而电子就具有较高的能量。通过计算,可知 4s 处的屏蔽常数为 16.8 小于 3d 处的屏蔽常数 18,所以 4s 处的屏蔽效应比 3d 处的屏蔽效应小,所以 4s 处具有较低能量。

6.8 完成下表:

原子序数	核外电子排布式	电子层数	周期	族	区	元素名称
16						
19						
42						
48						

答

原子序数	核外电子排布式	电子层数	周期	族	区	元素名称
16	$1s^2\ 2s^2\ 2p^6\ 3s^2\ 3p^4$	2	第二周期	第ⅥA族	p 区	硫
19	$1s^2\ 2s^2\ 2p^6\ 3s^2\ 3p^6\ 4s^1$	3	第三周期	第ⅠA族	s 区	钾
42	$1s^2\ 2s^2\ 2p^6\ 3s^2\ 3p^6\ 3d^{10}\ 4s^2\ 4p^6\ 4d^5\ 5s^1$	4	第四周期	第ⅥB族	ds 区	钼
48	$1s^2\ 2s^2\ 2p^6\ 3s^2\ 3p^6 3d^{10}\ 4s^2\ 4p^6\ 4d^{10}\ 5s^2$	4	第四周期	第ⅡB族	ds 区	镉

6.9　试完成下表：

价电子构型	原子序数	周期	族	元素符号	最高氧化数	最低氧化数	金属性或非金属性
$3s^2$							
		2	VA				
	40			Zr			
$5s^2 5p^5$							
	30				+2		

答

价电子构型	原子序数	周期	族	元素符号	最高氧化数	最低氧化数	金属性或非金属性
$3s^2$	12	3	ⅡA	Mg	+2	0	金属性
$2s^2 2p^3$	7	2	VA	N	+5	−3	非金属性
$4d^2 5s^2$	40	5	ⅣB	Zr	+4	0	金属性
$5s^2 5p^5$	53	5	ⅦA	I	+7	−1	非金属性
$3d^{10} 4s^2$	30	3	ⅡB	Zn	+2	0	金属性

6.10　写出下列物种的电子排布式：Cr,Cl^-,Al^{3+},Ag,I,Cu。

答

Cr ：$1s^2 2s^2 2p^6 3s^2 3p^6 3d^5 4s^1$

Cl^- ：$1s^2 2s^2 2p^6 3s^2 3p^6$

Al^{3+} ：$1s^2 2s^2 2p^6$

Ag：$1s^2\ 2s^2\ 2p^6\ 3s^2 3p^6\ 3d^5\ 4s^2 4p^6\ 4d^{10} 5s^1$

I：$1s^2\ 2s^2\ 2p^6\ 3s^2\ 3p^6\ 3d^5\ 4s^2 4p^6\ 4d^{10} 5s^2 5p^5$

Cu:$1s^2 2s^2 2p^6 3s^2 3p^6 3d^{10} 4s^1$

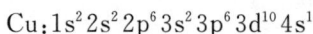

6.11 请填充下列各题的空白(如题(1)示)。

(1)K($Z=19$)　　　　　$1s^2 2s^2 2p^6 3s^2 3p^6 4s^1$

(2)Pb($Z=82$)　　　　【Xe】$4f^{()} 5d^{()} 6s^{()} 6p^{()}$

(3)　　　　　　　　　$1s^2 2s^2 2p^6 3s^2 3p^5$

(4)Zn($Z=30$)　　　　$1s^2 2s^2 2p^6 3s^2 3p^6 3d^{()} 4s^{()}$

(5)　　　　　　　　　【Ar】$3d^1 4s^2$

答　(2)Pb 的电子结构为【Xe】$4f^{14} 5d^{10} 6s^2 6p^2$

(3)电子结构为 $1s^2 2s^2 2p^6 3s^2 3p^5$ 的原子为 Cl

(4)Zn 的电子结构为 $1s^2 2s^2 2p^6 3s^2 3p^6 3d^{10} 4s^2$

(5)电子结构为【Ar】$3d^1 4s^2$ 的原子为 Sc

6.12　设有元素 A,B,C,D,E,G 和 M,试按下面给出的条件推断元素符号以及在周期表中的位置,并写出价电子构型。

(1)A,B,C 为同一周期的金属元素,已知 C 有 3 个电子层,它们的原子半径在所属的周期中为最大,并且 $r_A > r_B > r_C$;

(2)D,E 为非金属元素,与氢化合成 HD 和 HE,在室温时 D 的单质为液体,E 的单质是固体;

(3)G 是所有元素中电负性最大的元素;

(4)M 为金属元素,它有 4 个电子层,它的最高氧化数与氯的最高氧化数相同。

答

(1)A:Na $3s^1$;　B:Mg $3s^2$;　C:Al $3s^2 3p^1$。

(2)D:Br $4s^2 4p^5$　E:I $5s^2 5p^5$

(3)G:F $2s^2 2p^5$

(4)M:Mn $3d^5 4s^2$

6.13　写出 K^+,Ti^{4+},Sc^{3+},Br^- 4 种微粒的离子半径由小到大的顺序。

答

钾	钛	钪	溴
K^+	Ti^{4+}	Sc^{3+}	Br^-
$4s^1$	$3d^2 4s^1$	$3d^1 4s^2$	$4s^2 4p^5$
(K)	(Ti)	(Sc)	(Br)

四种元素都处于同一周期(第四周期)。

K,Ti,Sc:失去最外层电子成为离子。

钾离子、钛离子、钪离子有 3 个电子层。

对外层电子吸引力:钛离子＞钪离子＞钾离子

核电荷数:钛离子＞钪离子＞钾离子

溴离子由溴原子得到一个电子构成,有 5 个电子层

半径由大到小:溴离子＞钾离子＞钪离子＞钛离子

6.14 根据 VB 法画出下列分子的结构式(一对电子用一根短线表示):

PH_3,H_2O,SiH_4,CS_2,HCN

答

$$PH_3:\quad H—P—H \atop \qquad\quad |\atop \qquad\quad H$$

$$H_2O:\quad H—O—H$$

$$SiH_4:\quad \qquad\qquad H\atop H—Si—H\atop \quad\; H$$

$$CS_2:\quad S=C=S$$

$$HCN:\quad H—C≡N$$

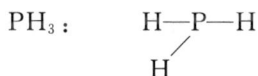

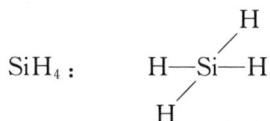

6.15 试用杂化轨道理论说明下列分子的成键类型,并预测分子的空间构型,判断分子是否有极性。

CCl_4,CO_2,H_2S,BCl_3

答

(1)CCl_4

中心原子:C $2s^2 2p^2$,成键时,一个 2s 电子被激发到 2p 轨道上,并同时发生 sp^3 杂化,每个轨道有一个未成对电子,分别与 Cl 原子的未成对的 3p 电子配对,形成 4 个等同的共价键,分子构型为正四面体构型,非极性分子。

(2)CO_2

中心原子:C $2s^2 2p^2$,2s 电子在成键时先激发到 2p 轨道,然后形成 sp 杂化,形成 2 个 sp 杂化轨道,分子构型为直线型,非极性分子。

(3)H_2S

中心原子:S $3s^2 3p^4$,采用不等性 sp^3 杂化,分子构型为 V 型,键角 92.1°,极性分子。

(4)BCl_3

中心原子:$B \ 2s^2 2p^1$,采用 sp^2 杂化,分子构型为平面三角形,非极性分子。

6.16 试用杂化轨道理论说明 BF_3 是平面三角形,而$[BF_4]^-$ 却是正四面体,NH_3 是三角锥形。

答

BF_3 是 sp^2 杂化,所以是平面三角形。

BF_4^- 是 sp^3 杂化,所以是正四面体。

NH_3 是不等性 sp^3 杂化,但有一个孤对电子,所以是三角锥形。

6.17 CO_2,SO_2,NO_2,SiO_2,BaO_2 各是什么类型的化合物,指出它们的几何构型;若为分子型化合物,表明有无极性,并说明是怎样由原子形成分子的,分子的各原子间形成的化学键是 σ 键还是 π 键或配位键。

答

CO_2	分子型化合物	直线型	无极性	σ 键和 π 键	在 CO_2 分子中,C 原子采用 sp 杂化,两个 sp 杂化轨道上的单电子与氧原子形成两个 sp 的 σ 键,另外还形成两个三中心四电子键的大 π 键 π_3^4。
SO_2	分子型化合物	V 型	有极性	σ 键和 π 键	在 SO_2 分子中,S 原子采用 sp^2 杂化,两个 sp^2 杂化轨道上的两个单电子与氧原子形成两个 sp^2-p 的 σ 键,另外还形成一个三中心四电子的大 π 键 π_3^4
NO_2	分子型化合物	V 型	有极性	σ 键和 π 键	在 NO_2 分子中,N 原子采用 sp^2 杂化,轨道上的单电子与氧原子形成两个 sp^2-p 的 σ 键,另外还形成一个三中心三电子的大 π 键 π_3^3
SiO_2	共价大分子型化合物	正四面体			
BaO_2	离子型化合物				

6.18 试用分子轨道理论说明为何 O_2 分子不如 O_2^+ 离子稳定,而 N_2 分子比 N_2^+ 离子稳定。

答 根据分子轨道理论,O_2 分子的键级为 2,失去的那个电子在反键轨道上,失去电子后键级变为 2.5,所以更稳定。而 N_2 分子的键级为 3,失去的电子在成键轨道上,如果失去一个电子变成正离子,则键级减少为 2.5。

6.19　应用同核双原子分子轨道能级图,推断下列分子或离子是否可能存在?

O_2^+,　O_2^-,　O_2^{2-},　H_2^+,He_2^+,　He_2

答

名称	键级	是否存在
O_2^+	2.5	存在
O_2^-	1.5	存在
O_2^{2-}	1.0	存在
H_2^+	0.5	存在
He_2^+	0.5	存在
He_2	0	不存在

6.20　下列化合物是否有极性?为什么?

Ne,HF,H_2S,$HgBr_2$,SiH_4,BF_3,NF_3

答　Ne:Ne为氦单原子分子,其中无化学键,无极性与非极性之分。

HF:有极性,F的电负性大于H,电子向F偏移,导致分子内偶极矩不为0,正负电荷中心不重合,所以HF分子有极性。

H_2S:有极性,空间构型为角形,正负电荷中心不重合,偶极矩不为0,所以H_2S有极性。

$HgBr_2$:无极性,空间构型为直线型,正负电荷中心重合,偶极矩为0,所以$HgBr_2$无极性。

SiH_4:无极性,SiH_4分子构型为正四面体,正负电荷中心重合,偶极矩为0,所以SiH_4无极性。

BF_3:无极性,BF_3分子构型为平面三角形,没有孤对电子,正负电荷中心重合,偶极矩为0,所以BF_3无极性。

NF_3:有极性,N原子上有一对孤对电子,正负电荷中心不重合,偶极矩不为0,所以NF_3有极性。

6.21　用分子间作用力说明下列事实:

(1)常温下F_2,Cl_2是气体,Br_2是液体,而I_2是固体。

(2)HCl,HBr,HI的熔点和沸点随着相对分子质量的增大而升高。

(3)稀有气体He,Ne,Ar,Kr,Xe沸点随着相对分子质量的增大而升高。

答

(1)F_2,Cl_2,Br_2,I_2分子结构相似,相对分子质量越大,分子间作用力越大,熔沸点越高。

(2)HCl,HBr,HI分子结构相似,相对分子质量越大,分子间作用力越大,熔沸点越高。

(3)稀有气体 He,Ne,Ar,Kr,Xe 相对分子质量越大,分子间作用力越大,熔沸点就越高。

6.22 下列分子间存在什么形式的分子间作用力(取向力、诱导力、色散力、氢键)?

(1)CH_4　　(2)HCl 气体　　(3)He 和 H_2O　　(4)甲醇和水　　(5)H_2S

答 (1)CH_4:因为不是极性分子,不存在取向力和诱导力,所以分子间只存在色散力。因为氢键只存在于氢与氮氧氟之间,所以 CH_4 不存在氢键。

(2)HCl 气体:因为是极性分子,所以分子间存在取向力、诱导力、色散力。没有氢键是因为 Cl 原子的半径较大,不满足形成氢键的条件。

(3)He 和 H_2O:He 是非极性分子,H_2O 是极性分子且存在氢键,所以分子间存在色散力、诱导力、氢键。

(4)甲醇和水:甲醇和水都是极性分子且水中有氢键,所以分子间存在氢键、色散力、诱导力和取向力。

(5)H_2S:H_2S 是极性分子,所以分子间存在色散力、诱导力、取向力。因为 S 原子半径太大所以无法和 H 原子形成氢键,所以不存在氢键。

6.23 下列化合物中哪些存在氢键?并指出它们是分子间氢键还是分子内氢键。

(1)C_6H_6　　　(2)NH_3　　　(3)C_2H_6　　　(4)H_3BO_3

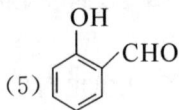

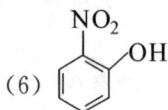

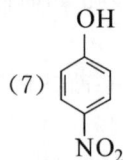

(5)　　　　　　(6)　　　　　(7)　　　　(8)HNO_3

答 (1)C_6H_6 中不含氢键。

(2)NH_3 中含有氢键,是分子间氢键。

(3)C_2H_6 中不含氢键。

(4)H_3BO_3 中含有氢键,是分子间氢键。

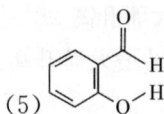

(5) 中含有氢键,是分子内氢键。

（6）

中含有氢键,是分子内氢键。

（7）

中含有氢键,是分子间氢键。

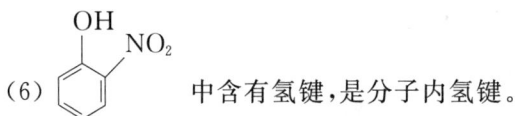

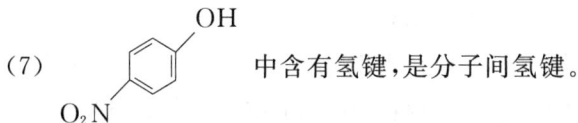

（8）HNO_3 含有氢键,是分子内氢键。

6.24 试以下列数据画出玻恩-哈伯循环,并计算氯化钾的晶格能（kJ/mol）

$$K(s) \longrightarrow K(g) \qquad \Delta H_1 = 90.0 \ kJ \cdot mol^{-1}$$

$$Cl_2(g) \longrightarrow 2Cl(g) \qquad \Delta H_2 = 243 \ kJ \cdot mol^{-1}$$

$$K(g) \longrightarrow K^+(g) + e^- \qquad \Delta H_3 = 425 \ kJ \cdot mol^{-1}$$

$$Cl(g) + e^- \longrightarrow Cl^-(g) \qquad \Delta H_4 = -349 \ kJ \cdot mol^{-1}$$

$$K(s) + \frac{1}{2}Cl_2(g) \longrightarrow KCl(s) \qquad \Delta H_5 = -435.8 \ kJ \cdot mol^{-1}$$

答

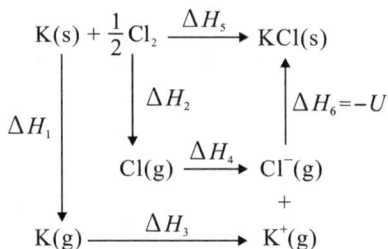

$$\Delta H_5 = \Delta H_1 + \frac{1}{2}\Delta H_2 + \Delta H_3 + \Delta H_4 + \Delta H_6$$

$$U = -\Delta H_6 = \Delta H_1 + \frac{1}{2}\Delta H_2 + \Delta H_3 + \Delta H_4 - \Delta H_5$$

$$U = 90 + 0.5 \times 243 + 425 + (-349) - (435.8) = 723.3 (kJ \cdot mol^{-1})$$

6.25 试比较下列化合物中正离子的极化能力大小:

（1）$NaCl$, $MgCl_2$, $SiCl_4$, $AlCl_3$, PCl_5

（2）KCl, $CaCl_2$, $FeCl_3$, $ZnCl_2$

答

（1）正离子电荷越多,半径越小,产生的电场强度越强,离子的极化力越强,因此,$PCl_5 > SiCl_4 > AlCl_3 > MgCl_2 > NaCl$。

（2）当电荷相同半径相近时,8 电子构型＜9～17 电子构型＜18 电子、18+2

电子、2 电子构型,所以 $ZnCl_2 > FeCl_2 > CaCl_2 > KCl$。

6.26 比较下列各组物质中,何者熔点高?

(1)干冰和冰　(2)SiC 和 I_2　(3)CuCl 和 KI

答 (1)冰高。因为水分子间存在氢键。

(2)SiC 高。因为 SiC 融化破坏共价键,碘融化破坏分子间作用力。

(3)KI 高。钾离子为 8 电子构型,极化力小;而亚铜离子是 18 电子构型,极化力强。因此氯化亚铜键型由离子键过渡到共价键,碘化钾为离子键,故碘化钾熔点高于氯化亚铜。

6.27 试用离子极化的观点解释下列现象:

(1)AgF 易溶于水,AgCl,AgBr,AgI 难溶于水,溶解度从 AgF 到 AgI 依次减小。

(2)AgCl,AgBr,AgI 的颜色逐渐加深。

答 (1)原理:离子间相互极化使离子键向共价键过渡,物质在水中的溶解度依次降低。

当阳离子 Ag^+ 相同时,阴离子 Cl^-,Br^-,I^- 的半径依次增加,易被极化,共价键逐渐增强,使物质在水中的溶解度递减。

(2)原理:离子极化越大越有利于化合物颜色变深。

当阳离子 Ag^+ 相同时,阴离子 Cl^-,Br^-,I^- 的变形性依次增加,因此化合物颜色逐渐加深。

五、测验题

(一)选择题

1.下列分子属于非极性分子的是( )。

(A)HCl　　　　　(B)NH_3　　　　　(C)SO_2　　　　　(D)CO_2

2.下列分子中偶极矩最大的是( )。

(A)HCl　　　　　(B)H_2　　　　　(C)CH_4　　　　　(D)CO_2

3.下列元素中,各基态原子的第一电离能最大的是( )。

(A)Be　　　　(B)B　　　　(C)C　　　　(D)N　　　　(E)O

4.H_2O 的沸点为 100 ℃,而 H_2Se 的沸点是 -42 ℃,这可用下列哪一种理论来解释( )。

(A)范德华力　　　(B)共价键　　　(C)离子键　　　(D)氢键

5.下列哪种物质只需克服色散力( )。

(A)O_2　　　　(B)HF　　　　(C)Fe　　　　(D)NH_3

6. 下列哪种化合物不含有双键和三键(　　)。

(A)HCN　　　　(B)H_2O　　　　(C)CO　　　　(D)N_2

7. 能够充满1～2电子亚层的电子数是(　　)。

(A)2　　　　(B)6　　　　(C)10　　　　(D)14

8. 下列哪一个代表3d电子量子数的合理状态(　　)。

(A)$3,2,+1,+1/2$　　　　　　(B)$3,2,0,-1/2$

(C)(A)、(B)都不是　　　　　　(D)(A)、(B)都是

9. 下列化合物中,哪一个氢键表现得最强(　　)。

(A)NH_3　　　　(B)H_2O　　　　(C)H_2S　　　　(D)HCl

10. 下列分子中键级最大的是(　　)。

(A)O_2　　　　(B)H_2　　　　(C)N_2　　　　(D)F_2

11. 下列物质中哪一个进行的杂化不是 sp^3 杂化(　　)。

(A)NH_3　　　　(B)金刚石　　　　(C)CCl_4　　　　(D)BF_3

12. 用来表示核外某一电子运动状态的下列各组量子数(n,l,m,m_s)中,哪一组是合理的(　　)。

(A)$(2,1,-1,-1/2)$　　　　　　(B)$(0,0,0,1/2)$

(C)$(3,1,2,+1/2)$　　　　　　(D)$(1,2,0,+1/2)$

(E)$(2,1,0,0)$

13. 所谓的原子轨道是指(　　)。

(A)一定的电子云　　　　　　(B)核外电子的概率

(C)一定的波函数　　　　　　(D)某个径向的分布

14. 下列电子构型中,属于原子基态的是(　　),属于原子激发态的是(　　)。

(A)$1s^2 2s^1 2p^1$　　　　　　(B)$1s^2 2s^2$

(C)$1s^2 2s^2 2p^6 3s^1 3p^1$　　　　　　(D)$1s^2 2s^2 2p^6 3s^2 3p^6 4s^1$

15. 周期表中第五、六周期的ⅣB,ⅤB,ⅥB元素性质非常相似,这是由于(　　)。

(A)s区元素的影响　　　　　　(B)p区元素的影响

(C)d区元素的影响　　　　　　(D)镧系收缩的影响

16. 描述 ψ_{3dz^2} 的一组 n,l,m 是(　　)。

(A)$n=2,l=1,m=0$　　　　　　(B)$n=3,l=2,m=0$

(C)$n=3,l=1,m=0$　　　　　　(D)$n=3,l=2,m=1$

17. 在下列原子半径大小顺序中,正确的是(　　)。

(A)Be＜Na＜Mg　　　　　　(B)Be＜Mg＜Na

(C)Be>Na>Mg　　　　　　　　　(D)Na<Be<Mg

18. 下列说法正确的是(　　　)。

(A)同原子间双键键能是单键键能的两倍

(B)原子形成共价键的数目等于基态原子的未成对电子数

(C)分子轨道是由同一个原子中的能量相近似、对称匹配的原子轨道线性组合而成

(D)p_y 和 p_y 的线性组合形成 π 成键分子轨道和 π* 反键分子轨道

19. 下列关于 O_2^{2-} 和 O_2^- 性质的说法中,不正确的是(　　　)。

(A)两种离子都比 O_2 分子稳定性小

(B)O_2^{2-} 的键长比 O_2^- 的键长短

(C)O_2^{2-} 是反磁性的,而 O_2^- 是顺磁性的

(D)O_2^- 的键能比 O_2^{2-} 的键能大

20. 用分子轨道理论来判断下列说法,不正确的是(　　　)。

(A)N_2^+ 的键级比 N_2 分子的小

(B)CO^+ 的键级是 2.5

(C)N_2^- 和 O_2^+ 是等电子体

(D)在第二周期同核双原子分子中,Be_2 分子能稳定存在

21. 下列说法正确的是(　　　)。

(A)BCl_3 分子中 B—Cl 键是非极性的

(B)BCl_3 分子中 B—Cl 键距为 0

(C)BCl_3 分子是极性分子,而 B—Cl 键是非极性的

(D)BCl_3 分子是非极性分子,而 B—Cl 键是极性的

22. 下列晶体中,熔化时只需克服色散力的是(　　　)。

(A)K　　　　　(B)H_2O　　　　　(C)SiC　　　　　(D)SiF_4

23. 下列物质熔沸点高低顺序是(　　　)。

(A)He>Ne>Ar　　　　　　　　　(B)HF>HCl>HBr

(C)CH_4<SiH_4<GeH_4　　　　　(D)W>Cs>Ba

24. 下列物质熔点由高到低顺序是(　　　)。

a. $CuCl_2$　　　　　b. SiO_2　　　　　c. NH_3　　　　　d. PH_3

(A)a>b>c>d　　　　　　　　　(B)b>a>c>d

(C)b>a>d>c　　　　　　　　　(D)a>b>d>c

25. 下列各分子中,偶极矩不为零的是(　　　)。

(A)$BeCl_2$　　　　(B)BF_3　　　　(C)NF_3　　　　(D)C_6H_6

(二)填空题

1. 氧气分子有一个_____键和两个_____键。

2. 极性分子之间存在着_____作用。

非极性分子之间存在着_____作用。

极性分子和非极性分子之间存在着_____作用。

3. 离子极化的发生使键型由_____向_____转化。

化合物的晶型也相应地由_____向_____转化。

通常表现出化合物的熔、沸点_____,溶解度_____,颜色_____。

4. HCl的沸点比HF要低得多,这是因为HF分子之间除了有_____外,还存在_____。

5. 根据分子轨道理论,N_2分子的电子构型是_____,F_2分子的电子构型为_____。

6. 形成配位键的两个条件是:

(1)_____;

(2)_____。

举两例说明其分子中存在配位键,如_____。

(三)简答题

1. A,B两元素,A原子的M层和N层的电子数分别比B原子的M层和N层的电子数少7个和4个。写出A,B两原子的名称和电子排布式,写出推理过程。

2. 第四周期某元素原子中的未成对电子数为1,但通常可形成+1和+2价态的化合物。试确定该元素在周期表中的位置,并写出+1价离子的电子排布式和+2价离子的外层电子排布式。

3. 从原子结构解释为什么铬和硫都属于第Ⅵ族元素,但它们的金属性和非金属性不相同,而最高化合价却又相同?

4. "四氯化碳和四氯化硅都容易水解"这句话对吗?

5. 写出O_2^+,O_2,O_2^-,O_2^{2-}的分子轨道能级式,计算它们的键级,比较稳定性和磁性。

6. 画出$d_{x^2-y^2}$,d_{xy}的原子轨道及电子云图形。

7. 用杂化轨道理论分别说明H_2O,$HgCl_2$分子的形成过程(杂化类型)以及分子在空间的几何构型。

六、测验题解答

(一)选择题

1.(D);2.(A);3.(D);4.(D);5.(A);6.(B);7.(C);8.(D);9.(B);
10.(C);11.(D);12.(A);13.(C);14.(B、D);(A、C);15.(D);16.(B);
17.(B);18.(D);19.(B);20.(D);21.(D);22.(D);23.(C);24.(B);25.(C)

(二)填空题

1. σ,3 电子 π。

2. 取向力,色散力,诱导力;色散力;色散力,诱导力。

3. 离子键,共价键;离子晶体,分子晶体;降低,降低,变深。

4. 分子间作用力,氢键

5. $(\sigma_{1s})^2(\sigma_{1s}^*)^2(\sigma_{2s})^2(\sigma_{2s}^*)^2(\pi_{2p_y})^2(\pi_{2p_z})^2(\sigma_{2p_x})^2$;

$(\sigma_{1s})^2(\sigma_{1s}^*)^2(\sigma_{2s})^2(\sigma_{2s}^*)^2(\sigma_{2p_x})^2(\pi_{2p_y})^2(\pi_{2p_z})^2(\pi_{2p_y}^*)^2(\pi_{2p_z}^*)^2$

6.(1)一个原子其价电子层有未共用的电子对;(2)另一个原子其价电子层有空轨道;CO;BF_4^-

(三)简答题

1. 答 A 为钒(V);$1s^2 2s^2 2p^6 3s^2 3p^6 3d^3 4s^2$

B 为硒(Se);$1s^2 2s^2 2p^6 3s^2 3p^6 3d^{10} 4s^2 4p^4$

2. 答 第四周期某元素原子中的未成对电子数为 1 的可为 Cu

ds 区 IB 族的 $_{29}$Cu

Cu$^+$ 电子排布式 $1s^2 2s^2 2p^6 3s^2 3p^6 3d^{10}$

Cu^{2+} 外层电子排布式 $3s^2 3p^6 3d^9$

3. 答 S 的电子排布式:$1s^2 2s^2 2p^6 3s^2 3p^4$

$Z' = Z - \sigma = 16 - (2 \times 1.00 + 8 \times 0.85 + 5 \times 0.35) = 5.45$

Cr 电子排布式:$1s^2 2s^2 2p^6 3s^2 3p^6 3d^5 4s^1$

$Z' = Z - \sigma = 24 - (10 \times 1.00 + 13 \times 0.85) = 2.95$

原子半径:$r_{Cr} = 1.27(\text{Å}) > r_S = 1.02(\text{Å})$

从有效核电荷与原子半径可以看出 Cr 的金属性强,硫的非金属性强。由于 Cr 与 S 的价电子均为 6,因此其最高化合价相同。

4. 答 不对。四氯化碳不容易水解,因为在四氯化碳中,碳原子只能利用 2s,2p 轨道成键,最大共价数限制为 4,碳原子不能再接受水分子中氧原子提供的电子对。而四氯化硅容易水解,因为和 3s,3p 能量相近的 3d 轨道是空的,所以它可以接受水分子中氧原子提供的电子对。

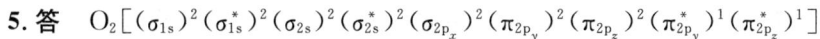

5. 答 $O_2\left[(\sigma_{1s})^2(\sigma_{1s}^*)^2(\sigma_{2s})^2(\sigma_{2s}^*)^2(\sigma_{2p_x})^2(\pi_{2p_y})^2(\pi_{2p_z})^2(\pi_{2p_y}^*)^1(\pi_{2p_z}^*)^1\right]$

键级 2.0,顺磁性。

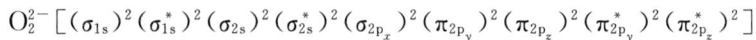

$O_2^{2-}\left[(\sigma_{1s})^2(\sigma_{1s}^*)^2(\sigma_{2s})^2(\sigma_{2s}^*)^2(\sigma_{2p_x})^2(\pi_{2p_y})^2(\pi_{2p_z})^2(\pi_{2p_y}^*)^2(\pi_{2p_z}^*)^2\right]$

键级 1.0,反磁性。

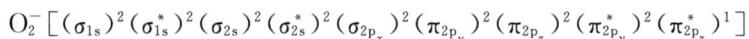

$O_2^-\left[(\sigma_{1s})^2(\sigma_{1s}^*)^2(\sigma_{2s})^2(\sigma_{2s}^*)^2(\sigma_{2p_x})^2(\pi_{2p_y})^2(\pi_{2p_z})^2(\pi_{2p_y}^*)^2(\pi_{2p_z}^*)^1\right]$

键级 1.5,顺磁性。

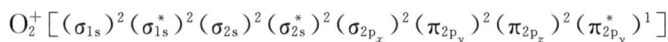

$O_2^+\left[(\sigma_{1s})^2(\sigma_{1s}^*)^2(\sigma_{2s})^2(\sigma_{2s}^*)^2(\sigma_{2p_x})^2(\pi_{2p_y})^2(\pi_{2p_z})^2(\pi_{2p_y}^*)^1\right]$

键级 2.5,顺磁性。

稳定性由强到弱为:$O_2^+>O_2>O_2^->O_2^{2-}$

6. 答

原子轨道图如下:

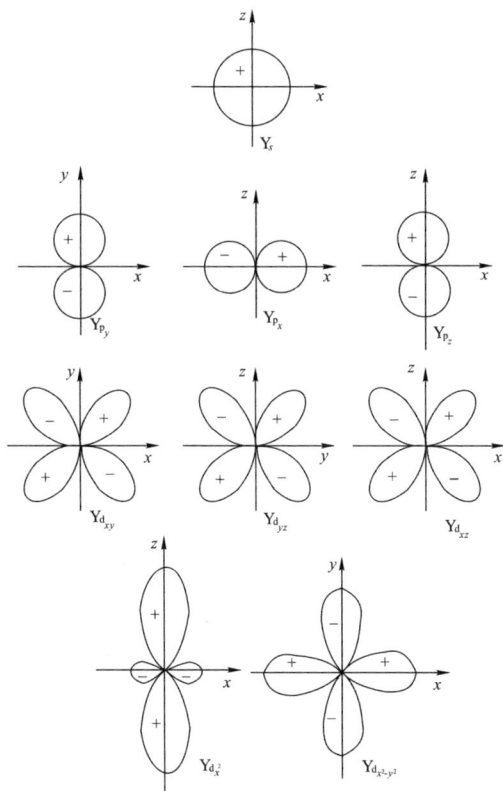

原子轨道的角度分布图

电子云图与原子轨道图形类似。原子轨道与电子云图形的区别是:原子轨道有正负,电子云没有正负。原子轨道"胖"一些,电子云"瘦"一些。

7. 答　H_2O 分子为不等性 sp^3 杂化,分子在空间的几何构型为 V 型。

　　$HgCl_2$ 分子为 sp 杂化,分子在空间的几何构型为直线型。

第七章　配位平衡与配位滴定法
(Coordination equilibrium and coordination titration)

学习目标

通过本章的学习,要求掌握:

1.配位化合物的基本概念与价键理论;

2.配位平衡的基本概念及有关计算;

3.螯合物与 EDTA 的性质;

4.条件稳定常数的概念及其计算;

5.金属指示剂的概念与应用;

6.配位滴定法及其应用。

一、知识结构

【知识结构-1】——配位平衡

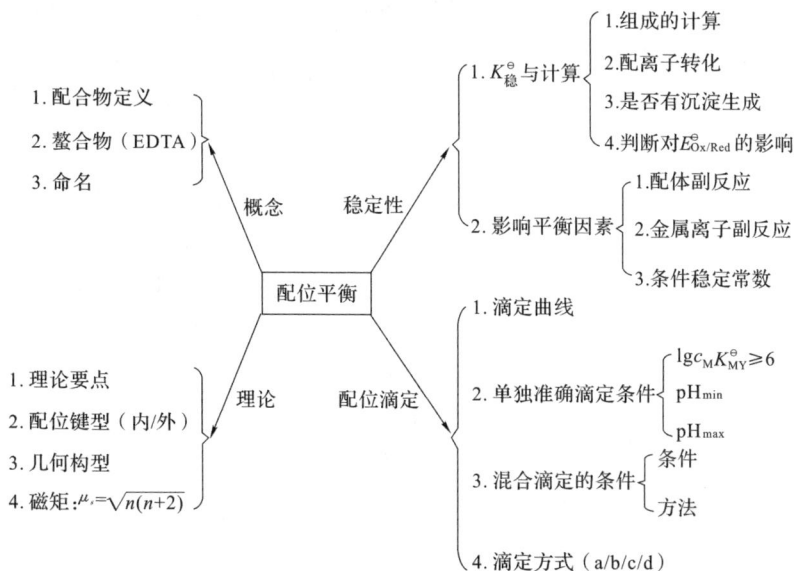

概念
- 1.配合物定义
- 2.螯合物（EDTA）
- 3.命名

理论
- 1.理论要点
- 2.配位键型（内/外）
- 3.几何构型
- 4.磁矩:$\mu_s = \sqrt{n(n+2)}$

配位平衡

稳定性
- 1.$K_\text{稳}^\ominus$与计算
  - 1.组成的计算
  - 2.配离子转化
  - 3.是否有沉淀生成
  - 4.判断对$E_\text{Ox/Red}^\ominus$的影响
- 2.影响平衡因素
  - 1.配体副反应
  - 2.金属离子副反应
  - 3.条件稳定常数

配位滴定
- 1.滴定曲线
- 2.单独准确滴定条件
  - $\lg c_\text{M} K_\text{MY}^\ominus \geq 6$
  - pH_min
  - pH_max
- 3.混合滴定的条件
  - 条件
  - 方法
- 4.滴定方式（a/b/c/d）

【知识结构-2】——配位平衡稳定性

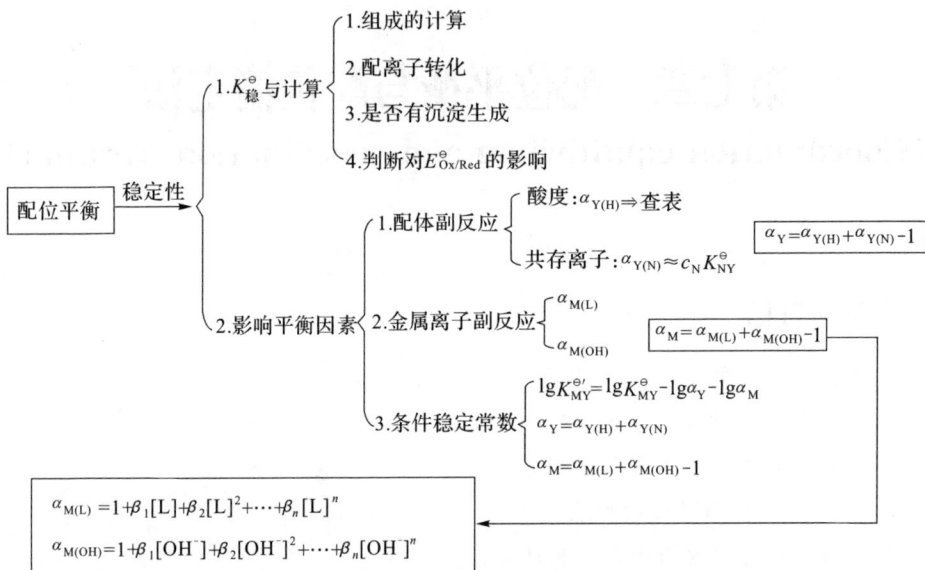

配位平衡 —— 稳定性

- 1. $K_{稳}^{\ominus}$ 与计算
  - 1. 组成的计算
  - 2. 配离子转化
  - 3. 是否有沉淀生成
  - 4. 判断对 $E_{Ox/Red}^{\ominus}$ 的影响

- 2. 影响平衡因素
  - 1. 配体副反应
    - 酸度：$\alpha_{Y(H)} \Rightarrow$ 查表
    - 共存离子：$\alpha_{Y(N)} \approx c_N K_{NY}^{\ominus}$

    $\boxed{\alpha_Y = \alpha_{Y(H)} + \alpha_{Y(N)} - 1}$

  - 2. 金属离子副反应
    - $\alpha_{M(L)}$
    - $\alpha_{M(OH)}$

    $\boxed{\alpha_M = \alpha_{M(L)} + \alpha_{M(OH)} - 1}$

  - 3. 条件稳定常数
    - $\lg K_{MY}^{\ominus\prime} = \lg K_{MY}^{\ominus} - \lg \alpha_Y - \lg \alpha_M$
    - $\alpha_Y = \alpha_{Y(H)} + \alpha_{Y(N)}$
    - $\alpha_M = \alpha_{M(L)} + \alpha_{M(OH)} - 1$

$$\boxed{\begin{array}{l} \alpha_{M(L)} = 1 + \beta_1[L] + \beta_2[L]^2 + \cdots + \beta_n[L]^n \\ \alpha_{M(OH)} = 1 + \beta_1[OH^-] + \beta_2[OH^-]^2 + \cdots + \beta_n[OH^-]^n \end{array}}$$

【知识结构-3】——配位滴定

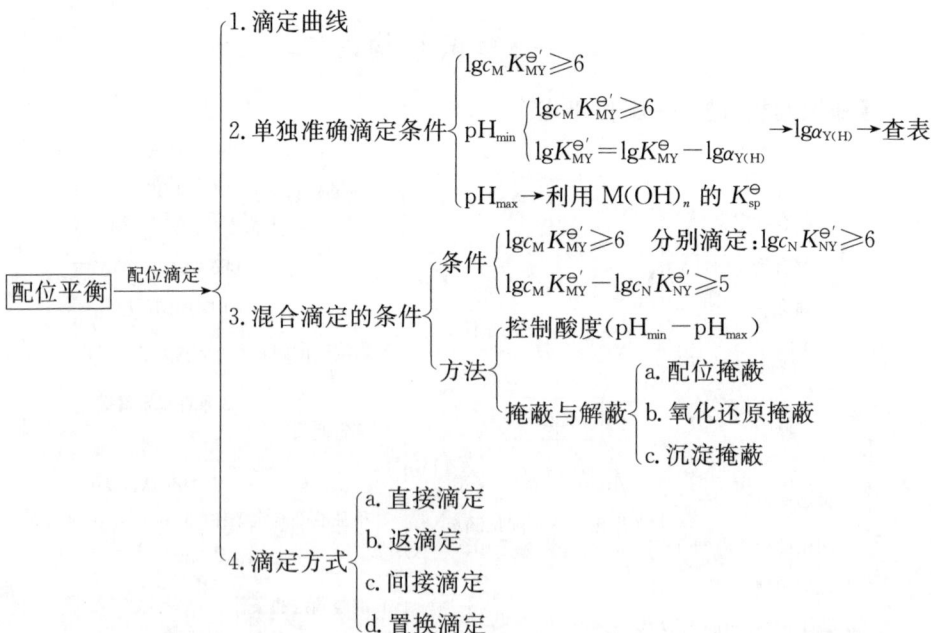

配位平衡 —— 配位滴定

- 1. 滴定曲线

- 2. 单独准确滴定条件
  - $\lg c_M K_{MY}^{\ominus\prime} \geqslant 6$
  - pH_{min}
    - $\lg c_M K_{MY}^{\ominus\prime} \geqslant 6$
    - $\lg K_{MY}^{\ominus\prime} = \lg K_{MY}^{\ominus} - \lg \alpha_{Y(H)}$ → $\lg \alpha_{Y(H)}$ → 查表
  - pH_{max} → 利用 $M(OH)_n$ 的 $K_{sp}^{\ominus}$

- 3. 混合滴定的条件
  - 条件
    - $\lg c_M K_{MY}^{\ominus\prime} \geqslant 6$　分别滴定：$\lg c_N K_{NY}^{\ominus\prime} \geqslant 6$
    - $\lg c_M K_{MY}^{\ominus\prime} - \lg c_N K_{NY}^{\ominus\prime} \geqslant 5$
  - 方法
    - 控制酸度（$pH_{min} - pH_{max}$）
    - 掩蔽与解蔽
      - a. 配位掩蔽
      - b. 氧化还原掩蔽
      - c. 沉淀掩蔽

- 4. 滴定方式
  - a. 直接滴定
  - b. 返滴定
  - c. 间接滴定
  - d. 置换滴定

二、基本概念

1.配位化合物

(1)配位化合物定义

配位化合物是一类具有特殊化学结构的化合物,由中心离子或原子(又称形成体)与几个配位体(简称配体)分子或离子以配位键相结合而形成的复杂分子或离子。

配位化合物分为配分子化合物与配离子化合物。

(2)配位化合物的组成

配离子化合物一般由内界和外界两部分组成。配离子是由一个简单阳离子与一定数目的中性分子或阴离子以配位键相结合,形成具有一定特性的复杂离子。

配分子化合物是由中心离子(中心原子)与配位体以配位键相结合而形成的复杂化合物。

在配位化合物中,把由简单的正离子或原子(形成体)和一定数量的阴离子或中性分子(配位体)以配位键方式相结合而形成的复杂离子(或分子)即配位单元部分称为配合物的内界,把距离中心离子较远的其他离子称为外界,内界与外界之间通过离子键相结合,内界与外界在水中一般能全部解离。

①中心离子(形成体)

一般都是阳离子,也有一些是中性原子,是配位化合物的核心。

②配位体与配位剂

一般是阴离子或中性分子。能提供配体的物质称为配位剂。

③配位原子

配体中与形成体直接相连的原子称为配位原子,一般是电负性较大的非金属原子。

④配体分类

单齿配体:只含有一个配位原子的配体。

两可配体:与不同的中心离子配位时,配位原子可以是不同的单齿配体。

多齿配体:含有两个及两个以上配位原子并同时与一个中心离子形成配位键的配体。

⑤配位数

配位化合物中与中心离子(或原子)直接形成配位键的配位原子的总数目称为该中心离子(或原子)的配位数。

⑥配离子的电荷数

配离子的电荷数等于中心离子和配体电荷的代数和。

2.配合物的命名

对配合物的命名一般遵循无机化合物的命名原则,阴离子在前,阳离子在后,两者之间加"化"或者是"酸"。

若配位化合物有两种和两种以上的配位体,不同配体名称之间用"·"分开,各配位体的个数用数字一、二、三……写在该种配体名称的前面。其命名原则为:

(1)先阴离子,后中性分子。

(2)先无机配体,后有机配体。

(3)同类配体的名称,按配位原子元素符号在英文字母中的顺序排列。

(4)同类配体的配位原子相同,则含原子少的排在前。

(5)配位原子相同,配体中原子数也相同,则按在结构式中与配位原子相连的元素符号在英文字母中的顺序排列。

配阴离子的命名:配位体→"合"→中心离子(用罗马数字标明氧化数)→"酸"→外界。

配阳离子的命名:外界→配位体→"合"→中心离子(用罗马数字标明氧化数)。

3.配合物的类型

(1)简单配合物

由单齿配位体与一个中心离子形成的配合物。

(2)螯合物

螯合物是由中心离子与多齿配位体形成的具有环状结构的配位化合物,它是配合物的一种。在螯合物的结构中,一定有一个或多个多齿配体提供多对电子与中心离子形成配位键。

螯合物结构中的环称为螯合环,能形成螯合环的配体称为螯合剂。

中心离子与多齿配体生成的螯合物,比它与单齿配体生成的类似配合物有较高的稳定性。

（3）特殊配合物

多核配合物：配合物分子中含有两个或以上中心原子的配合物。

羰基配合物：CO 分子与某些 d 区元素形成的配合物。

有机金属配合物：金属直接与碳形成配位键的配合物。

4. 配位化合物的价键理论

（1）价键理论的基本内容

①配位化合物的中心离子 M 与配位体 L 之间的结合，一般是通过配位体提供孤对电子而中心离子 M 提供空轨道，形成配位键 M ←：L，这种键的本质是共价键性质的，称为 σ 配位键。

②在形成配位化合物（或配离子）时，中心离子 M 所提供的空轨道（sp,dsp 或 spd 等）必须先进行杂化，形成能量相同的与配位原子数目相等的新的杂化轨道。

③配位化合物的空间构型与中心离子的杂化类型有关。

（2）中心离子的杂化类型与配位化合物的空间构型

常见的杂化轨道类型和配位化合物的空间结构见下表。

常见的杂化轨道类型和配位化合物的空间结构

杂化类型	配位数	空间构型	实例	配合物类型
sp	2	直线形	$CuCl_2$	外轨型
sp^2	3	正三角形	$[HgI_3]^-$	外轨型
sp^3	4	正四面体	BF_4^-	外轨型
sp^3	4	三角锥形	$Pb(OH)_3^-$	有孤电子对时构型改变
dsp^2	4	正四边形	Au_2Cl_6	内轨型
dsp^3	5	三角双锥形	$Fe(CO)_5$	内轨型
sp^3d	5	三角双锥形	PCl_5	外轨型
d^2sp^2	5	四方锥形	$[TiF_5]^-$	内轨型
d^2sp^3	6	正八面体	$[Fe(CN)_6]^-$	内轨型
sp^3d^2	6	正八面体	PCl_6^-	外轨型
sp^3d^2	6	四方锥形	$[SbF_5]^{2-}$	有孤电子对时构型改变

(3)内轨配合物和外轨配合物

配位化合物中的中心离子可以使用两种杂化形式来形成共价键。

外轨配合物:杂化形式为 ns,np,nd 杂化,称为外轨型杂化,这种杂化方式形成的配合物称为外轨配合物。

内轨配合物:杂化形式为 $(n-1)d,ns,np$ 杂化,称为内轨型杂化。这种杂化方式形成的配合物称为内轨配合物。

(4)形成外轨配合物或内轨配合物的影响因素

①中心离子的价电子结构

中心离子的 $(n-1)d$ 轨道的电子结构为 d^{1-3} 的一般易形成内轨配合物。

中心离子的 $(n-1)d$ 轨道的电子结构为 d^{10} 的一般易形成外轨配合物。

中心离子的 $(n-1)d$ 轨道的电子结构为 d^{4-9} 的,如遇强场配体,形成内轨配合物;如遇弱场配体,形成外轨配合物。

②配位原子的电负性

配位体中的配位原子的电负性较小,容易给出孤对电子,形成配位键的能力较强,称强场配体,易形成内轨配合物。

配位原子的电负性较大,难给出孤对电子,形成配位键的能力较弱,称弱场配体,易形成外轨配合物。

③中心离子所带的电荷

同一种配位体与同一过渡元素中心离子形成的配位化合物,中心离子所带的正电荷越多,越有利于形成内轨配合物。

(5)配位化合物的稳定性和磁性

①配位化合物的稳定性

同一中心离子所形成配位数相同的配离子时,一般内轨配合物的稳定性比外轨配合物的稳定性要强。

②配位化合物的磁性

(a)物质的磁性与配合物的未成对电子数有关,磁矩 $\mu_s=\sqrt{n(n+2)}$,n 为未成对电子数。

(b)内轨配合物大多未成对电子数少,磁矩小;外轨配合物大多未成对电子数多,磁矩大。

(c)磁矩 $\mu_s=0$,为反磁性;磁矩 $\mu_s\neq 0$,则为顺磁性。

5. 配位平衡及影响因素

(1)稳定常数和不稳定常数

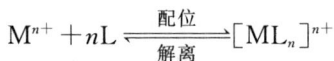

$$M^{n+} + nL \underset{\text{解离}}{\overset{\text{配位}}{\rightleftharpoons}} [ML_n]^{n+}$$

该反应的平衡常数称为配位平衡常数。其平衡常数越大，配离子就越稳定，所以常把它称为配离子的稳定常数，一般用 $K_{\text{稳}}^{\ominus}$ 表示。$K_{\text{稳}}^{\ominus}$ 的倒数即为不稳定常数 $K_{\text{不稳}}^{\ominus}$。

$$K_{\text{不稳}}^{\ominus} = 1/K_{\text{稳}}^{\ominus}。$$

同类型的配离子，可直接根据其 $K_{\text{稳}}^{\ominus}$ 值的大小来比较配离子的稳定性。对不同类型的配离子不能简单地用 $K_{\text{稳}}^{\ominus}$ 值大小来比较它们的稳定性，必须通过计算才能进行比较。

(2)逐级稳定常数与累积稳定常数

①逐级稳定常数

在溶液中，配合物的生成一般是分步进行的，所以配离子在溶液中存在着一系列的配位平衡，每一步的配位平衡都有相应的稳定常数，称为逐级稳定常数。

根据多重平衡规则，逐级稳定常数的乘积等于该配合物的总稳定常数，即：

$$K_{\text{稳}}^{\ominus} = K_{\text{稳}1}^{\ominus} K_{\text{稳}2}^{\ominus} K_{\text{稳}3}^{\ominus} K_{\text{稳}4}^{\ominus} \cdots$$

②累积稳定常数

如果将逐级稳定常数依次相乘就是配合物的各级累积稳定常数 β_i。

对于配位数为 n 的配位化合物：

$$\beta_n = K_{\text{稳}1}^{\ominus} K_{\text{稳}2}^{\ominus} \cdots K_{\text{稳}n}^{\ominus} = K_{\text{稳}}^{\ominus}$$

6. 配位平衡转化

如果在一种配合物的溶液中，加入另外一种能与中心离子生成更加稳定配合物的配位剂，则会发生配位化合物之间的转化作用。可由不稳定的配合物转化成较稳定的配合物。

7. EDTA 及其螯合物

在配位滴定中应用的氨羧配位剂有很多种，其中最常用的是乙二胺四乙酸根(ethylene diamine tetraacetic acid)简称 EDTA。其结构式为：

$$HOOCH_2C \qquad\qquad CH_2COOH$$

$$N-CH_2-CH_2-N$$

$$HOOCH_2C \qquad\qquad CH_2COOH$$

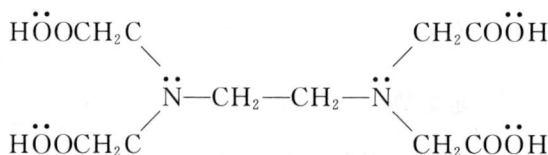

在 EDTA 分子中,含有 2 个氨基氮和 4 个羧基氧一共有 6 个配位原子,可以和许多金属离子形成十分稳定的螯合物,所形成的螯合物中因有 5 个五元环结构,所以很稳定。常用它做滴定分析的标准溶液,可以滴定几十种金属离子。

8.副反应系数和条件稳定常数

(1) 酸效应与酸效应系数

EDTA 在溶液中存在多种形式,H^+ 浓度增加,会使 EDTA 的电离平衡逆向移动,从而使 EDTA 的配位能力降低。这种由于 H^+ 的存在,使配位剂 Y 参加主反应能力降低的现象称为酸效应。

酸效应的大小用酸效应系数 $\alpha_{Y(H)}$ 来衡量。

$$\alpha_{Y(H)} = 1 + \frac{c_{H^+}}{K_{a6}^\ominus} + \frac{c_{H^+}^2}{K_{a6}^\ominus K_{a5}^\ominus} + \cdots + \frac{c_{H^+}^6}{K_{a6}^\ominus K_{a5}^\ominus \cdots K_{a1}^\ominus}$$

由上式可知,EDTA 酸效应系数的大小只与溶液的酸度有关,溶液的酸度越高,$\alpha_{Y(H)}$ 就越大。EDTA 的酸效应系数 $\alpha_{Y(H)}$ 与 EDTA 的分布系数 δ_Y 的关系为:

$$\alpha_{Y(H)} = \frac{1}{\delta_Y}$$

(2)配位效应与配位效应系数

①金属离子的辅助配位效应

由于其他配位剂 L 与金属离子的配位反应而使金属离子 M 参加主反应能力降低的现象称金属离子的辅助配位效应。辅助配位效应的大小用配位效应系数 $\alpha_{M(L)}$ 表示:

$$\alpha_{M(L)} = 1 + c(L)\beta_1 + c^2(L)\beta_2 + \cdots + c^n(L)\beta_n$$

② 金属离子的羟基配位效应系数

当不存在其他配位剂时,在低酸度的情况下,OH^- 也可以看作一种配位剂,能和金属离子形成一系列羟基配合物,使金属离子 M 参加主反应能力降低,这种现象称为金属离子的羟基配位效应,其大小用羟基效应系数 $\alpha_{M(OH)}$ 表示:

$$\alpha_{M(OH)} = 1 + c(OH)\beta_1 + c^2(OH)\beta_2 + \cdots + c^n(OH)\beta_n$$

综合以上两种情况,金属离子总的辅助配位效应系数可表示为:

$$\alpha_M = \alpha_{M(L)} + \alpha_{M(OH)} - 1$$

（3）EDTA 配合物的条件稳定常数

EDTA 与金属离子形成配离子的稳定性用绝对稳定常数来衡量。但在实际反应中，由于 EDTA 或金属离子可能存在一定的副反应，所以应该用配合物的条件稳定常数 $K_{MY}^{\ominus}$ 来表示。

$$\lg K_{MY}^{\ominus'} = \lg K_{MY}^{\ominus} - \lg\alpha_{M(L)} - \lg\alpha_{Y(H)}$$

$K_{MY}^{\ominus'}$ 称为配合物的条件稳定常数，它反映了实际反应中配合物的稳定性。

9. 配位滴定法

（1）配位滴定曲线

在配位滴定中，随着配位滴定剂 EDTA 的不断加入，在化学计量点附近，溶液中金属离子 M 的浓度发生急剧变化。以 pM 为纵坐标，以加入标准溶液 EDTA 的量 $V_{(Y)}$ 为横坐标作图，可得到配位滴定曲线。

（2）影响滴定突跃范围的因素

①$\lg K_{MY}^{\ominus'}$ 越大，突跃范围越大。

②配位滴定 pH 大，突跃范围越大。

（3）准确滴定某一金属离子的条件：

$$\lg c K_{MY}^{\ominus'} \geqslant 6$$

（4）配位滴定的酸度范围

①配位滴定的最高酸度（最低 pH 值）

（a）$\lg\alpha_{Y(H)} \leqslant \lg c_M + \lg K_{MY}^{\ominus} - 6$

（b）查酸效应系数表，得到相应的 pH 值，即为最低 pH 值（最高酸度）。

（c）实际工作中，也可以直接查 EDTA 酸效应曲线（即林邦曲线）。

②配位滴定的最低酸度（最高 pH 值）

最高 pH 值一般可由金属离子的水解酸度求得。

10. 金属指示剂

（1）金属指示剂应具备的条件

① 在滴定的 pH 条件下，MIn 与 In 的颜色应有显著的不同。

② MIn 的稳定性要适当：

（a）$\lg K_{MIn}^{\ominus'} > 4$

（b）$\lg K_{MY}^{\ominus'} - \lg K_{MIn}^{\ominus'} > 2$

③ 指示剂与金属离子的显色反应要灵敏、迅速、有一定的选择性。

(2)金属指示剂在使用中存在的问题

① 指示剂的封闭现象

有些离子能与指示剂形成非常稳定的配合物,以致在达到计量点后,滴入过量的 EDTA 也不能夺取 MIn 中的 M 离子而使 In 离子游离出来,所以看不到终点的颜色变化,这种现象称为指示剂的封闭现象。

② 指示剂的僵化现象

有些金属离子与指示剂形成的配合物溶解度小或稳定性差,使 EDTA 与 MIn 之间的交换反应慢,造成滴定终点不明显或拖后,这种现象称为指示剂的僵化。可加入适当的有机溶剂促进难溶物的溶解,或将溶液适当加热以加快置换速度而消除。

11. 混合金属离子的分别滴定

(1)选择性滴定的条件

$$\lg cK_{MY}^{\ominus\prime} \geqslant 6$$

$$\lg(c_M K_{MY}^{\ominus\prime}) - \lg(c_N K_{NY}^{\ominus\prime}) \geqslant 5$$

(2)提高配位滴定选择性的方法

①控制溶液酸度

★当被滴两组分所形成的配合物稳定性相差较大时采用。

分别求算被滴两组分的最低 pH 与最高 pH,然后找到酸度范围。

②加入掩蔽剂

★所形成的配合物稳定性很相近,不能用控制酸度法。

(a)配位掩蔽法

利用掩蔽剂使干扰离子生成更稳定的配合物,进而消除干扰的方法称为配位掩蔽法。

配位掩蔽剂应满足两点要求:

Ⅰ.与干扰离子生成更稳定的配合物,$K_{NL}^{\ominus} > K_{NY}^{\ominus}$,且NL 应无色或浅色。

Ⅱ.不与被测离子 M 形成配合物,或 $K_{ML}^{\ominus} \ll K_{MY}^{\ominus}$。

(b)氧化还原掩蔽法

利用氧化还原反应,改变干扰离子的价态从而降低干扰离子的浓度,以消除干扰的方法称为氧化还原掩蔽法。

(c)沉淀掩蔽法

利用沉淀反应降低干扰离子浓度,以消除干扰的方法称为沉淀掩蔽法。

③解蔽法

当所掩蔽的离子不是干扰离子而是需要测定其含量的离子时,则在测定其他离子含量后需要将其释放出来,再用标准溶液测定其含量。所谓解蔽就是指通过加入某种试剂使被掩蔽离子重新释放出来的过程。

④预先分离干扰离子

当使用上述方法不能奏效时,需要将干扰离子预先分离,然后再进行测定。

12.配位滴定法的应用

(1)直接滴定法

直接滴定法是将分析溶液调节至所需酸度,加入其他必要的辅助试剂及指示剂,直接用 EDTA 进行滴定,然后根据消耗 EDTA 标准溶液的体积,计算试样中被测组分的含量。

直接滴定法应用时需满足:

① 金属离子与 EDTA 的反应迅速,且生成的配合物 $\lg K_{MY}^{\ominus\prime}\geqslant 8$。

② 在滴定条件下,金属离子不水解,不生成沉淀。

③ 滴定有合适的指示剂。

(2)返滴定法

返滴定法是在试液中先加入过量的 EDTA 标准溶液,使待测离子完全与 EDTA 反应,过量的 EDTA 用另一种金属离子的标准溶液滴定。

该方法适用以下情况:

① 当被测离子与 EDTA 反应缓慢。

② 被测离子在滴定的 pH 值下会发生水解。

③ 被测离子对指示剂有封闭作用,找不到合适的指示剂。

(3)置换滴定法

置换滴定法适用于测定一些与 EDTA 生成配合物不稳定的金属离子含量的测定,也适用于混合离子中某一金属离子的含量测定。

(4)间接滴定法

间接滴定法是在待测液中加入一定量过量沉淀剂,使待测离子生成沉淀,过量的沉淀剂用 EDTA 来滴定。该方法适用于测定一些不能与 EDTA 形成稳定配离子甚至不能生成配离子的金属离子和非金属离子。

三、主要公式

1.配位化合物的磁性计算

$$磁矩\ \mu_s = \sqrt{n(n+2)} \qquad (n\ 为未成对电子数)$$

2.酸效应系数计算

$$\alpha_{Y(H)} = 1 + \frac{c_{H^+}}{K_{a6}^{\ominus}} + \frac{c_{H^+}^2}{K_{a6}^{\ominus}K_{a5}^{\ominus}} + \cdots + \frac{c_{H^+}^6}{K_{a6}^{\ominus}K_{a5}^{\ominus}\cdots K_{a1}^{\ominus}}$$

3.金属离子的辅助配位效应系数计算

$$\alpha_{M(L)} = 1 + c(L)\beta_1 + c^2(L)\beta_2 + \cdots + c^n(L)\beta_n$$

4.金属离子的羟基配位效应系数计算

$$\alpha_{M(OH)} = 1 + c(OH)\beta_1 + c^2(OH)\beta_2 + \cdots + c^n(OH)\beta_n$$

5.金属离子总的辅助配位效应系数计算

$$\alpha_M = \alpha_{M(L)} + \alpha_{M(OH)} - 1$$

6. EDTA 配合物的条件稳定常数

$$\lg K_{MY}^{\ominus\prime} = \lg K_{MY}^{\ominus} - \lg\alpha_{M(L)} - \lg\alpha_{Y(H)}$$

7.配位滴定的酸度范围的计算

(1)配位滴定的最高酸度(最低 pH 值)

①$\lg\alpha_{Y(H)} \leqslant \lg c_M + \lg K_{MY}^{\ominus} - 6$

②查酸效应系数表,得到相应的 pH 值,即为最低 pH 值(最高酸度)。

(2)配位滴定的最低酸度(最高 pH 值)

最高 pH 值一般可由金属离子的水解酸度求得。

①$[OH^-] \geqslant \sqrt[n]{\dfrac{K_{sp}^{\ominus}}{[M^{n+}]}}$

②$pH = 14 - pOH$

162

四、习题详解

7.1 完成下表：

配合物或配离子	命名	中心离子	配体	配位原子	配位数
	六氟合硅（Ⅳ）酸铜				
$[PtCl_2(OH)_2(NH_3)_2]$					
	四异硫氰酸合钴（Ⅲ）酸钾				
	三羟基·水·乙二胺合铬（Ⅲ）				
$[Fe(CN)_5(CO)]^{3-}$					
$[FeCl_2(C_2O_4)(en)]^-$					
	三硝基·三氨合钴（Ⅲ）				
	四羰基合镍				

答

配合物或配离子	命名	中心离子	配体	配位原子	配位数
$CuSiF_6$	六氟合硅（Ⅳ）酸铜	Si^{4+}	F^-	F	6
$[PtCl_2(OH)_2(NH_3)_2]$	二氯二羟基二氨合铬（Ⅳ）	Pt^{4+}	NH_3,OH^-,Cl^-	N,O,Cl	6
$K[Co(NCS)_4]$	四异硫氰酸合钴（Ⅲ）酸钾	Co^{3+}	NCS^-	N	4
$[Cr(OH)_3 \cdot H_2O \cdot en]$	三羟基·水·乙二胺合铬（Ⅲ）	Cr^{3+}	OH^-,H_2O,en	N,O	6
$[Fe(CN)_5(CO)]^{3-}$	五氰·一羰基合铁（Ⅱ）	Fe^{2+}	CN^-,CO	C	6
$[FeCl_2(C_2O_4)(en)]^-$	二氯·一草酸根·乙二胺合铁（Ⅲ）	Fe^{3+}	$Cl^-,C_2O_4^{2-},en$	N,O,Cl	6
$Co(NH_3)_3(NO_2)_3$	三硝基·三氨合钴（Ⅲ）	Co^{3+}	NO_2^-,NH_3	N	6
$[Ni(CO)_4]$	四羰基合镍	Ni	CO	C	4

7.2 人们先后制得多种钴氨配合物，其中 4 种组成如下：

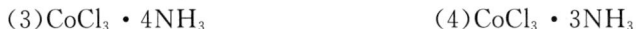

(1)$CoCl_3 \cdot 6NH_3$　　　　　　(2)$CoCl_3 \cdot 5NH_3$

(3)$CoCl_3 \cdot 4NH_3$　　　　　　(4)$CoCl_3 \cdot 3NH_3$

若用 $AgNO_3$ 溶液沉淀上述配合物中的 Cl^-，所得沉淀的含氯量依次相当于总含氯量的 $\dfrac{3}{3}$，$\dfrac{2}{3}$，$\dfrac{1}{3}$，0，根据这一实验事实确定 4 种氨钴配合物的化学式。

答　$[Co(NH_3)_6]Cl_3$

$[CoCl(NH_3)_5]Cl_2$

$[CoCl_2(NH_3)_4]Cl$

$[CoCl_3(NH_3)_3]$

7.3 下列配合物中心离子的配位数都是 6，试判断它们在相同浓度的水溶液中导电能力的强弱。

K_2PtCl_6，$Co(NH_3)_6Cl_3$，$Cr(NH_3)_4Cl_3$，$Pt(NH_3)_6Cl_4$

解 配位化合物的配位数都为 6，相应的配合物为：$K_2[PtCl_6]$，$[Co(NH_3)_6]Cl_3$，$[CrCl_2(NH_3)_4]Cl$，$[Pt(NH_3)_6]Cl_4$。离子越多导电能力越强，所以溶液导电能力的顺序为：

$Pt(NH_3)_6Cl_4 > Co(NH_3)_6Cl_3 > K_2PtCl_6 > [CrCl_2(NH_3)_4]Cl$

7.4 根据配合物的价键理论，画出 $[Co(NH_3)_6]^{3+}$ 和 $[Cd(NH_3)_4]^{2+}$（已知磁矩为 0）的电子分布情况，并推测它们的空间构型。

解 $_{27}Co^{3+}$ $3d^6 4S^0$ 无单电子，d^2sp^3 杂化，内轨型，正八面体；

$_{48}Cd^{2+}$ $4d^{10}5S^0$ 无单电子，sp^3 杂化，外轨型，正四面体。

7.5 试确定下列配合物是内轨型还是外轨型，说明理由，并以它们的电子层结构表示。

①$K_4[Mn(CN)_6]$测得磁矩 $\mu_B = 2.00$

②$(NH_4)_2[FeF_5(H_2O)]$测得磁矩 $\mu_B = 5.78$

解 ① Mn^{2+} 的核外电子排布为 $[Ar]3d^5$，而 $K_4[Mn(CN)_6]$ 的磁矩为 2.00。根据 $\mu = \sqrt{n(n+2)}$ 得 $n = 1.24 \approx 1$，即配合物中只有一个单电子，结合 Mn^{2+} 的电子结构判断为内轨型配合物，杂化类型为 d^2sp^3 杂化。

② Fe^{3+} $[Ar]3d^5$，而 $(NH_4)_2[FeF_5(H_2O)]$ 的磁矩为 5.78。根据 $\mu = \sqrt{n(n+2)}$ 得 $n = 5$，即配位化合物有 5 个未成对电子，为外轨型配合物，杂化类型为 sp^3d^2 杂化。

7.6 完成下表：

配离子	磁矩	杂化	空间构型	内、外轨型
$[Cr(C_2O_4)_3]^{3-}$	3.38B. M.			
$[Co(NH_3)_6]^{2+}$	4.26B. M.			
$[Mn(CN)_6]^{4-}$	2.00B. M.			
$[Fe(EDTA)]^{2-}$	0.00B. M.			

答

配离子	磁矩	杂化	空间构型	内、外轨型
$[Cr(C_2O_4)_3]^{3-}$	3.38B.M.	d^2sp^3	正八面体	内
$[Co(NH_3)_6]^{2+}$	4.26B.M.	sp^3d^2	正八面体	外
$[Mn(CN)_6]^{4-}$	2.00B.M.	d^2sp^3	正八面体	内
$[Fe(EDTA)]^{2-}$	0.00B.M.	d^2sp^3	正八面体	内

7.7 实验测得$[Co(NH_3)_6]^{3+}$是反磁性的,则:

(1)该配合物属于什么空间构型?

(2)根据价键理论判断中心离子的杂化方式。

解 (1)正八面体构型;

(2)Co^{3+}的核外电子排布为$[Ar]3d^6$;d轨道有6个电子,而$[Co(NH_3)_6]^{3+}$为反磁性,即无未成对电子,故为内轨型配合物,杂化方式为d^2sp^3。

7.8 在1.0L氨水中溶解0.10mol AgCl,问氨水的最初浓度是多少?

解 设平衡时NH_3的浓度为x mol·l^{-1}

$$AgCl(s) + 2NH_3 \rightleftharpoons [Ag(NH_3)_2]^+ + Cl^-$$

平衡时 　　　　　　x 　　　　　0.1 　　　　　0.1

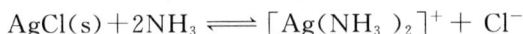

$$K_j^{\ominus} = \frac{[c[Ag(NH_3)_2]^+/c^{\ominus}] \cdot [c(Cl^-)/c^{\ominus}]}{[c(NH_3)/c^{\ominus}]^2}$$

$$= \frac{[c([Ag(NH_3)_2]^+)/c^{\ominus}] \cdot [c(Cl^-)/c^{\ominus}] \cdot [c(Ag^+)/c^{\ominus}]}{[c(NH_3)/c^{\ominus}]^2 \cdot [c(Ag^+)/c^{\ominus}]}$$

$$= K_{sp}^{\ominus}(AgCl) \cdot K_{稳}^{\ominus}\{Ag(NH_3)_2^+\}$$

$$= 1.77 \times 10^{-10} \times 1.12 \times 10^7 = 1.98 \times 10^{-3}$$

$$x = c(NH_3) = \sqrt{\frac{c([Ag(NH_3)_2]^+) \cdot c(Cl^{-1})}{1.98 \times 10^{-3}}} = \sqrt{\frac{0.1 \times 0.1}{1.98 \times 10^{-3}}}$$

$$= 2.24(mol \cdot L^{-1})$$

在溶解的过程中要消耗氨水的浓度为$2 \times 0.1 = 0.2(mol \cdot L^{-1})$,所以氨水的最初浓度为$2.24 + 0.2 = 2.44(mol \cdot L^{-1})$

7.9 解释下列几种实验现象:

(1)为何AgI不能溶于氨水中,却能溶于KCN溶液中?

(2)为何AgBr能溶于KCN溶液中,而Ag_2S却不能?

(3)用无色KSCN溶液在白纸上写字或画图,干后喷$FeCl_3$溶液,为什么会出现血红色字画?

（4）$[FeF_6]^{3-}$ 和 $[Fe(H_2O)_6]^{3+}$ 配离子的颜色很浅甚至无色，而 $[Fe(CN)_6]^{3-}$ 却呈深红色。

解 （1）AgI 不能溶于 NH_3 而能溶于 KCN，是因为溶解反应的平衡常数为 $K_j^\ominus = K_{sp}^\ominus(AgI) \times K_稳^\ominus$，而 $K_稳^\ominus\{Ag(CN)_2\} \gg K_稳^\ominus\{Ag(NH_3)_2\}$，因此 AgI 溶于 KCN 的平衡常数很大而溶于 NH_3 的平衡常数很小，所以 AgI 可溶于 KCN 溶液，反应方程式：$AgI + 2CN^- \rightleftharpoons [Ag(CN)_2]^- + I^-$。

（2）AgBr 能溶于 KCN 而 Ag_2S 不能，是因为 Ag_2S 的 $K_{sp}^\ominus$ 远小于 AgBr 的 $K_{sp}^\ominus$，以至于 CN^- 不能与之配位形成易溶的配合物，而 AgBr 却能与 CN^- 作用，生成 $[Ag(CN)_2]^-$，而使 AgBr 溶解。

（3）$FeCl_3$ 与 KSCN 反应形成配合物，呈血红色。

（4）$[FeF_6]^{3-}$ 和 $[Fe(H_2O)_6]^{3+}$ 配离子的颜色很浅甚至无色，是由于它们的配体为弱场配体，均为外轨型配合物，在八面体场中，中心离子的 d 轨道分裂能小，电子跃迁所需能量小，对光的吸收弱，颜色浅。$[Fe(CN)_6]^{3-}$ 呈血红色，颜色较深，是由于配体为强场配体，属内轨型配合物，在八面体场中，中心离子的 d 轨道分裂能大，这样电子跃迁所需能量大，对光的吸收强，颜色深。

7.10 在 50mL $0.10mol \cdot L^{-1}$ 的 $AgNO_3$ 溶液中，加密度为 $0.932g \cdot mL^{-1}$ 含 NH_3 18.24% 的氨水 30mL，水稀释到 100mL，求算这溶液中的 Ag^+ 浓度。

解 设 Ag^+ 全部生成 $Ag(NH_3)_2^+$

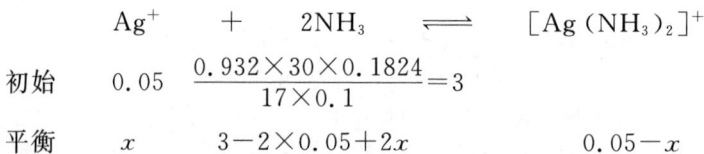

由稳定常数 $K_稳^\ominus = \dfrac{c([Ag(NH_3)_2]^+)}{c^2(NH_3)c(Ag^+)} = 1.12 \times 10^7$

得平衡时 $x = [Ag^+] = 5.3 \times 10^{-10} mol \cdot L^{-1}$

7.11 在第 7.10 题的混合液中加 $0.10mol \cdot L^{-1}$ 的 KBr 溶液 10mL，有没有 AgBr 沉淀析出？如果欲阻止 AgBr 沉淀析出，氨的最低浓度是多少？

解 根据溶度积规则 $c_{Ag^+} \cdot c_{Br^-} > K_{sp}^\ominus(AgBr)$ 才会生成沉淀。

$$c_{Ag^+} = \frac{5.3 \times 10^{-10} \times 100}{100 + 10} = 4.8 \times 10^{-10}(mol \cdot L^{-1})$$

$$c_{Br^-} = \frac{0.10 \times 10}{100 + 10} = 9.1 \times 10^{-3}(mol \cdot L^{-1})$$

$$Q_{AgBr} = c_{Ag^+} \cdot c_{Br^-} = 4.8 \times 10^{-10} \times 9.1 \times 10^{-3} = 4.37 \times 10^{-12} > K_{sp}^\ominus(AgBr)$$

所以有 AgBr 沉淀析出

若不生成沉淀,则 Ag^+ 的浓度必须小于

$$c_{Ag^+} < \frac{K_{sp}^{\ominus}}{c_{Br^-}} = \frac{5.35 \times 10^{-13}}{9.1 \times 10^{-3}} = 5.88 \times 10^{-11} (mol \cdot L^{-1})$$

设氨的最低浓度为 y

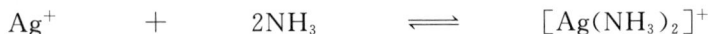

	Ag^+	$+$	$2NH_3$	$\rightleftharpoons$	$[Ag(NH_3)_2]^+$

初始　$0.05 \times 100/110 = 0.045$　y

平衡　5.88×10^{-11}　$y - 2(0.045 - 5.88 \times 10^{-11})$　$0.045 - 5.88 \times 10^{-11}$

$$K_{稳}^{\ominus} = \frac{c([Ag(NH_3)_2]^+)}{c^2(NH_3)c(Ag^+)} = 1.12 \times 10^7$$

代入解得　$y = 8.35$ mol $\cdot$ L^{-1}

7.12 计算 AgCl 在 0.1mol $\cdot$ L^{-1} 氨水中的溶解度。

解　设 AgCl 的溶解度为 x mol $\cdot$ L^{-1}

$$AgCl + 2NH_3 \rightleftharpoons [Ag(NH_3)_2]^+ + Cl^-$$

平衡浓度/mol $\cdot$ L^{-1}　　　$0.1 - 2x$　　　x　　　x

$$K_{稳}^{\ominus}\{Ag(NH_3)_2^+\} = \frac{[Ag(NH_3)_2^+] \cdot [Cl^-]}{[NH_3]^2} = \frac{x^2}{(0.1 - 2x)^2}$$

$$= K_{sp}^{\ominus}(AgCl)/K_{不稳}^{\ominus}[Ag(NH_3)_2^+]$$

$$= 1.77 \times 10^{-10}/8.91 \times 10^{-8}$$

$$= 1.99 \times 10^{-3}$$

求得　$x = 4.1 \times 10^{-3}$ mol $\cdot$ L^{-1}

AgCl 的溶解度为 4.1×10^{-3} mol $\cdot$ L^{-1}

7.13 当溶液的 pH$=11.0$ 并含有 0.0010mol $\cdot$ L^{-1} 游离的 CN^- 时,计算 $\lg K_{稳}^{\ominus}{}'(HgY)$ 的值?

解　$\lg K_{稳}^{\ominus}(HgY) = 21.80$,pH$=11.0$ 时,$\lg \alpha_{Y(H)} = 0.07$

$$\alpha_{Hg(CN)} = 1 + \beta_1[CN^-] + \beta_2[CN^-]^2 + \beta_3[CN^-]^3 + \beta_4[CN^-]^4$$

$$= 1 + 10^{15} + 10^{28.7} + 10^{29.5} + 10^{29.4}$$

$$= 6.18 \times 10^{29}$$

$$\alpha_{Hg(OH)} = 1 + \beta_1[OH^-] + \beta_2[OH^-]^2 + \beta_3[OH^-]^3$$

$$= 10^{15.8}$$

$$\alpha_{Hg} = \alpha_{Hg(CN)} + \alpha_{Hg(OH)} - 1 = 10^{29.8}$$

所以 $\lg K_{稳}^{\ominus}{}'(HgY) = 21.80 - 29.8 - 0.07 = -8.07$

7.14 试计算 Ni-EDTA 配合物在含有 0.1 mol $\cdot$ L^{-1}NH$_3$ 和 0.1 mol $\cdot$ L^{-1}

NH$_4$Cl 缓冲溶液中的条件稳定常数？

解 0.1 mol·L^{-1}NH$_3$-0.1 mol·L^{-1}NH$_4$Cl 缓冲溶液的

pH=p$K_a^\ominus$+lg[NH$_3$]/[NH$_4^+$]=9.26,查表得 lg$\alpha_{Y(H)}$=1.0

$\alpha_{Ni(NH_3)}$=1+β_1[NH$_3$]+$\cdots$+β_6[NH$_3$]^6=10$^{4.17}$

$\alpha_{Ni(OH)}$=1+β_1[OH$^-$]+$\cdots$+β_3[OH$^-$]^3=10$^{0.2}$

α_{Ni}=$\alpha_{Ni(NH_3)}$+$\alpha_{Ni(OH)}$−1≈10$^{4.17}$

所以有 lg$K_{NiY}^{\ominus'}$=lg$K_{NiY}^\ominus$−lg$\alpha_{Y(H)}$−lg$\alpha_{Ni(NH_3)}$

　　　　　=18.56−1.0−4.17=13.39

7.15 计算用二乙胺四乙酸溶液滴定 Zn^{2+} 时允许的最高酸度。

解 最高酸度即最低 pH,根据准确滴定 lg$c_{Zn}K_{ZnY}^{\ominus'}$≥6 的要求

lg$K_{ZnY}^\ominus$=16.50

lg$\alpha_{Y(H)}$≤lg$c_{Zn}K_{ZnY}^\ominus$−6=−2+16.50−6=8.50

(以 EDTA 浓度为 0.01mol·L^{-1}计算)

查表得 pH=4 时,lg$\alpha_{Y(H)}$=8.44,故 pH=4 为最高酸度。

7.16 用配位滴定法测定含钙的试样:

(1)以纯度为 99.80% 的 CaCO$_3$ 配制 1mg·mL^{-1}的标准溶液 1000mL,需称取 CaCO$_3$ 的质量是多少？

(2)取上述含钙标准溶液 20.00mL,用 EDTA 18.25mL 滴定至终点,求 EDTA 的浓度。

(3)取含钙试样 100mg 的试液,滴定时消耗上述 EDTA 6.64mL,计算试样中 CaO 的百分含量。

解 (1)m(CaCO$_3$)=1×10^{-3}×1000/99.80%=1.0020(g)

(2)$c_{Ca^{2+}}$=1×10^{-3}×1000/100.09=9.99×10^{-3}(mol·L^{-1})

　　c_{EDTA}=20.00×9.99×10^{-3}/18.25=0.01095(mol·L^{-1})

(3)CaO%=0.01095×6.64×10^{-3}×56.08/100×10^{-3}·100%=4.077%

7.17 取水样 100.00mL,在 pH=10.0 时,用铬黑 T 为指示剂,用 c(H$_4$Y)=0.01050mol·L^{-1}的溶液滴定至终点,用去体积为 19.00mL,计算水的总硬度。

解 水的总硬=0.01050×19.00×10^{-3}×56.08×10^3/100.0×10^{-3}

　　　　　　=111.9(mg·L^{-1})

7.18 测定铝盐的含量时称取试样 0.2550g,溶解后加入 0.05000mol·L^{-1} EDTA 溶液 50.00mL,加热煮沸,冷却后调节 pH=5.0,加入二甲酚橙指示剂,

以 $0.02000 \mathrm{mol \cdot L^{-1}}$ $Zn(Ac)_2$ 溶液滴定过量的 EDTA 至终点,消耗 $25.00 \mathrm{mL}$,求试样中 Al_2O_3 的质量分数?(已知 $M(Al_2O_3) = 101.96 \mathrm{~g \cdot mol^{-1}}$)

解 $Al_2O_3\% = \dfrac{\dfrac{1}{2}(0.05000 \times 50.00 - 0.02000 \times 25.00) \times 10^{-3} \times 101.96}{0.2550} \times 100\%$

$\qquad = 39.98\%$

7.19 分析铜锌的合金,称取 $0.5000 \mathrm{g}$ 试样,用容量瓶配成 $100.0 \mathrm{mL}$ 试液,吸取 $25.00 \mathrm{mL}$,调至 $pH = 6.0$ 时,以 PAN 做指示剂,用 $c(H_4Y) = 0.05000 \mathrm{mol \cdot L^{-1}}$ 的溶液滴定 Cu^{2+} 和 Zn^{2+},用去 $37.30 \mathrm{mL}$。另外又吸取 $25.00 \mathrm{mL}$ 试液,调至 $pH = 10$,加 KCN,以掩蔽 Cu^{2+} 和 Zn^{2+}。用同浓度的 H_4Y 溶液滴定 Mg^{2+},用去 $4.10 \mathrm{mL}$。然后再加甲醛以解蔽 Zn^{2+},又用同浓度的 H_4Y 溶液滴定,用去 $13.40 \mathrm{mL}$。计算试样中 Cu^{2+},Zn^{2+} 和 Mg^{2+} 的含量。

解 $n_{Cu} + n_{Zn} = 0.05000 \times 37.30 \times 10^{-3} \times 100/25.00 = 7.46 \times 10^{-3} \mathrm{(mol)}$

$\qquad n_{Mg} = 0.05000 \times 4.10 \times 10^{-3} \times 100/25.00 = 8.2 \times 10^{-4} \mathrm{(mol)}$

$\qquad n_{Zn} = 0.05000 \times 13.40 \times 10^{-3} \times 100/25.00 = 2.68 \times 10^{-3} \mathrm{(mol)}$

$\qquad n_{Cu} = 7.46 \times 10^{-3} - 2.68 \times 10^{-3} = 4.78 \times 10^{-3} \mathrm{(mol)}$

$\qquad Mg\% = \dfrac{8.2 \times 10^{-4} \times 24.305}{0.5000} \times 100\% = 3.99\%$

$\qquad Zn\% = \dfrac{2.68 \times 10^{-13} \times 65.409}{0.5000} \times 100\% = 35.06\%$

$\qquad Cu\% = \dfrac{4.78 \times 10^{-3} \times 63.546}{0.5000} \times 100\% = 60.75\%$

五、测验题

(一)选择题

1. 欲用 EDTA 测定试液中的阴离子,宜采用(　　　)。

(A)直接滴定法　(B)返滴定法　　(C)置换滴定法　(D)间接滴定法

2. 用 EDTA 测定 Cu^{2+},Zn^{2+},Al^{3+} 中的 Al^{3+},最合适的滴定方式是(　　　)。

(A)直接滴定　　(B)间接滴定　　(C)返滴定　　　(D)置换滴定

(已知 $\lg K_{稳}^{\ominus}(CuY) = 18.8$,$\lg K_{稳}^{\ominus}(ZnY) = 16.5$,$\lg K_{稳}^{\ominus}(AlY) = 16.1$)

3. EDTA 滴定 Al^{3+} 的 pH 一般控制在 $4.0 \sim 7.0$ 范围内。下列说法正确的是(　　　)。

(A)$pH < 4.0$ 时,Al^{3+} 离子水解影响反应进行程度

(B)pH＞7.0时,EDTA的酸效应降低反应进行的程度

(C)pH＜4.0时,EDTA的酸效应降低反应进行的程度

(D)pH＞7.0时,Al^{3+}的NH_3配位效应降低了反应进行的程度

4. 在 Fe^{3+},Al^{3+},Ca^{2+},Mg^{2+} 的混合液中,用 EDTA 法测定 Fe^{3+},Al^{3+},要消除 Ca^{2+},Mg^{2+} 的干扰,最简便的方法是采用(   )。

(A)沉淀分离法   (B)控制酸度法   (C)溶液萃取法   (D)离子交换法

5. 用指示剂(In),以 EDTA(Y)滴定金属离子 M 时常加入掩蔽剂(X)消除某干扰离子(N)的影响。不符合掩蔽剂加入条件的是(   )。

(A)$K_{稳}^{\ominus}(NX) < K_{稳}^{\ominus}(NY)$ (B)$K_{稳}^{\ominus}(NX) \gg K_{稳}^{\ominus}(NY)$

(C)$K_{稳}^{\ominus}(MX) \ll K_{稳}^{\ominus}(MY)$ (D)$K_{稳}^{\ominus}(MIn) > K_{稳}^{\ominus}(MX)$

6. 已知 $\lg K_{稳}^{\ominus}(BiY) = 27.9$,$\lg K_{稳}^{\ominus}(NiY) = 18.7$。今有浓度均为 $0.01\,mol \cdot L^{-1}$ 的 Bi^{3+},Ni^{2+} 混合试液。欲测定其中 Bi^{3+} 的含量,允许误差 $< 0.1\%$,应选择 pH 值为(   )。

pH	0	1	2	3	4	5
$\lg\alpha_{Y(H)}$	24	18	14	11	8.6	6.6

(A)＜1   (B)1～2   (C)2～3   (D)＞4

7. 某配离子 $[M(CN)_4]^{2-}$ 的中心离子 M^{2+} 以 $(n-1)d$,ns,np 轨道杂化而形成配位键,则这种配离子的磁矩和配位键的极性将(   )。

(A)增大,较弱   (B)减小,较弱

(C)增大,较强   (D)减小,较强

8. EDTA 溶液中,HY^{3-} 和 Y^{4-} 两种离子的酸效应系数之比,即 $\alpha_{HY^{3-}}/\alpha_{Y^{4-}}$ 等于(   )。

(A)$[H^+]/K_{a5}^{\ominus}$ (B)$[H^+]/K_{a6}^{\ominus}$ (C)$K_{a5}^{\ominus}/[H^+]$ (D)$K_{a6}^{\ominus}/[H^+]$

9. AgCl 在 $1\,mol \cdot L^{-1}$ 氨水中比在纯水中的溶解度大。其原因是(   )。

(A)盐效应   (B)配位效应   (C)酸效应   (D)同离子效应

10. 已知 AgBr 的 $pK_{sp}^{\ominus} = 12.30$,$Ag(NH_3)_2^+$ 的 $\lg K_{稳}^{\ominus} = 7.40$,则 AgBr 在 $1.001\,mol \cdot L^{-1} NH_3$ 溶液中的溶解度(单位:$mol \cdot L^{-1}$)为(   )。

(A)$10^{-4.90}$ (B)$10^{-6.15}$ (C)$10^{-9.85}$ (D)$10^{-2.45}$

11. 用 EDTA 滴定 Bi^{3+} 时,为了消除 Fe^{3+} 的干扰,采用的掩蔽剂是(   )。

(A)抗坏血酸   (B)KCN   (C)草酸   (D)三乙醇胺

12. 用 EDTA 测定 Zn^{2+},Al^{3+} 混合溶液中的 Zn^{2+},为了消除 Al^{3+} 的干扰可

采用的方法是(　　)。

(A)加入 NH_4F,配位掩蔽 Al^{3+}　　(B)加入 $NaOH$,将 Al^{3+} 沉淀除去

(C)加入三乙醇胺,配位掩蔽 Al^{3+}　　(D)控制溶液的酸度

13. 25℃时,在 Ag^+ 的氨水溶液中,平衡时 $c(NH_3)=2.98\times10^{-4}mol\cdot L^{-1}$,并认为有 $c(Ag^+)=c([Ag(NH_3)_2]^+)$,忽略 $Ag(NH_3)^+$ 的存在。则 $[Ag(NH_3)_2]^+$ 的不稳定常数为(　　)。

(A)2.98×10^{-4}　　　　　　(B)4.44×10^{-8}

(C)8.88×10^{-8}　　　　　　(D)数据不足,无法计算

14. 下列叙述中正确的是(　　)。

(A)配合物中的配位键必定是由金属离子接受电子对形成的

(B)配合物都有内界和外界

(C)配位键的强度低于离子键或共价键

(D)配合物中,形成体与配位原子间以配位键结合

15. 某金属离子 M^{2+} 可以生成两种不同的配离子 $[MX_4]^{2-}$ 和 $[MY_4]^{2-}$,$K_{稳}^{\ominus}([MX_4]^{2-})<K_{稳}^{\ominus}([MY_4]^{2-})$。若在 $[MX_4]^{2-}$ 溶液中加入含有 Y^- 的试剂,可能发生某种取代反应。下列有关叙述中,错误的是(　　)。

(A)取代反应为:$[MX_4]^{2-}+4Y^-\rightleftharpoons[MY_4]^{2-}+4X^-$

(B)由于 $K_{稳}^{\ominus}([MX_4]^{2-})<K_{稳}^{\ominus}([MY_4]^{2-})$,所以该反应的 $K^{\ominus}>1$

(C)当 Y^- 的量足够时,反应必然向右进行

(D)配离子的这种取代反应,实际应用中并不多见

16. 已知 $[Co(NH_3)_6]^{3+}$ 的磁矩 $\mu=0B.M$,则下列关于该配合物的杂化方式及空间构型的叙述中正确的是(　　)。

(A)sp^3d^2 杂化,正八面体　　　　(B)d^2sp^3 杂化,正八面体

(C)sp^3d^2 杂化,三方棱柱　　　　(D)d^2sp^3 杂化,四方锥

17. 下列叙述中错误的是(　　)。

(A)配合物必定是含有配离子的化合物

(B)配位键由配体提供孤对电子,形成体接受孤对电子而形成

(C)配合物的内界常比外界更不易解离

(D)配位键与共价键没有本质区别

18. 25℃时,在 Cu^{2+} 的氨水溶液中,平衡时 $c(NH_3)=6.7\times10^{-4}mol\cdot L^{-1}$,并认为有 50% 的 Cu^{2+} 形成了配离子 $[Cu(NH_3)_4]^{2+}$,余者以 Cu^{2+} 形式存在。则 $[Cu(NH_3)_4]^{2+}$ 的不稳定常数为(　　)。

(A)4.5×10^{-7} (B)2.0×10^{-13}

(C)6.7×10^{-4} (D)数据不足,无法确定

(二)是非题

1. 五氯·一氨合铂(Ⅳ)酸钾的化学式为 $K_3[PtCl_5(NH_3)]$。   (   )

2. 已知 $[HgCl_4]^{2-}$ 的 $K_稳^\ominus = 1.0 \times 10^{16}$,当溶液中 $c(Cl^-) = 0.10 \text{mol} \cdot L^{-1}$ 时, $c(Hg^{2+})/c([HgCl_4]^{2-})$ 的比值是 1.0×10^{-12}。   (   )

3. 在多数配位化合物中,内界的中心原子与配体之间的结合力总是比内界与外界之间的结合力强。因此配合物溶于水时较容易解离为内界和外界,而较难解离为中心离子(或原子)和配体。   (   )

4. 磁矩大的配合物,其稳定性强。   (   )

5. 金属离子 A^{3+},B^{2+} 可分别形成 $[A(NH_3)_6]^{3+}$ 和 $[B(NH_3)_6]^{2+}$,它们的稳定常数依次为 4×10^5 和 2×10^{10},则相同浓度的 $[A(NH_3)_6]^{3+}$ 和 $[B(NH_3)_6]^{2+}$ 溶液中,A^{3+} 和 B^{2+} 的浓度关系是 $c(A^{3+}) > c(B^{2+})$。   (   )

6. 能形成共价分子的主族元素,其原子的内层 d 轨道均被电子占满,所以不可能用内层 d 参与形成杂化轨道。   (   )

7. $[AlF_6]^{3-}$ 的空间构型为八面体,Al 原子采用 sp^3d^2 杂化。   (   )

8. 已知 $K_2[Ni(CN)_4]$ 与 $Ni(CO)_4$ 均呈反磁性,所以这两种配合物的空间构型均为平面正方形。   (   )

(三)计算题

1. 在 $c_{Al^{3+}} = 0.010 \text{mol} \cdot L^{-1}$ 的溶液中,加入 NaF 固体,使溶液中游离的 F^- 浓度为 $0.10 \text{mol} \cdot L^{-1}$。计算溶液中 $[Al^{3+}]$,$[AlF_4^-]$,$[AlF_5^{2-}]$ 和 $[AlF_6^{3-}]$。

(已知 AlF_6^{3-} 的 $\lg\beta_1 \sim \lg\beta_6$ 为 6.1,11.15,15.0,17.7,19.4,19.7)

2. 查得汞(Ⅱ)氰配位物的 $\lg\beta_1 \sim \lg\beta_4$ 分别为 18.0,34.7,38.5,41.5。计算: (1)pH = 10.0 含有游离 CN^- 浓度为 $0.1 \text{mol} \cdot L^{-1}$ 的溶液中的 $\lg\alpha_{Hg(CN)}$ 值;(2)如溶液中同时存在 EDTA,Hg^{2+} 与 EDTA 是否会形成 Hg(Ⅱ)-EDTA 配合物?

(已知 $\lg K_{HgY}^\ominus = 21.8$;pH = 10 时,$\lg\alpha_{Y(H)} = 0.45$,$\lg\alpha_{Hg(OH)} = 13.9$)

3. 已知 $\lg K_稳^\ominus(ZnY) = 16.50$,$K_{sp}^\ominus\{Zn(OH)_2\} = 5.0 \times 10^{-16}$。用 $2.0 \times 10^{-2} \text{mol} \cdot L^{-1}$ EDTA 滴定浓度均为 $2.0 \times 10^{-2} \text{mol} \cdot L^{-1}$ Zn^{2+},Mg^{2+} 混合溶液中的 Zn^{2+},适宜酸度范围是多少?

pH	4.0	4.4	4.8	5.1	5.4	5.8	6.0
$\lg\alpha_{Y(H)}$	8.44	7.64	6.84	6.45	5.69	4.98	4.65

4. 将金属锌棒插入含有 $0.01\,mol \cdot L^{-1}\,Zn(NH_3)_4^{2+}$ 和 $1\,mol \cdot L^{-1}\,NH_3$ 的溶液中,计算电对的电极电位。(已知 $E^{\ominus}(Zn^{2+}/Zn) = -0.763V$; Zn^{2+} 与 NH_3 配合物的累积稳定常数 $lg\beta_1 = 2.37, lg\beta_2 = 4.81, lg\beta_3 = 7.31, lg\beta_4 = 9.46$)

六、测验题解答

(一)选择题

1. (D);**2.** (D);**3.** (C);**4.** (B);**5.** (A);**6.** (B);**7.** (B);**8.** (D);**9.** (B);

10. (D);**11.** (A);**12.** (A);**13.** (C);**14.** (D);**15.** (D);**16.** (B);**17.** (A);**18.** (B)

(二)是非题

1. ×;**2.** √;**3.** √;**4.** ×;**5.** √;**6.** √;**7.** √;**8.** ×。

(三)计算题

1. 解

因为:

$$\alpha_{Al(F^-)} = \frac{[Al^{3+}]_{总}}{[Al^{3+}]}$$

所以:

$$\alpha_{Al(F^-)} = 1 + \beta_1[F^-] + \beta_2[F^-]^2 + \cdots + \beta_6[F^-]^6 = 3.52 \times 10^{14}$$

$$[Al^{3+}] = \frac{[Al^{3+}]_{总}}{\alpha_{Al(F^-)}} = \frac{0.01}{3.52 \times 10^{14}} = 2.84 \times 10^{-17}\,(mol \cdot L^{-1})$$

$$\beta_4 = \frac{[AlF_4^-]}{[Al^{3+}][F^-]^4} = \frac{[AlF_4^-]}{2.84 \times 10^{-17} \times (0.1)^4} = 10^{17.7}$$

$$[AlF_4^-] = 1.4 \times 10^{-3}\,mol \cdot L^{-1}$$

$$\beta_5 = \frac{[AlF_5^{2-}]}{[Al^{3+}][F^-]^5} = \frac{[AlF_5^{2-}]}{2.84 \times 10^{-17} \times (0.1)^5} = 10^{19.4}$$

$$[AlF_5^{2-}] = 7.13 \times 10^{-3}\,mol \cdot L^{-1}$$

$$K_{稳}^{\ominus} = \beta_6\frac{[AlF_6^{3-}]}{[Al^{3+}][F^-]^6} = \frac{[AlF_6^{3-}]}{2.84 \times 10^{-17} \times (0.1)^6} = 10^{19.7}$$

$$[AlF_6^{3-}] = 1.4 \times 10^{-3}\,mol \cdot L^{-1}$$

2. 解

(1)因为:

$$\alpha_{Hg(CN)} = 1 + \beta_1[CN^-] + \beta_2[CN^-]^2 + \cdots + \beta_4[CN^-]^4$$

$$lg\alpha_{Hg(CN)} = 37.5$$

(2)已知:$lgK_{HgY}^{\ominus'} = lgK_{HgY}^{\ominus} - lg\alpha_{Y(H)} - lg\alpha_{Hg}$

其中：$\alpha_{Hg} \approx \alpha_{Hg(CN)} + \alpha_{Hg(OH)}$

$\lg K_{HgY}^{\ominus'} = K_{HgY}^{\ominus} - \lg \alpha_{Y(H)} - \lg \alpha_{Hg} = 21.8 - 0.45 - 37.5$

$\qquad = -16.15$

可见不会形成 HgY^{2-} 配合物。

3. 解

因为：

$\lg c_M K_{稳}^{\ominus'}(ZnY) = \lg(2 \times 10^{-2}) + \lg K_{稳}^{\ominus}(ZnY) - \lg \alpha_{Y(H)} \geqslant 6$

$\lg \alpha_{Y(H)} \leqslant \lg c_M + \lg K_{稳}^{\ominus}(ZnY) - 6 = 8.80$

所以 pH $\geqslant 3.8$

因为 $K_{sp}^{\ominus}\{Zn(OH)_2\} = 5.0 \times 10^{-16}$

$[OH^-]^2 = K_{sp}^{\ominus}\{Zn(OH)_2\}/[Zn^{2+}]$

所以 pH $\leqslant 7.2$

适宜酸度范围是 $3.8 \leqslant pH \leqslant 7.2$

4. 解

$E(Zn^{2+}/Zn) = E^{\ominus}(Zn^{2+}/Zn) + \dfrac{0.0592}{2}\lg[Zn^{2+}]$

$Zn^{2+} + 4NH_3 \Longrightarrow Zn(NH_3)_4^{2+}$

$K_{稳}^{\ominus} = \dfrac{[Zn(NH_3)_4^{2+}]}{[Zn^{2+}][NH_3]^4}$

$[Zn^{2+}] = \dfrac{[Zn(NH_3)_4^{2+}]}{K_{稳}^{\ominus}[NH_3]^4}$

$E(Zn^{2+}/Zn) = E^{\ominus}(Zn^{2+}/Zn) + \dfrac{0.0592}{2}\lg[Zn^{2+}]$

$E(Zn^{2+}/Zn) = E^{\ominus}(Zn^{2+}/Zn) + \dfrac{0.0592}{2}\lg \dfrac{[Zn(NH_3)_4^{2+}]}{K_{稳}^{\ominus}[NH_3]^4}$

当 $[Zn(NH_3)_4^{2+}] = 0.01 mol \cdot L^{-1}$，$[NH_3] = 1.0 mol \cdot L^{-1}$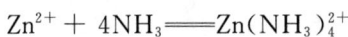

$E(Zn^{2+}/Zn) = E(Zn(NH_3)_4^{2+}/Zn) = E^{\ominus}(Zn^{2+}/Zn) + \dfrac{0.0592}{2}\lg \dfrac{0.01}{K_{稳}^{\ominus}}$

$\qquad = -0.763 + \dfrac{0.0592}{2}\lg \dfrac{0.01}{10^{9.46}} = -1.10(V)$

第八章 p区元素及其主要化合物
(p block elements and their main compounds)

▶学习目标

通过本章的学习,要求掌握:

1. p区元素单质的物理化学性质;
2. p区元素重要单质、化合物的制备方法;
3. p区元素重要化合物的典型性质;
4. p区元素酸碱性、氧化还原性的变化规律;
5. 常见离子的鉴定方法。

一、知 识 结 构

【知识结构-1】——卤素

8.1 卤素及其主要化合物

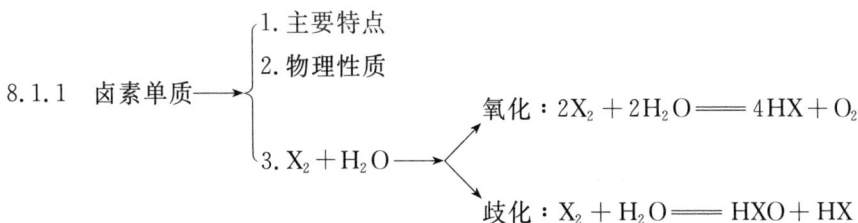

8.1.1 卤素单质 →
- 1. 主要特点
- 2. 物理性质
- 3. $X_2 + H_2O$ →
  - 氧化:$2X_2 + 2H_2O \Longrightarrow 4HX + O_2$
  - 歧化:$X_2 + H_2O \Longrightarrow HXO + HX$

8.1.2 卤素主要化合物

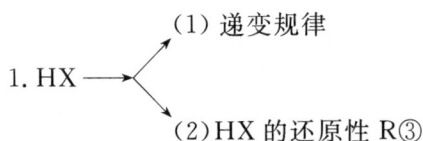

1. HX →
- (1) 递变规律
- (2) HX 的还原性 R③

$$
2.\text{含氧化物}
\begin{cases}
(1)\,\text{稳定性：氧化物}<\text{含氧酸}<\text{含氧酸盐}\\
(2)\,\text{含氧酸根结构——X 为 sp}^3\ \text{杂化}\\
(3)\,\text{含氧酸及盐的递变规律}\\
(4)\,\text{HClO 及盐} \longrightarrow
\begin{cases}
\text{a. 不稳定性}\\
\text{b. 次氯酸盐}
\end{cases}\\
(5)\,\text{HClO}_3\ \text{及盐} \longrightarrow
\begin{cases}
\text{a. 氧化性}\\
\text{b. 稳定性}
\end{cases}\\
(6)\,\text{酸性规律}\bigstar
\end{cases}
$$

注：R③是指有 3 个代表性反应。以下表示类同。

【知识结构-2】——氧族元素

8.2　氧族元素及其主要化合物

$$
8.2.1\quad\text{氧族通性} \longrightarrow
\begin{cases}
1.\ \text{主要特点}\\
2.\ \text{氢化物}\\
3.\ \text{O}_3 \longrightarrow
\begin{cases}
\text{唯一的极性单质}\\
\pi_3^4
\end{cases}
\end{cases}
$$

8.2.2　主要化合物

$$
1.\text{H}_2\text{O}_2 \longrightarrow
\begin{cases}
(1)\,\text{结构}\\
(2)\,\text{性质} \longrightarrow
\begin{cases}
\text{a. 弱酸性：H}_2\text{O}_2+\text{Ba(OH)}_2=\!=\!=\text{BaO}_2+2\text{H}_2\text{O}\\
\text{b. 不稳定性：}2\text{H}_2\text{O}_2=\!=\!=2\text{H}_2\text{O}+\text{O}_2\\
\text{c. 氧化还原性 R②}
\end{cases}
\end{cases}
$$

2. H_2S 与 MS

$$
(1)\,\text{H}_2\text{S} \longrightarrow
\begin{cases}
\text{a. 弱酸性}\\
\text{b. 还原性 R③}
\end{cases}
$$

$$
(2)\,\text{MS} \longrightarrow
\begin{cases}
\text{a. 颜色}\\
\text{b. 溶解性}\\
\text{c. S}^{2-}\ \text{的鉴定}
\begin{cases}
\text{S}^{2-}+2\text{H}^{+}=\!=\!=\text{H}_2\text{S}\\
\text{Pb(Ac)}_2+\text{H}_2\text{S}=\!=\!=\text{PbS}+2\text{HAc}
\end{cases}
\end{cases}
$$

3. SO_2 与 H_2SO_3 及盐

(1) $\text{SO}_2 \longrightarrow$ 不等性 sp^2 杂化，π_3^4

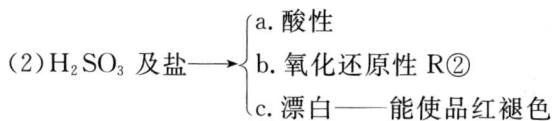

$(2)H_2SO_3$ 及盐 $\longrightarrow$
$\begin{cases} a.\text{酸性} \\ b.\text{氧化还原性 R②} \\ c.\text{漂白} \longrightarrow \text{能使品红褪色} \end{cases}$

4. H_2SO_4 及其盐

$(1)H_2SO_4 \longrightarrow$
$\begin{cases} a.\text{酸性} \\ b.\text{强吸水性} \\ c.\text{强氧化性} \begin{cases} ①H_2SO_4 + \text{活泼金属} \\ ②H_2SO_4 + \text{不活泼金属/非金属} \end{cases} \end{cases}$

$(2)MSO_4 \longrightarrow$
$\begin{cases} a.\text{易溶于水} \\ b.\text{形成复盐} \end{cases}$

5. 硫代硫酸盐 $\longrightarrow$
$\begin{cases} a.\text{不稳定性}: S_2O_3^{2-} + 2H^+ \Longrightarrow S\downarrow + SO_2\uparrow + H_2O \\ b.\text{还原性} \begin{cases} S_2O_3^{2-} + 4Cl_2 + 5H_2O \Longrightarrow 2SO_4^{2-} + 8Cl^- + 10H^+ \\ 2S_2O_3^{2-} + I_2 \Longrightarrow S_4O_6^{2-} + 2I^- \end{cases} \\ c.\text{配位能力} \longrightarrow \text{鉴定} S_2O_3^{2-} \end{cases}$

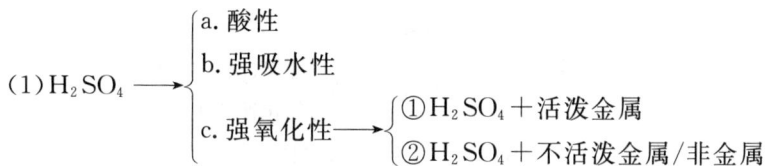

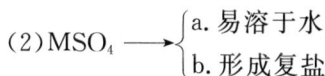

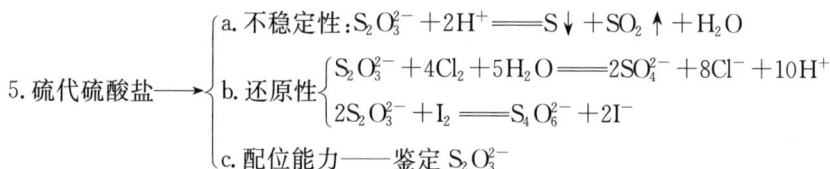

【知识结构-3】——氮族元素

8.3　氮族元素及其主要化合物

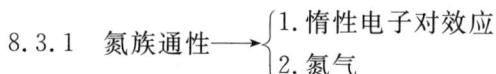

8.3.1　氮族通性 $\longrightarrow$
$\begin{cases} 1.\text{惰性电子对效应} \\ 2.\text{氮气} \end{cases}$

8.3.2　主要化合物

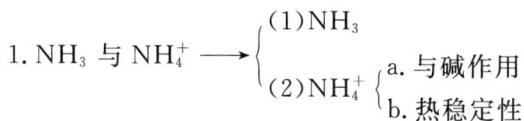

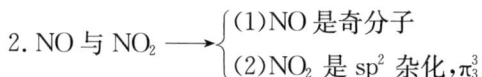

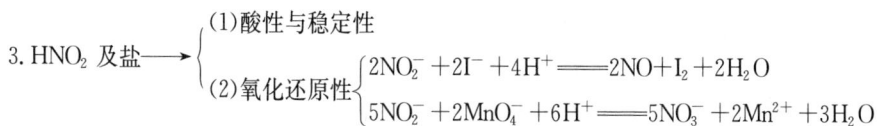

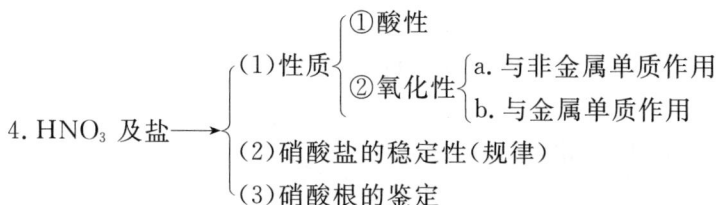

1. NH_3 与 NH_4^+ $\longrightarrow$
$\begin{cases} (1)NH_3 \\ (2)NH_4^+ \begin{cases} a.\text{与碱作用} \\ b.\text{热稳定性} \end{cases} \end{cases}$

2. NO 与 NO_2 $\longrightarrow$
$\begin{cases} (1)NO \text{是奇分子} \\ (2)NO_2 \text{是 sp}^2 \text{杂化}, \pi_3^3 \end{cases}$

3. HNO_2 及盐 $\longrightarrow$
$\begin{cases} (1)\text{酸性与稳定性} \\ (2)\text{氧化还原性} \begin{cases} 2NO_2^- + 2I^- + 4H^+ \Longrightarrow 2NO + I_2 + 2H_2O \\ 5NO_2^- + 2MnO_4^- + 6H^+ \Longrightarrow 5NO_3^- + 2Mn^{2+} + 3H_2O \end{cases} \end{cases}$

4. HNO_3 及盐 $\longrightarrow$
$\begin{cases} (1)\text{性质} \begin{cases} ①\text{酸性} \\ ②\text{氧化性} \begin{cases} a.\text{与非金属单质作用} \\ b.\text{与金属单质作用} \end{cases} \end{cases} \\ (2)\text{硝酸盐的稳定性（规律）} \\ (3)\text{硝酸根的鉴定} \end{cases}$

5. P_2O_5,H_3PO_4 及盐
$\begin{cases} (1)P_2O_5 —— 最强的干燥剂 \\ (2)H_3PO_4 \begin{cases} a. 酸性 \\ b. 形成多酸 \end{cases} \\ (3)PO_4^{3-} 的鉴定 —— 3Ag^+ + PO_4^{3-} === Ag_3PO_4 \downarrow (黄色) \end{cases}$

6. As,Sb,Bi ——
$\begin{cases} (1)氧化物及水合物 \begin{cases} a. 酸碱性 \\ b. 氧化还原性 \begin{cases} 还原性:As(Ⅲ) - R① \\ 氧化性:Bi(V) - R① \end{cases} \\ 5BiO_3^- + 2Mn^{2+} + 14H^+ === 5Bi^{3+} + 2MnO_4^- + 7H_2O \end{cases} \\ (2)氯化物水解性 —— SbCl_3 + H_2O === SbOCl + 2HCl \end{cases}$

【知识结构-4】——碳族元素

1. 碳族通性

2. CO 与 CO_2

3. H_2CO_3 及盐 ——
$\begin{cases} (1)M^{n+} + CO_3^{2-}(三种情况) \\ (2)热稳定性 —— H_2CO_3 < MHCO_3 < M_2CO_3(离子反极化) \end{cases}$

4. Si 的含氧化合物 ——
$\begin{cases} (1)SiO_2 —— Si 采用 sp^3 与 O 形成硅氧四面体 \\ (2)硅酸及硅酸盐 \begin{cases} a. 酸性 \\ b. 自行聚合 —— 变色硅胶 \end{cases} \end{cases}$

5. Sn,Pb 的氧化物及水合物 ——
$\begin{cases} (1)酸碱性 \\ (2)氧化还原性 \begin{cases} a. Sn(Ⅱ)强还原性 \\ b. Pb(Ⅳ)强氧化性 \end{cases} \\ PbO_2 + 4HCl === PbCl_2 + Cl_2 + 2H_2O \end{cases}$

6. Sn,Pb 的氯化物 ——
$\begin{cases} (1)还原性 \\ (2)水解性 \\ (3)配位性 \end{cases}$

7. Pb^{2+} 的鉴定 —— $Pb^{2+} + CrO_4^{2-} === PbCrO_4 \downarrow$

【知识结构-5】——硼族元素

1. 硼族通性 ——
$\begin{cases} (1)惰性电子对效应 \\ (2)缺电子元素/缺电子化合物 \end{cases}$

2. B 的化合物

$(1)B_2H_6$ ——
$\begin{cases} a. 结构 —— 三中心两电子键(氢桥) \\ b. 性质 \begin{cases} ①自燃 \\ ②水解 \\ ③极毒 \end{cases} \end{cases}$

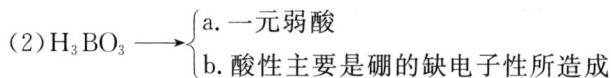

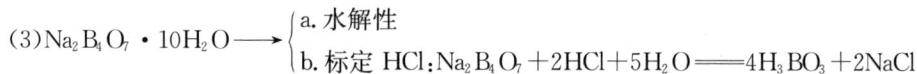

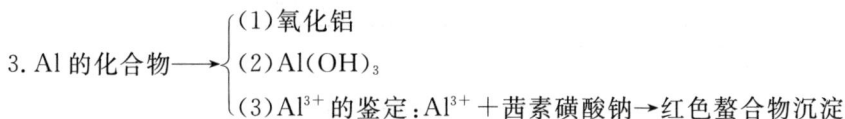

$(2)H_3BO_3 \longrightarrow \begin{cases} a.一元弱酸 \\ b.酸性主要是硼的缺电子性所造成 \end{cases}$

$(3)Na_2B_4O_7 \cdot 10H_2O \longrightarrow \begin{cases} a.水解性 \\ b.标定\ HCl:Na_2B_4O_7+2HCl+5H_2O = 4H_3BO_3+2NaCl \end{cases}$

$3.Al\ 的化合物 \longrightarrow \begin{cases} (1)氧化铝 \\ (2)Al(OH)_3 \\ (3)Al^{3+}\ 的鉴定:Al^{3+}+茜素磺酸钠 \rightarrow 红色螯合物沉淀 \end{cases}$

二、基本概念

(一)卤素

1.卤族元素的主要特点

(1)卤素原子的价电子层构型为 ns^2np^5,同周期元素中原子半径最小,非金属性最强。

(2)单质均为氧化剂。

(3)常见氧化值为 -1。除氟外,还可表现出 $+1,+3,+5,+7$ 等正氧化值。

2.卤化氢的递变规律

	HF	HCl	HBr	HI	解释
极性	强 ————————————→ 弱				偶极矩
b.p/m.p	最高	低 ——————→ 高			分子间力
酸性	弱 ————————————→ 强				$K_a^{\ominus}$
还原性	弱 ————————————→ 强				$E^{\ominus}(X_2/X^-)$
热稳定性	强 ————————————→ 弱				键能

3.卤素的含氧化合物

(1)卤素含氧化合物的稳定性变化规律

氧化物　　｜　稳
含氧酸　　｜　定性增强
含氧酸盐　↓

(2)卤素含氧酸根结构(X 为 sp^3 杂化)(见下表)

氧化值	+1	+3	+5	+7
	XO^-	XO_2^-	XO_3^-	XO_4^-
	次卤酸根	亚卤酸根	卤酸根	高卤酸根
	直线形	V形	三角锥形	正四面体

（3）卤素含氧酸及其盐的性质与变化规律

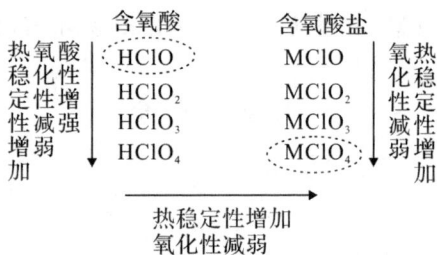

含氧酸盐的热稳定性＞含氧酸的热稳定性

4.判断含氧酸的酸性强弱

对于含氧酸的酸性强弱可以用 R—O—H 模型进行解析（含氧酸都有 R—O—H），它可以有两种离解方式：

$$R \overset{\vdots}{\ } O — H \longrightarrow \quad R^+ + OH^- \quad 碱式离解$$

$$R — O \overset{\vdots}{\ } H \longrightarrow \quad RO^- + H^+ \quad 酸式离解$$

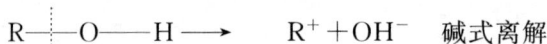

究竟是以哪一种方式离解，与 R 离子的电荷数 Z 及离子半径 r 有关。

规律：设 R 离子的 $\varphi = Z/r$ 为离子势。φ 值大，酸式解离；φ 值小，碱式解离。

一般规律：Z/r 大，酸式解离

同周期非金属元素的含氧酸从左到右酸性逐渐增强：

$$H_2SiO_3 < H_3PO_4 < H_2SO_4 < HClO_4$$

同一主族不同元素的含氧酸从上到下酸性逐渐减弱：

$$HClO_3 > HBrO_3 > HIO_3$$

同一元素所形成的几种氧化值的含氧酸，酸性依氧化值的升高而增强：

$$HClO < HClO_2 < HClO_3 < HClO_4$$

5.判断含氧酸的氧化还原性

通常采用标准电极电势作为氧化还原能力强弱的量度：标准电极电势越大，表示电对中氧化性物质的氧化性越强；标准电极电势越负，表示电对中还原性物质的还原性越强。

★影响含氧酸氧化能力的因素：

① 中心原子(即成酸元素的原子,用 R 表示)结合电子的能力：

含氧酸中心原子电负性越大,越容易获得电子而被还原,氧化性越强。

② 中心原子和氧原子之间键(R−O 键)的强度：

R−O 键越强和必须断裂的 R−O 键越多,则酸越稳定,氧化性越弱。

★无机含氧酸的氧化还原能力变化规律：

①同一周期主族元素和同一周期过渡元素最高氧化态含氧酸的氧化性随原子序数的递增而增强。

②相同氧化态的同一周期的主族元素的含氧酸的氧化性大于副族元素的含氧酸。

③相同元素形成的不同氧化态的含氧酸其氧化性随氧化数升高而减弱。

(二)氧族元素

1.氧族元素的主要特点

(1)氧族元素的价电子构型为 ns^2np^4,原子半径较小,同周期元素中非金属性较强。

(2)常见氧化值为−2,氧的电负性较大,除氧外,还可表现出+2,+4,+6等正氧化值。

(3)氧与大多数金属形成二元离子型化合物。S,Se,Te 与大多数金属元素化合时主要形成共价化合物。

2.氧族氢化物性质比较

	H_2O	H_2S	H_2Se	H_2Te
化学活性	小			→大
b.p/m.p	最高	低		→高
稳定性	大			→小
酸性	弱			→强

(三)氮族元素

1.氮族元素的主要特点

(1)氮族元素的价电子构型为 ns^2np^3,形成正氧化值趋势较明显。

(2)与电负性较大的元素化合时,氧化值主要为+3,+5。

规律:从上到下,氧化值为+3 的化合物稳定性增加,而氧化值为+5 的化合物稳定性降低。

惰性电子对效应:自上而下低氧化值物质比高氧化值物质稳定。

(3)所形成的化合物大多是共价型,且原子越小,形成共价键的趋势越大。

2. As, Sb, Bi 氧化物及水合物酸碱性变化规律

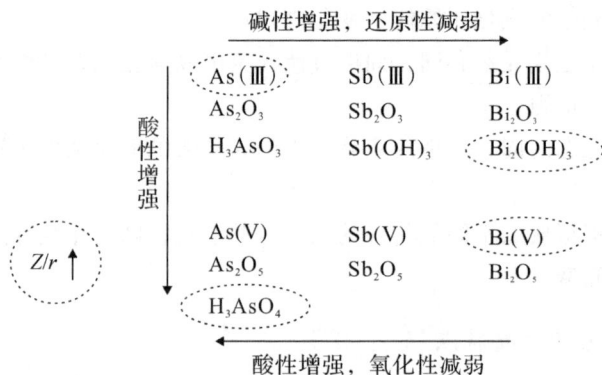

碱性增强, 还原性减弱 →

	As(Ⅲ)	Sb(Ⅲ)	Bi(Ⅲ)
	As_2O_3	Sb_2O_3	Bi_2O_3
	H_3AsO_3	$Sb(OH)_3$	$Bi_2(OH)_3$
	As(V)	Sb(V)	Bi(V)
	As_2O_5	Sb_2O_5	Bi_2O_5
	H_3AsO_4		

酸性增强 ↓

Z/r ↑

← 酸性增强, 氧化性减弱

规律:金属离子的 Z/r 增大,酸性增强。

(四)碳族元素

1.碳族元素的主要特点

(1)碳族元素的价电子构型为 ns^2np^4。单质可形成原子晶体或金属晶体。

(2) C, Si 的 M(Ⅱ)化合物不稳定。Sn 的 M(Ⅱ)化合物具有强还原性。Pb(Ⅳ)化合物具有强氧化性。

2.碳酸盐的水解性

当金属离子与可溶性碳酸盐混合时,由于碳酸盐的水解作用,一般会得到 3 种不同的沉淀形式,其规律如下:

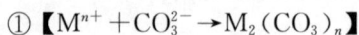

① 【$M^{n+} + CO_3^{2-} \rightarrow M_2(CO_3)_n$】

金属离子(Ca^{2+}, Sr^{2+}, Ba^{2+})的碳酸盐的溶解度小于其相应的氢氧化物时,得到碳酸盐沉淀。

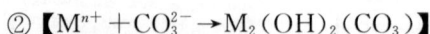

② 【$M^{n+} + CO_3^{2-} \rightarrow M_2(OH)_2(CO_3)$】

当金属离子(Zn^{2+}, Cu^{2+}, Pb^{2+}, Mg^{2+})的碳酸盐和相应的氢氧化物溶解度相近时,一般只得到碱式盐。

③【$M^{n+} + CO_3^{2-} \rightarrow M(OH)_n$】

当金属离子(Al^{3+},Fe^{3+},Cr^{3+})的氢氧化物溶解度小于相应碳酸盐时,只能得到氢氧化物。

3.碳酸盐的热稳定性

碳酸及其盐的热稳定性较差。

规律:$H_2CO_3 <$ $MHCO_3 <$ M_2CO_3

原理:这种次序主要是离子的"反极化作用"所造成。金属离子的 Z/r 增大,反极化能力增大,则碳酸盐的稳定性降低,碳酸盐的分解温度就低。

4.Sn,Pb 的氧化物及水合物酸碱性变化规律

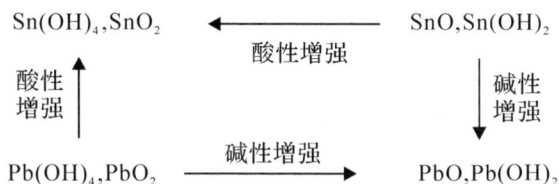

$$\begin{array}{ccc} Sn(OH)_4,SnO_2 & \xleftarrow{\quad 酸性增强 \quad} & SnO,Sn(OH)_2 \\ \uparrow \text{酸性增强} & & \downarrow \text{碱性增强} \\ Pb(OH)_4,PbO_2 & \xrightarrow{\quad 碱性增强 \quad} & PbO,Pb(OH)_2 \end{array}$$

规律:金属离子的 Z/r 增大,酸性增强。

(五)硼族元素

1.硼族元素的主要特点

(1)硼族元素的价电子构型为 ns^2np^1。

(2)从镓到铊,氧化值为+3 的化合物稳定性降低,而氧化值为+1 的化合物稳定性增加。具有惰性电子对效应。

(3)硼族元素原子的价电子数为 3,为"缺电子原子",有可能形成"缺电子化合物"。

缺电子元素:价电子数<价层轨道数

缺电子化合物:成键电子对数<价层轨道数

2.硼烷

(1)硼烷的结构:硼原子采用不等性 sp^3 杂化,形成三中心两电子键(氢桥)。这种键的强度只有一般共价键的一半。

(2)硼烷的性质:①自燃;②易水解;③毒性强。

三、主要反应

(一)卤素

1.卤素单质与水的反应

氧化反应:$2X_2 + 2H_2O \Longrightarrow 4HX + O_2$

歧化反应:$X_2 + H_2O \Longrightarrow HXO + HX$

2. HF 的强腐蚀性

$SiO_2 + 4HF \Longrightarrow SiF_4 \uparrow + 2H_2O$

$CaSiO_3 + 6HF \Longrightarrow SiF_4 \uparrow + CaF_2 + 3H_2O$

3. HX 的还原性

$MnO_2 + 4HCl \Longrightarrow MnCl_2 + Cl_2 \uparrow + 2H_2O$

$2HBr + H_2SO_4(浓) \Longrightarrow SO_2 \uparrow + Br_2 + 2H_2O$

$8HI + H_2SO_4(浓) \Longrightarrow H_2S \uparrow + 4I_2 + 4H_2O$

4. 次氯酸及其盐

① HClO 的不稳定性

$2HXO \Longrightarrow 2HX + O_2 \uparrow$

$3HXO \Longrightarrow 3H^+ + 2X^- + XO_3^-$

② 次氯酸盐及其与酸的作用:

$NaClO + 2HCl \Longrightarrow NaCl + Cl_2 \uparrow + H_2O$

$Ca(ClO)_2 + 4HCl \Longrightarrow CaCl_2 + 2Cl_2 \uparrow + 2H_2O$

(二)氧族元素

1.过氧化氢(H_2O_2)

① 弱酸性:$H_2O_2 + Ba(OH)_2 \Longrightarrow BaO_2 + 2H_2O$

② 不稳定性:$2H_2O_2(l) \Longrightarrow 2H_2O(l) + O_2 \uparrow$

③ 氧化还原性:

$H_2O_2 + 2Fe^{2+} + 2H^+ \Longrightarrow 2Fe^{3+} + 2H_2O$

$2MnO_4^- + 5H_2O_2 + 6H^+ \Longrightarrow 2Mn^{2+} + 5O_2 \uparrow + 8H_2O$

2.硫化氢

① 还原性：$2H_2S+O_2\!=\!\!=\!\!=\!2H_2O+2S\downarrow$

　　　　　$H_2S+4Cl_2+4H_2O\!=\!\!=\!\!=\!H_2SO_4+8HCl$

② S^{2-} 的鉴定：$S^{2-}+2H^+\!=\!\!=\!\!=\!H_2S$

　　　　　$Pb(Ac)_2+H_2S\!=\!\!=\!\!=\!PbS\downarrow+2HAc$

3. 亚硫酸

① 还原性：$H_2SO_3+Br_2+H_2O\!=\!\!=\!\!=\!H_2SO_4+2HBr$

② 氧化性：$H_2SO_3+2H_2S\!=\!\!=\!\!=\!3S+3H_2O$

4.硫酸及其盐

① 与活泼金属反应还原产物为硫,甚至硫化氢：

$3Zn+4H_2SO_4(浓)\!=\!\!=\!\!=\!3ZnSO_4+S\downarrow+4H_2O$

$4Zn+5H_2SO_4(浓)\!=\!\!=\!\!=\!4ZnSO_4+H_2S\uparrow+4H_2O$

② 当与不活泼金属以及非金属作用时还原产物一般为二氧化硫：

$Cu+2H_2SO_4(浓)\!=\!\!=\!\!=\!CuSO_4+SO_2\uparrow+2H_2O$

$C+2H_2SO_4(浓)\!=\!\!=\!\!=\!CO_2\uparrow+2SO_2\uparrow+2H_2O$

5.硫代硫酸盐

① 不稳定性：$S_2O_3^{2-}+2H^+\!=\!\!=\!\!=\!S\downarrow+SO_2\uparrow+H_2O$

② 还原性：$S_2O_3^{2-}+4Cl_2+5H_2O\!=\!\!=\!\!=\!2SO_4^{2-}+8Cl^-+10H^+$

　　　　　$2S_2O_3^{2-}+I_2\!=\!\!=\!\!=\!S_4O_6^{2-}+2I^-$

③ 配位：$AgBr+2S_2O_3^{2-}\!=\!\!=\!\!=\![Ag(S_2O_3)_2]^{3-}+Br^-$

④ 鉴定：$2Ag^++S_2O_3^{2-}\!=\!\!=\!\!=\!Ag_2S_2O_3\downarrow$

　　　　　$Ag_2S_2O_3+H_2O\!=\!\!=\!\!=\!Ag_2S\downarrow+H_2SO_4$

(三)氮族元素

1. NH_3 及铵盐

① 还原性：$4NH_3+5O_2\xrightarrow{Pt,800℃}4NO+6H_2O$

② 加合反应：$Cu^{2+}+4NH_3\!=\!\!=\!\!=\![Cu(NH_3)_4]^{2+}$

③ 取代反应：$2NH_3+2Na\!=\!\!=\!\!=\!2NaNH_2(氨基钠)+H_2\uparrow$

2. 铵盐

① 与碱的作用：$NH_4Cl + NaOH = NH_3\uparrow + NaCl + H_2O$
② 热稳定性：

非氧化性酸铵盐 $= NH_3\uparrow + $ 酸

$$氧化性酸铵盐\begin{cases} \xrightarrow[\text{低温}]{\triangle} N_2 \text{ 或氮的化合物} \\ \xrightarrow[\text{高温}]{\triangle} N_2\uparrow + O_2\uparrow \end{cases}$$

3. 亚硝酸及其盐

① 氧化性：$2NO_2^- + 2I^- + 4H^+ = 2NO\uparrow + I_2 + 2H_2O$
② 还原性：$5NO_2^- + 2MnO_4^- + 6H^+ = 5NO_3^- + 2Mn^{2+} + 3H_2O$

4. HNO_3 的性质

① 与非金属单质作用：

$$2HNO_3 + S = H_2SO_4 + 2NO\uparrow$$
$$10HNO_3 + 3I_2 = 6HIO_3 + 10NO\uparrow + 2H_2O$$

规律：$HNO_3 +$ 非金属单质 $\rightarrow$ 相应的高价酸 $+ NO$
② 与金属单质作用：

$$Cu + 4HNO_3(浓) = Cu(NO_3)_2 + 2NO_2\uparrow + 2H_2O$$
$$3Cu + 8HNO_3(稀) = 3Cu(NO_3)_2 + 2NO\uparrow + 4H_2O$$
$$4Mg + 10HNO_3(极稀) = 4Mg(NO_3)_2 + NH_4NO_3 + 3H_2O$$

规律：HNO_3 越稀，金属越活泼，HNO_3 被还原的氧化值越低。

$$Au + HNO_3 + 4HCl = H[AuCl_4] + NO\uparrow + 2H_2O$$
$$3Pt + 4HNO_3 + 18HCl = 3H_2[PtCl_6] + 4NO\uparrow + 8H_2O$$

③ 硝酸盐的稳定性：

$$K \sim Mg \quad 如：2NaNO_3 \xrightarrow{\triangle} 2NaNO_2 + O_2\uparrow$$

$$Mg \sim Cu \quad 如：2Pb(NO_3)_2 \xrightarrow{\triangle} 2PbO + 4NO_2\uparrow + O_2\uparrow$$

$$Cu 以后 \quad 如：2AgNO_3 \xrightarrow{\triangle} 2Ag + 2NO_2\uparrow + O_2\uparrow$$

④ 硝酸根的鉴定：

$$NO_3^- + 3Fe^{2+} + 4H^+ = 3Fe^{3+} + NO\uparrow + 2H_2O$$

$$Fe^{2+} + NO == [Fe(NO)]^{2+}（棕色环）$$

5．H_3PO_4

① 形成多酸：

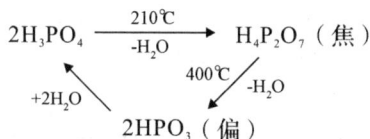

② PO_4^{3-} 的鉴定：

$$3Ag^+ + PO_4^{3-} == Ag_3PO_4 \downarrow （黄色）$$

6．As，Sb，Bi 化合物

① 氧化性：$5BiO_3^- + 2Mn^{2+} + 14H^+ == 5Bi^{3+} + 2MnO_4^- + 7H_2O$

② 还原性：$AsO_3^{3-} + I_2 + 2OH^- == AsO_4^{3-} + 2I^- + H_2O$

③ 水解性：$AsCl_3 + 3H_2O == H_3AsO_3 + 3HCl$

$$SbCl_3 + H_2O == SbOCl + 2HCl$$

$$BiCl_3 + H_2O == BiOCl + 2HCl$$

(四)碳族元素

1．锡、铅的氧化物及水合物

① 酸碱性：

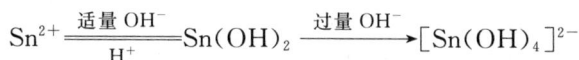

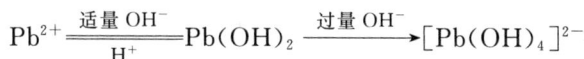

② $Sn(II)$还原性：$SnCl_2 + 2HgCl_2 == Hg_2Cl_2 \downarrow + SnCl_4$

$$SnCl_2 + Hg_2Cl_2 == 2Hg \downarrow + SnCl_4$$

③ $Pb(IV)$氧化性：$PbO_2 + 4HCl == PbCl_2 + Cl_2 \uparrow + 2H_2O$

④ 水解性：$SnCl_2 + H_2O == Sn(OH)Cl \downarrow + 2HCl$

⑤ 配位性：$PbCl_2 + 2Cl^- == [PbCl_4]^{2-}$

⑥ 铅(II)的鉴定：$Pb^{2+} + CrO_4^{2-} == PbCrO_4 \downarrow （黄色）$

(五)硼族元素

1．H_3BO_3

硼酸是一种固体酸，一元弱酸。硼酸的酸性主要是由硼的缺电子性所造成。

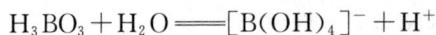

$$H_3BO_3 + H_2O =\!\!=\!\!= [B(OH)_4]^- + H^+$$

2. 硼砂

① 水解性：

$$Na_2B_4O_7 + 3H_2O =\!\!=\!\!= 2NaBO_2 + 2H_3BO_3$$

$$2NaBO_2 + 4H_2O =\!\!=\!\!= 2NaOH + 2H_3BO_3$$

② 作基准物，标定 HCl：

$$Na_2B_4O_7 + 2HCl + 5H_2O =\!\!=\!\!= 4H_3BO_3 + 2NaCl$$

四、习题详解

8.1 用所学理论解释 F_2，Cl_2，Br_2，I_2 的熔、沸点依次增高的现象。

答 用分子间力的相关理论进行解释。因为 F_2，Cl_2，Br_2，I_2 均为非极性分子，因此只存在色散力。由于相对分子质量越大，色散力越大，故 $I_2 > Br_2 > Cl_2 > F_2$。色散力越大，分子间力越大，所以 F_2，Cl_2，Br_2，I_2 的熔沸点依次增高。

8.2 写出下列反应方程式：

(1)将氯气通入冷的及热的氢氧化钾溶液中。

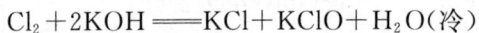

(2)将碘加到氢氧化钠的溶液中。

(3)将碘酸钾加到碘化钾的稀硫酸溶液中。

答

(1)将氯气通入冷的及热的氢氧化钾溶液中：

$$Cl_2 + 2KOH =\!\!=\!\!= KCl + KClO + H_2O(冷)$$

$$3Cl_2 + 6KOH =\!\!=\!\!= 5KCl + KClO_3 + 3H_2O(热)$$

(2)将碘加到氢氧化钠的溶液中：

$$3I_2 + 6NaOH =\!\!=\!\!= 5NaI + NaIO_3 + 3H_2O$$

(3)将碘酸钾加到碘化钾的稀硫酸溶液中：

$$KIO_3 + 5KI + 3H_2SO_4 =\!\!=\!\!= 3I_2 + 3K_2SO_4 + 3H_2O$$

8.3 为什么在 KI 溶液中通入氯气时，开始溶液呈棕色，继续通入氯气时，颜色褪去？写出反应方程式。

答 $Cl_2 + 2I^- =\!\!=\!\!= 2Cl^- + I_2$

$$I_2 + 5Cl_2 + 6H_2O =\!\!=\!\!= 2IO_3^- + 10Cl^- + 12H^+$$

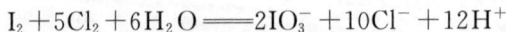

8.4 为什么用浓硫酸与氯化物反应可制备盐酸，而用浓硫酸与溴化物或碘化物反应却得不到氢溴酸或氢碘酸？

答　因为浓硫酸具有氧化性,它能将生成的具有还原性的溴化氢和碘化氢进一步氧化。

$$2HBr + H_2SO_4(浓) = SO_2\uparrow + Br_2 + 2H_2O$$

$$8HI + H_2SO_4(浓) = H_2S\uparrow + 4I_2 + 4H_2O$$

因此,只能采用无氧化性、高沸点的浓磷酸代替浓硫酸,才可以采用此法制备溴化氢和碘化氢。

8.5　如何鉴别分别在 3 只试管中的 HCl,HBr,HI 的水溶液?

答　向 3 支试管中分别加入少许 CCl_4 和 $KMnO_4$,CCl_4 层变黄或橙色的是 HBr;CCl_4 层变紫色的是 HI;CCl_4 层不变色,但 $KMnO_4$ 褪色或颜色变浅的是 HCl。

8.6　比较下列化合物的酸碱性强弱,并采用合适的理论解释。

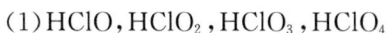

(1) $HClO,HClO_2,HClO_3,HClO_4$

(2) H_3AsO_4,H_2SeO_4

(3) $HClO_4,HBrO_4,HIO_4$

(4) $Sn(OH)_2,Pb(OH)_2$

答

(1) $HClO,HClO_2,HClO_3,HClO_4$

酸性:$HClO_4 > HClO_3 > HClO_2 > HClO$

理论:含氧酸的 $R-O-H$ 模型,同一元素形成几种不同氧化态的含氧酸,其酸性依氧化值的升高而增强。

(2) H_3AsO_4,H_2SeO_4

酸性:$H_2SeO_4 > H_3AsO_4$

理论:含氧酸的 $R-O-H$ 模型,同一周期元素含氧酸,其酸性从左到右逐渐增强。

(3) $HClO_4,HBrO_4,HIO_4$

酸性:$HClO_4 > HBrO_4 > HIO_4$

理论:含氧酸的 $R-O-H$ 模型,同一主族元素含氧酸酸性从上到下逐渐减弱。

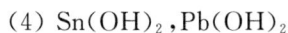

(4) $Sn(OH)_2,Pb(OH)_2$

碱性:$Pb(OH)_2 > Sn(OH)_2$

理论:元素周期律,同一主族元素的氢氧化物的碱性,自上而下碱性逐渐增强。

8.7 选择题：

(1)含 I^- 的溶液中通入 Cl_2，产物可能是（　　）。

(A) I_2 和 Cl^-　　(B) IO_3^- 和 Cl^-　　(C) ICl_2^-　　(D) 以上产物均可能

(2)$LiNO_3$ 和 $NaNO_3$ 都在 $700\,℃$ 左右分解，其分解产物是（　　）。

(A) 都是氧化物和氧气　　　　　　(B) 都是亚硝酸盐和氧气

(C) 除产物氧气外，其余产物均不同

(3)H_2S 和 SO_2 反应的主要产物是（　　）。

(A) $H_2S_2O_4$　　(B) S　　　　(C) H_2SO_4　　(D) H_2SO_3

(4) 下列物质中酸性最弱的是（　　）。

(A) H_3PO_4　　(B) $HClO_3$　　(C) H_3AsO_4　　(D) H_3AsO_3

(5) I_2 难溶于水而易溶于 KI 溶液是由于（　　）。

(A)盐效应　　(B)同离子效应　　(C)相似相溶　　(D)生成多卤化物

答

(1)(D)

(2)(B)

(3)(B)

(4)(D)

(5)(D)

8.8 何谓缺电子原子？硼原子的缺电子特性具体表现在哪些方面？

答　一些原子的价层原子轨道数多于价电子数，这类原子即为缺电子原子。由这些原子形成的化合物，常常因为没有足够的电子使原子间形成缺电子多中心键，例如 B_2H_6 结构中的氢桥。硼的缺电子特性主要表现在硼酸为一元酸以及硼烷作为高能燃料在军工方面的应用。

8.9　$Bi(V)$ 可将 Cl^- 氧化为 Cl_2，Cl_2 又可将 $Bi(Ⅲ)$ 氧化为 $Bi(V)$，这两者之间是否存在矛盾？为什么？

答　不矛盾。

(1) 因为在酸性介质中，$E^{\ominus}(Bi_2O_5/Bi^{3+}) = 1.60V$，而 $E^{\ominus}(Cl_2/Cl^-) = 1.36V$，所以在酸性介质中，$Bi(V)$ 可将 Cl^- 氧化为 Cl_2。反应为：

$$Bi_2O_5 + 10H^+ + 4Cl^- =\!=\!= 2Bi^{3+} + 2Cl_2\uparrow + 5H_2O$$

(2) 而在碱性介质中，$E^{\ominus}(BiO_3^-/Bi_2O_3) = 0.55V$，而 $E^{\ominus}(Cl_2/Cl^-) = 1.36V$，所以在碱性介质中，$Cl_2$ 能将 $Bi(Ⅲ)$ 氧化为 $Bi(V)$。反应为：

$$Bi_2O_3 + 2Cl_2 + 6OH^- =\!=\!= 2BiO_3^- + 4Cl^- + 3H_2O$$

8.10　实验室制备 H_2S 气体为何用盐酸与 FeS 反应,而不用硝酸? 硫化氢水溶液在空气中长期放置为什么会变浑浊?

答　因为硝酸具有强氧化性,而 H_2S 具有还原性,因此不能用 HNO_3,而只能用不具有氧化性的酸来进行制备。硫化氢在水溶液中长期放置是会析出硫单质: $2H_2S + O_2 \xlongequal{\quad} 2H_2O + 2S\downarrow$

8.11　有 4 种试剂: Na_2SO_4, Na_2SO_3, $Na_2S_2O_3$, Na_2S,其中标签已脱落,设计一简便方法鉴别它们。

答　取少量试样分别与稀 HCl 作用。

$$SO_3^{2-} + 2H^+ \xlongequal{\quad} SO_2\uparrow + H_2O$$

$$S_2O_3^{2-} + 2H^+ \xlongequal{\quad} S\downarrow + SO_2\uparrow + H_2O$$

$$Na_2S + 2H^+ \xlongequal{\quad} H_2S\uparrow + 2Na^+$$

根据反应现象,可以鉴别这 4 种试剂。有刺激性 SO_2 产生,可以使品红试纸褪色的为 Na_2SO_3;有刺激性 SO_2 产生,并有硫黄沉淀使溶液变浑浊的为 $Na_2S_2O_3$;有臭鸡蛋味 H_2S 气体生成,可使湿的 $Pb(Ac)_2$ 试纸变黑的为 Na_2S;没有反应现象的为 Na_2SO_4。

8.12　硫代硫酸钠可以用于解除卤素和重金属离子中毒,为什么?

答　硫代硫酸钠可以作为卤素单质的解毒剂,主要由它的氧化还原性所致:

$$Na_2S_2O_3 + 4Cl_2 + 5H_2O \xlongequal{\quad} 2NaHSO_4 + 8HCl$$

$$Na_2S_2O_3 + Cl_2 + H_2O \xlongequal{\quad} Na_2SO_4 + 2HCl + S\downarrow$$

硫代硫酸钠与氰化物作用,生成毒性小的 SCN^-

$$Na_2S_2O_3 + KCN \xlongequal{\quad} Na_2SO_3 + KSCN$$

硫代硫酸钠作为重金属离子的解毒剂,主要由 $S_2O_3^{2-}$ 的强配位能力所致:

$$Hg^{2+} + 2S_2O_3^{2-} \xlongequal{\quad} [Hg(S_2O_3)_2]^{2-}$$

生成的配离子溶于水,可以排出体外。

8.13　将 CO_2 通入 Na_2SiO_3 的溶液中会发生何种反应,得到的产物是什么? 将固体的 Na_2CO_3 和 SiO_2 高温反应得到的产物又是什么?

答　将 CO_2 通入 Na_2SiO_3 的溶液中会生成硅酸 H_2SiO_3;而固体的 Na_2CO_3 和 SiO_2 高温反应生成偏硅酸钠。

$$少量 CO_2: CO_2 + Na_2SiO_3 + H_2O \xlongequal{\quad} H_2SiO_3\downarrow + Na_2CO_3$$

$$过量 CO_2: 2CO_2 + Na_2SiO_3 + 2H_2O \xlongequal{\quad} H_2SiO_3\downarrow + 2NaHCO_3$$

$$Na_2CO_3(s) + SiO_2 \xlongequal{高温} Na_2SiO_3 + CO_2\uparrow$$

8.14　试写出用任意金属还原硝酸生成下列各产物的反应式。

(1)NO；(2)N₂O；(3)NO₂；(4)NH₄⁺

答 (1) $3Cu+8HNO_3(稀)=3Cu(NO_3)_2+2NO\uparrow+4H_2O$

$6Hg+8HNO_3(稀)=3Hg_2(NO_3)_2+2NO\uparrow+4H_2O$

(2) $4Zn+10HNO_3(较稀)=4Zn(NO_3)_2+N_2O\uparrow+5H_2O$

(3) $Cu+4HNO_3(浓)=Cu(NO_3)_2+2NO_2\uparrow+2H_2O$

(4) $4Zn+10HNO_3(极稀)=4Zn(NO_3)_2+NH_4NO_3+3H_2O$

8.15 完成下列反应的分子或离子方程式：

(1)$H_2S+FeCl_3\rightarrow$

(2)$KMnO_4+Na_2SO_3+H_2SO_4\rightarrow$

(3)$H_2O_2+Cr_2O_7^{2-}+H^+\rightarrow$

(4)$H_2O_2+MnO_4^-+H^+\rightarrow$

(5)$NO_2^-+I^-+H^+\rightarrow$

(6)$Au+HCl+HNO_3\rightarrow$

(7)$Na_2SO_3+Al_2(SO_4)_3+H_2O\rightarrow$

(8)$PbS+H_2O_2\rightarrow$

答 (1)$H_2S+2FeCl_3=S\downarrow+2FeCl_2+2HCl$

(2)$5Na_2SO_3+3H_2SO_4+2KMnO_4=5Na_2SO_4+2MnSO_4+K_2SO_4+3H_2O$

(3)$Cr_2O_7^{2-}+4H_2O_2+2H^+=2CrO(O_2)_2+5H_2O$

(4)$5H_2O_2+2MnO_4^-+6H^+=2Mn^{2+}+8H_2O+5O_2\uparrow$

(5)$4H^++2NO_2^-+2I^-=I_2+2NO\uparrow+2H_2O$

(6)$Au+4HCl+HNO_3=HAuCl_4+NO\uparrow+2H_2O$

(7)$Al_2(SO_4)_3+3Na_2SO_3+3H_2O=2Al(OH)_3\downarrow+3SO_2\uparrow+3Na_2SO_4$

(8)$PbS+4H_2O_2=4H_2O+PbSO_4$

8.16 在 Na_2HPO_4 溶液中加入 $AgNO_3$ 溶液,有黄色 Ag_3PO_4 沉淀析出。请用平衡移动原理加以解释,并讨论 Ag_3PO_4 沉淀后溶液酸、碱性的变化,写出相应的反应方程式。

答 因为 Na_2HPO_4 在溶液中存在以下平衡：

电离：$HPO_4^{2-}=PO_4^{3-}+H^+$

水解：$HPO_4^{2-}+H_2O=H_2PO_4^-+OH^-$

当加入 $AgNO_3$ 溶液后,Ag^+ 和 PO_4^{3-} 结合生成 Ag_3PO_4 沉淀,从而使溶液由弱碱性变为弱酸性：

$2HPO_4^{2-}+3Ag^+=Ag_3PO_4\downarrow+H_2PO_4^-$

Ag_3PO_4 的生成,使 HPO_4^{2-} 的电离反应强于水解反应。

8.17　硼酸为什么是一元弱酸而不是三元酸?

答　硼酸是一元酸,但硼酸的酸性并不是它本身能给出质子,而是由于硼酸是一个缺电子化合物。硼原子作为电子对接受体,加合水分子中的 OH^-,释放出一个 H^+。

$$H_3BO_3 + H_2O \rightleftharpoons [B(OH)_4]^- + H^+$$

由于硼原子的最高配位数是 4,所以 H_3BO_3 只能接受一个 OH^-,另外水的电离很弱,因此 H_3BO_3 是一元弱酸而不是三元酸。

8.18　有一既有氧化性又有还原性的某物质的水溶液:

①将此溶液加入碱时生成盐;

②将①所得溶液酸化,加入适量 $KMnO_4$,可使 $KMnO_4$ 褪色;

③将②所得溶液加入 $BaCl_2$ 得白色沉淀;

判断这是什么溶液?

答　亚硫酸溶液(H_2SO_3 溶液)

8.19　写出下列各铵盐、硝酸盐热分解的反应方程式:

①铵盐:NH_4HCO_3,$(NH_4)_3PO_4$,$(NH_4)_2SO_4$,NH_4NO_3,NH_4Cl

②硝酸盐:KNO_3,$Cu(NO_3)_2$,$AgNO_3$,$Zn(NO_3)_2$

答

① $NH_4HCO_3 \stackrel{}{=\!=\!=} NH_3\uparrow + H_2O + CO_2\uparrow$

$(NH_4)_3PO_4 \stackrel{}{=\!=\!=} 3NH_3\uparrow + H_3PO_4$

$(NH_4)_2SO_4 \stackrel{}{=\!=\!=} NH_3\uparrow + NH_4HSO_4$

$NH_4NO_3 \stackrel{297℃}{=\!=\!=} N_2O\uparrow + 2H_2O$

$NH_4Cl \stackrel{}{=\!=\!=} NH_3\uparrow + HCl$

② $2KNO_3 \stackrel{}{=\!=\!=} 2KNO_2 + O_2\uparrow$

$2Cu(NO_3)_2 \stackrel{}{=\!=\!=} 2CuO + 4NO_2\uparrow + O_2\uparrow$

$2AgNO_3 \stackrel{}{=\!=\!=} 2Ag + 2NO_2\uparrow + O_2\uparrow$

$2Zn(NO_3)_2 \stackrel{}{=\!=\!=} 2ZnO + 4NO_2\uparrow + O_2\uparrow$

8.20　分别对 NH_4^+,PO_4^{3-},NO_2^-,NO_3^- 等离子进行定性鉴定。

答　NH_4^+ 的鉴定:

用奈斯勒(Nessler)试剂在碱性条件下定性鉴定 NH_4^+:

$NH_4Cl + 2K_2[HgI_4] + 4KOH \stackrel{}{=\!=\!=} Hg_2ONH_2I\downarrow + 7KI + KCl + 3H_2O$

若 NH_3 浓度低则没有红棕色沉淀产生,而是形成黄色或棕色溶液。

PO_4^{3-} 的鉴定：

①用 Ag^+ 来鉴定：在待测液中滴加 Ag^+，有黄色沉淀生成，沉淀中加入 HNO_3，沉淀溶解。

②用钼酸铵来鉴定：磷酸根与钼酸铵生成磷钼酸铵黄色沉淀，不溶于酸，再用 $SnCl_2$ 还原成磷钼蓝，可由此检测。

$$PO_4^{3-}+12MoO_4^{2-}+3NH_4^++24H^+ =\!=\!= (NH_4)_3PO_4 \cdot 12MoO_3 \cdot 12H_2O$$

NO_2^- 的鉴定：

用 $FeSO_4$ 定性鉴定。在装有待测液的试管中加入 $FeSO_4$ 溶液，然后沿试管壁慢慢注入冰醋酸，在冰醋酸与待测液的交界处出现棕色环，生成了硫酸亚硝酰合铁(Ⅱ)。

NO_3^- 的鉴定：

用 $FeSO_4$ 定性鉴定。在装有待测液的试管中加入 $FeSO_4$ 溶液，然后沿试管壁慢慢注入浓硫酸，在浓硫酸与待测液的交界处出现棕色环，生成了硫酸亚硝酰合铁(Ⅱ)。

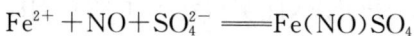

$$3Fe^{2+}+NO_3^-+4H^+ =\!=\!= 3Fe^{3+}+NO+2H_2O$$
$$Fe^{2+}+NO+SO_4^{2-} =\!=\!= Fe(NO)SO_4$$

五、测验题

(一)选择题

1. 加热能生成少量氯气的一组物质是(　　　)。

(A)NaCl 和 H_2SO_4 　　　　　　(B)浓 HCl 和固体 $KMnO_4$

(C)HCl 和 Br_2 　　　　　　　　(D)NaCl 和 MnO_2

2. 元素硒与下列哪种元素的性质相似(　　　)。

(A)氧　　　　(B)氮　　　　(C)硫　　　　(D)硅

3. 在冰醋酸中，强度最大的酸是(　　　)。

(A)H_2SO_4 　　　(B)HCl 　　　(C)HNO_3 　　　(D)$HClO_4$

4. 下列 $0.1mol \cdot L^{-1}$ 物质的水溶液中，$c(NH_4^+)$ 最高的是(　　　)。

(A)NH_4Cl 　　　(B)NH_4HSO_4 　　　(C)NH_4HCO_3 　　　(D)NH_4Ac

5. 在 $pH=6.0$ 的土壤里，下列物质中浓度最大的为(　　　)。

(A)H_3PO_4 　　　(B)$H_2PO_4^-$ 　　　(C)HPO_4^{2-} 　　　(D)PO_4^{3-}

6. 在 HNO_3 介质中，欲使 Mn^{2+} 氧化成 MnO_4^-，可加哪种氧化剂(　　　)。

(A)$KClO_3$ (B)H_2O_2 (C)王水 (D)$(NH_4)_2S_2O_8$

7. 要使氨气干燥,应将其通过下列哪种干燥剂(　　)。

(A)浓 H_2SO_4 (B)$CaCl_2$ (C)P_2O_5 (D)$NaOH$

8. 下列物质中酸性最弱的是(　　)。

(A)H_3PO_4 (B)$HClO_4$ (C)H_3AsO_4 (D)H_3AsO_3

9. 下列物质中热稳定性最好的是(　　)。

(A)$Mg(HCO_3)_2$ (B)$MgCO_3$ (C)H_2CO_3 (D)$SrCO_3$

10. 下列物质中,离子极化作用最强的是(　　)。

(A)$MgCl_2$ (B)$NaCl$ (C)$AlCl_3$ (D)$SiCl_4$

11. 下列物质中存在分子内氢键的是(　　)。

(A)NH_3 (B)C_2H_4 (C)H_2 (D)HNO_3

12. 下列物质熔点由高到低顺序是(　　)。

a. $CuCl_2$　　　b. SiO_2　　　c. NH_3　　　d. PH_3

(A)b＞a＞c＞d (B)a＞b＞c＞d

(C)b＞a＞d＞c (D)a＞b＞d＞c

13. 下列哪种分子的偶极矩不等于零(　　)。

(A)CCl_4 (B)PCl_5 (C)PCl_3 (D)SF_6

14. p区元素性质特征变化规律最明显的是(　　)。

(A)ⅣA (B)ⅤA (C)ⅥA (D)ⅦA

15. 下列分子中含离域π键的是(　　)。

(A)H_2SO_4 (B)C_2H_4 (C)CO_2 (D)CO

16. 碘易升华的原因是(　　)。

(A)分子间作用力大,蒸气压高

(B)分子间作用力小,蒸气压高

(C)分子间作用力大,蒸气压低

(D)分子间作用力小,蒸气压低

17. 原子序数从 1~100 的 100 种元素的原子中,具有 2p 电子的元素有(　　)。

(A)100 种 (B)98 种 (C)96 种 (D)94 种

18. 下列各对元素中,电负性非常接近的是(　　)。

(A)Be 和 Al (B)Be 和 Mg (C)Be 和 B (D)Be 和 K

19. 下列各组分子或离子中,均含有 3 电子 π 键的是(　　)。

(A)O_2，O_2^+，O_2^- (B)N_2，O_2，O_2^-

(C)B_2，N_2，O_2^- (D)O_2^+，Be_2^+，F_2

(二)填空题

1. H_3BO_3 是一元酸，它与水反应的方程式是 _____。

2. B_2H_6 分子中存在着 _____，它是一种 _____化合物。

3. H_3BO_3，HNO_2，HNO_3，H_3AlO_3 的酸性由弱到强的顺序是 _____

_____。

4. 原子序数为 53 的元素，其原子核外电子排布为 _____，

未成对电子数为 _____，有 _____个能级组，最高氧化值是 _____。

5. NO 分子中 N 和 O 的价电子之和为奇数，因而具有 _____磁性。

6. $SiCl_4$ 在潮湿空气中由于 _____而产生浓雾，其反应式为 _____。

(三)鉴定题

根据下列实验现象确定各字母所代表的物质。

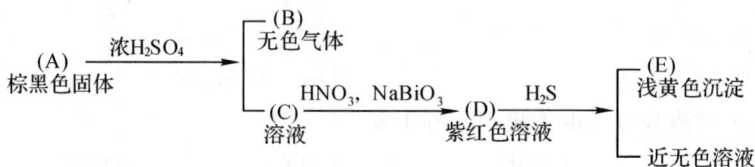

六、测验题解答

(一)选择题

1. (B)；**2.** (C)；**3.** (D)；**4.** (B)；**5.** (B)；**6.** (D)；**7.** (D)；**8.** (D)；**9.** (D)；

10. (D)； **11.** (D)；**12.** (A)；**13.** (C)；**14.** (D)；**15.** (C)；**16.** (B)；**17.** (C)；

18. (A)；**19.** (A)。

(二)填空题

1. 一； $H_3BO_3 + H_2O \rightleftharpoons [B(OH)_4]^- + H^+$

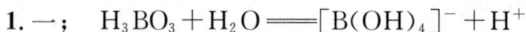

2. 三中心二电子键(氢桥)； 共价(缺电子)

3. $H_3AlO_3 < H_3BO_3 < HNO_2 < HNO_3$

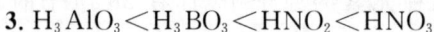

4. $1s^2\ 2s^2\ 2p^6\ 3s^2\ 3p^6\ 3d^{10}\ 4s^2\ 4p^6\ 4d^{10}\ 5s^2\ 5p^5$；1；5；7。

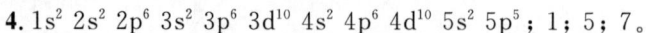

5. 顺

6. 水解；$SiCl_4 + 3H_2O \rightleftharpoons H_2SiO_3 + 4HCl$

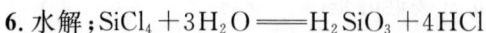

(三)鉴定题

解

　　(A) MnO_2

　　(B) O_2

　　(C) $MnSO_4$

　　(D) MnO_4^-

　　(E) S

第九章　s,d,ds 区元素及其主要化合物
(s,d,ds block elements and their main compounds)

学习目标

通过本章的学习,要求掌握:

1.s,d,ds 区元素单质的物理化学性质;

2.s,d,ds 区元素重要化合物的典型性质;

3.s,d,ds 区元素单质与化合物的制备方法;

4.过渡元素重要化合物的典型性质;

5.常见离子的鉴定方法。

一、知识结构

【知识结构-1】——s 区元素

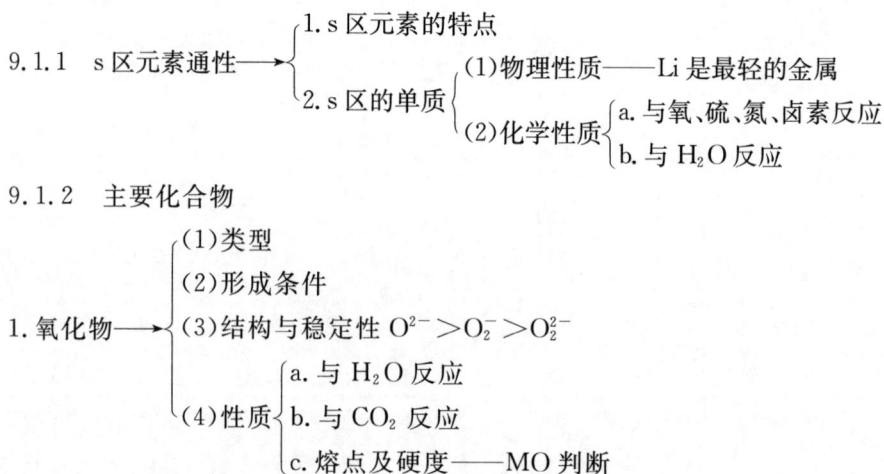

9.1.1　s区元素通性 $\begin{cases} 1.\text{s 区元素的特点} \\ 2.\text{s 区的单质} \begin{cases} (1)\text{物理性质——Li 是最轻的金属} \\ (2)\text{化学性质} \begin{cases} a.\text{与氧、硫、氮、卤素反应} \\ b.\text{与 } H_2O \text{ 反应} \end{cases} \end{cases} \end{cases}$

9.1.2　主要化合物

1.氧化物 $\begin{cases} (1)\text{类型} \\ (2)\text{形成条件} \\ (3)\text{结构与稳定性 } O^{2-} > O_2^- > O_2^{2-} \\ (4)\text{性质} \begin{cases} a.\text{与 } H_2O \text{ 反应} \\ b.\text{与 } CO_2 \text{ 反应} \\ c.\text{熔点及硬度——MO 判断} \end{cases} \end{cases}$

2.氢氧化物 $\longrightarrow$ $\begin{cases} (1)酸性——Z/r \\ (2)溶解性——离子极化 Z/r \end{cases}$

3.重要盐类 $\longrightarrow$ $\begin{cases} (1)熔沸点——特例:碱土金属卤化物(离子极化解释) \\ (2)溶解度 \\ (3)热稳定性——碳酸盐(离子反极化解释) \end{cases}$

4.Li,Be 的特殊性——对角线规则(Li—Mg,Be—Al,B—Si)

5.Ca^{2+},Sr^{2+},Ba^{2+} 的鉴定

【知识结构-2】——Cu 族元素

9.2.1　Cu 族元素

1.Cu,Ag 单质

2.Cu,Ag 主要化合物 $\longrightarrow$ $\begin{cases} (1)溶解性——离子极化 Z/r \\ (2)热稳定性:固态时 Cu(I) 的化合物比 Cu(II) 的化合物稳定 \\ (3)较典型的性质③ \end{cases}$

3.Cu(I) 与 Cu(II) 的转化 $\longrightarrow$ $\begin{cases} a.在高温固态:Cu(I)化合物稳定性>Cu(II)化合物 \\ b.在水溶液中:稳定性 Cu(I)<Cu(II)　Cu^+ 易歧化 \end{cases}$

4.铜族元素的配合物 $\longrightarrow$ $\begin{cases} (1)Cu(I)配合物 \\ (2)Cu(II)配合物——Cu^{2+} 的鉴定反应 \\ (3)Ag(I)配合物——银镜反应 \end{cases}$

【知识结构-3】——Zn 族元素

9.2.2　Zn 族元素

1.Zn 族单质——Hg 是唯一的液态金属

2.Zn 族主要化合物 $\begin{cases} (1)氧化物及氢氧化物 \begin{cases} a.两性物质 \\ b.氢氧化物稳定性 \end{cases} \\ (2)卤化物 \begin{cases} a.Hg_2I_2 见光歧化 \\ b.Hg_2Cl_2 \\ c.HgCl_2 \begin{cases} HgCl_2+2NH_3 \Longrightarrow HgNH_2Cl\downarrow +NH_4Cl \\ HgCl_2+4NH_3(过量) \Longrightarrow [Hg(NH_3)_4]Cl_2 \end{cases} \end{cases} \\ (3)硫化物 \end{cases}$

3.Hg(I) 与 Hg(II) 的转化 $\begin{cases} (1)反歧化:Hg^{2+}+Hg \Longrightarrow Hg_2^{2+} \\ (2)歧化:降低 Hg^{2+} 的浓度,使 Hg_2^{2+} 转化为 Hg^{2+} \\ \quad Hg_2^{2+}+S^{2-} \Longrightarrow HgS\downarrow +Hg\downarrow \end{cases}$

【知识结构-4】——Cr 系列

9.3.1　d 区元素通性 $\longrightarrow$ $\begin{cases} 1. \text{d 区元素的特点} \\ 2. \text{物理性质——W,Cr,Os} \end{cases}$

9.3.2　Cr 的主要化合物

1. Cr(Ⅲ)化合物 $\longrightarrow$ $\begin{cases} (1)\text{酸碱性——两性化合物——反应联系图} \\ (2)\text{还原性 } 2[Cr(OH)_4]^- + 3H_2O_2 + 2OH^- = 2CrO_4^{2-} + 8H_2O \end{cases}$

2. Cr(Ⅵ)化合物 $\longrightarrow$ $\begin{cases} (1)\text{酸性 } 2CrO_4^{2-} + 2H^+ = Cr_2O_7^{2-} + H_2O \\ (2)\text{溶解性-R③ } 4Ag^+ + Cr_2O_7^{2-} + H_2O = 2Ag_2CrO_4 + 2H^+ (Ba^{2+}/Pb^{2+}) \\ (3)\text{氧化性-R}^* \ Cr_2O_7^{2-} + 3H_2S + 8H^+ = 2Cr^{3+} + 3S\downarrow + 7H_2O \end{cases}$

3. Cr(Ⅲ)与 Cr(Ⅵ)相互转化★——反应联系图

4. 鉴定 $\longrightarrow$ $\begin{cases} (1)Cr_2O_7^{2-} \quad Cr_2O_7^{2-} + 4H_2O_2 + 2H^+ = 2CrO(O_2)_2 + 5H_2O \\ (2)CrO_4^{2-} \quad CrO_4^{2-} + 2H_2O_2 + 2H^+ = CrO(O_2)_2 + 3H_2O \\ (3)Cr^{3+}\text{-R②} \end{cases}$

【知识结构-5】——Mn 系列

9.3.3　Mn 的主要化合物

1. Mn(Ⅳ)的化合物——MnO_2 $\longrightarrow$ $\begin{cases} \text{氧化性}: 2MnO_2 + 2H_2SO_4 = 2MnSO_4 + 2H_2O + O_2\uparrow \\ \text{还原性}: 2MnO_2 + 4KOH + O_2 = 2K_2MnO_4 + 2H_2O \end{cases}$

2. Mn(Ⅱ)的化合物 $\longrightarrow$ $\begin{cases} (1)\text{碱性条件下具有还原性} \\ (2)\text{酸性条件下稳定, 只有 } PbO_2, NaBiO_3, S_2O_8^{2-} \text{ 与其反应} \end{cases}$

$$2Mn^{2+} + 5NaBiO_3 + 14H^+ = 2MnO_4^- + 5Bi^{3+} + 5Na^+ + 7H_2O$$

$$2Mn^{2+} + 5PbO_2 + 4H^+ = 2MnO_4^- + 5Pb^{2+} + 2H_2O$$

$$2Mn^{2+} + 5S_2O_8^{2-} + 8H_2O = 2MnO_4^- + 10SO_4^{2-} + 16H^+$$

3. Mn(Ⅵ)的化合物——K_2MnO_4 歧化: $3MnO_4^{2-} + 4H^+ = MnO_2 + 2MnO_4^- + 2H_2O$

4. Mn(Ⅶ)的化合物——KMnO_4 $\longrightarrow$ $\begin{cases} (1)\text{不稳定 } 4MnO_4^- + 4H^+ = 4MnO_2 + 3O_2\uparrow + 2H_2O \\ (2)\text{强氧化性} \longrightarrow \begin{cases} a.\ \text{酸性} + \text{Red} \longrightarrow Mn^{2+} \\ b.\ \text{中性} + \text{Red} \longrightarrow MnO_2\downarrow \\ c.\ \text{碱性} + \text{Red} \longrightarrow MnO_4^{2-} \end{cases} \end{cases}$

【知识结构-6】——Fe 系列

9.3.4　Fe,Co,Ni 的主要化合物

1. 氧化物与氢氧化物
　　(1)酸碱性——两性偏碱性
　　(2)氧化还原性
　　　a. 氧化物的氧化性:$Ni_2O_3 > Co_2O_3 > Fe_2O_3$
　　　　$Co_2O_3 + 6H^+ + 2Cl^- === 2Co^{2+} + Cl_2 \uparrow + 3H_2O$
　　　b. 氢氧化物的氧化性:$Ni(OH)_3 > Co(OH)_3 > Fe(OH)_3$
　　　　$2Co(OH)_3 + 6HCl === 2CoCl_2 + Cl_2 \uparrow + 6H_2O$
　　　c. 氢氧化物的还原性:$Fe(OH)_2 > Co(OH)_2 > Ni(OH)_2$

2. 主要盐类
　　(1)水解性
　　(2)氧化还原性
　　　a. 还原性 $Fe^{2+} > Co^{2+} > Ni^{2+}$
　　　b. 氧化性 $Ni^{3+} > Co^{3+} > Fe^{3+}$
　　(3)典型盐——$FeSO_4$,$CoCl_2$,$FeCl_3$

3. 配合物
　　(1)与 X^-　$[FeF_6]^{2-}$,$[CoF_6]^{3-}$ 都属外轨型
　　(2)与 NH_3　$Fe^{2+} < Co^{2+} < Ni^{2+}$
　　(3)与 CN^-　鉴定 Fe^{3+} 和 Fe^{2+}
　　(4)与 SCN^-　鉴定 Fe^{3+} 和 Co^{2+}

二、基本概念

(一)s区元素

1. s区元素的特点

(1)碱金属金属性最强,碱土金属次之。 ⅠA,ⅡA元素原子的价电子层构型分别为:ns^1,ns^2。

(2)常见氧化值为+1,+2。

(3)所生成的化合物多数是离子型;只有 Li,Be 所形成的化合物具一定共价性。

(4)Li 与 Mg 两元素性质相近,钙、锶、钡的性质也很接近。

(5)锂与同族元素相比具有许多特殊性质。

2. 对角线规则

周期系中,某元素及其化合物的性质与它左上方或右下方元素性质的相似性。

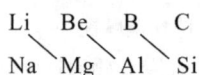

$$Li \quad Be \quad B \quad C$$
$$Na \quad Mg \quad Al \quad Si$$

(二)ds 区元素

1. ds 区元素的主要特点

(1)价电子构型为：$(n-1)d^{10}ns^1$，$(n-1)d^{10}ns^2$。具有强的极化力,形成的二元化合物一般部分或完全带有共价性。

(2)易形成配合物。

2. Cu,Ag 及其主要化合物

(1)溶解性

Cu^+，Ag^+ 为 18 电子构型,相应的盐大多也难溶于水。

卤化银溶解度：$AgF > AgCl > AgBr > AgI$

卤化亚铜溶解度：$CuCl > CuBr > CuI$

可以用离子极化解释。因为阴离子半径越大,离子极化作用就越大,则化合物的共价性增强,溶解度减弱。

(2)热稳定性

固态时 Cu(Ⅰ)的化合物比 Cu(Ⅱ)的化合物稳定。

氧化物分解温度：$Cu_2O > CuO$。

(3)Cu(Ⅰ)与 Cu(Ⅱ)的相互转化

①在高温固态时：Cu(Ⅰ)化合物稳定性 > Cu(Ⅱ)化合物的稳定性。

②在水溶液中：Cu(Ⅰ)稳定性 < Cu(Ⅱ)稳定性。Cu^+ 易歧化,不稳定。

3. 锌族单质的主要特点

(1)低熔点。汞是室温下唯一的液态金属。

(2)易形成合金。如黄铜(Cu-Zn),汞齐(Ag-Hg,Na-Hg)。

(3)锌和镉化学性质相似,汞的化学活泼性要差得多。

(4)锌与稀酸的反应难易与锌的纯度有关,越纯越难溶。

4. Zn,Cd,Hg 及其主要化合物

(1)氧化物及氢氧化物

①ZnO 和 $Zn(OH)_2$ 都是两性物质,$Cd(OH)_2$ 显两性偏碱性。

②氢氧化物稳定性变化有以下规律：

$$Zn(OH)_2 > Cd(OH)_2 > Hg(OH)_2 > Hg_2(OH)_2$$

(2)卤化物

①许多难溶亚汞盐见光易发生歧化反应:

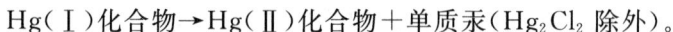

$$Hg(I)化合物 \rightarrow Hg(II)化合物 + 单质汞(Hg_2Cl_2 除外)。$$

②Hg_2Cl_2,又称"甘汞",无毒,它是一种直线型共价分子。

③$HgCl_2$ 易升华,俗称"升汞",剧毒,是直线型共价分子。

(3)$Hg(I)$ 与 $Hg(II)$ 的相互转化

①反歧化:在溶液中 Hg^{2+} 能氧化 Hg 生成 Hg_2^{2+}。

②歧化:$Hg(I)$ 在游离时不歧化,当形成沉淀或配合物时会发生歧化。

(三)d 区元素

1. d 区元素的主要特点

(1)d 区元素的价电子层构型为 $(n-1)d^{1-10}ns^{1-2}$,只有 Pd 较为特殊,价电子层构型为 $4d^{10}5s^0$。

(2)最显著的特征就是大多数元素具有多种氧化值。第一过渡系总变化趋势:从左到右由高氧化值稳定变为低氧化值稳定。

(4)金属活泼性较强。钪、钇、镧是过渡元素中最活泼的金属,活泼性接近碱土金属。

(5)易形成多种配合物。

(6)许多元素水合离子具有特征的颜色。

(7)单质主要物理性质

①熔点、沸点高。熔点最高的单质是钨(W)。

②硬度大。硬度最大的金属是铬(Cr)。

③密度大。密度最大的单质是锇(Os)

④导电性、导热性好。

2. Cr 的主要化合物

(1)Cr(III)化合物

①均为难溶的两性化合物。

②Cr(III)在碱性介质中具有较强的还原性。

(2)Cr(VI)化合物

①铬酸、重铬酸都是强酸。

②重铬酸盐一般较易溶于水。

③Cr(Ⅵ)在酸性介质中具有强的氧化性。

3. Mn 的主要化合物

(1)Mn^{2+} 在碱性条件下具有较强的还原性。

(2)Mn^{2+} 在酸性条件下稳定,只有用很强的氧化剂(PbO_2,$NaBiO_3$,$S_2O_8^{2-}$)才能将其氧化。

(3)锰(Ⅳ)的化合物最有代表性的当属 MnO_2。MnO_2 既具有氧化性,也具有还原性。

(4)锰(Ⅵ)的化合物中较为稳定的是 K_2MnO_4。锰酸盐在中性或酸性溶液中易发生歧化反应。

(5)锰(Ⅶ)的化合物中应用最广泛的为 $KMnO_4$。$KMnO_4$ 氧化能力强,被还原的产物取决于溶液的酸碱性。

4. Fe,Co,Ni 的主要化合物

(1)氧化物与氢氧化物

①酸碱性

氧化物中,Fe_2O_3(红棕色)是一种难溶于水的两性偏碱性的物质。

氢氧化物中,一般认为 $Fe(OH)_2$,$Co(OH)_2$ 以及新沉淀出来的 $Fe(OH)_3$ 略显两性。

②氧化还原性

(a)氧化物氧化性

Ni_2O_3(灰黑色)> Co_2O_3(暗褐色)> Fe_2O_3

(b)氢氧化物的氧化性

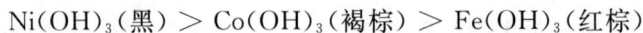

$Ni(OH)_3$(黑)> $Co(OH)_3$(褐棕)> $Fe(OH)_3$(红棕)

(c)氢氧化物的还原性

$Fe(OH)_2$(白)> $Co(OH)_2$(粉红)> $Ni(OH)_2$(苹果绿)

(2)Fe,Co,Ni 盐类

①水解性

Fe^{3+} 较易水解,最后水解产物为 $Fe(OH)_3$。

②氧化还原性

还原性 Fe^{2+} > Co^{2+} > Ni^{2+}

氧化性 Ni^{3+} > Co^{3+} > Fe^{3+}

(3)Fe,Co,Ni 配合物

①与卤素形成的配合物

　　Fe^{3+},Co^{3+} 与 F^- 能形成稳定的配离子。$[FeF_6]^{3-}$,$[CoF_6]^{3-}$ 都属外轨型配合物,相对来说前者更稳定。

②与氨形成的配离子

　　Fe^{2+},Co^{2+},Ni^{2+} 与 NH_3 所形成的配合物稳定性顺序:$Fe^{2+} < Co^{2+} < Ni^{2+}$。

③与 CN^- 形成的配合物

　　Fe^{3+},Fe^{2+},Co^{2+},Ni^{2+} 都能与 CN^- 形成内轨型的配离子,都很稳定。

④与 SCN^- 形成的配离子

　　血红色$[Fe(NCS)_n]^{3-n}$ 以及蓝色的$[Co(NCS)_4]^{2-}$,可用来鉴定 Fe^{3+} 以及 Co^{2+}。

(四)各类物质性质递变规律总结

1.酸碱性

根据 R－O－H 模型,采用离子势 $\Phi = Z/r$ 进行判断。

规律:中心离子的 Z/r 值增大,则酸性增大,碱性减小。

2.热稳定性

(1)原子晶体＞离子晶体＞分子晶体

(2)离子晶体的稳定性

采用晶格能 $U = Z/r$ 进行判断。中心离子的 Z/r 增大,则稳定性增加。

(3)分子晶体的热稳定性

　　①先看有无氢键,若有氢键,则稳定性大。

　　②若无氢键,采用分子间力判断。分子间力越大,则熔沸点越高。

(4)碳酸盐的热稳定性

采用离子反极化 $\Phi = Z/r$ 进行判断。

规律:金属离子的 Z/r 增大,则离子反极化增大,碳酸盐的稳定性下降,分解温度减小。

3.溶解性

采用离子极化 $\Phi = Z/r$ 进行判断。

规律:离子的 Z/r 增大,则离子极化增大,化合物由离子键向共价键过渡,溶解性下降。

4.氧化还原性

采用标准电极电势进行判断。

规律:标准电极电势大,表示电对中氧化性物质的氧化性越强;标准电极电势越负,表示电对中还原性物质的还原性越强。含氧酸中心原子电负性越大,氧化性越强。

三、主要反应

(一)s 区元素

1.氧化物性质

(1)与 H_2O 的作用

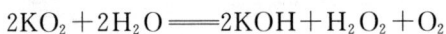

$M_2^I O + H_2O \xrightarrow{\quad} 2MOH(Li \longrightarrow Cs\ 剧烈程度\uparrow)$

$M^{II} O + H_2O \xrightarrow{\quad} M(OH)_2(BeO\ 除外)$

$Na_2O_2 + 2H_2O \xrightarrow{\quad} 2NaOH + H_2O_2$

$2KO_2 + 2H_2O \xrightarrow{\quad} 2KOH + H_2O_2 + O_2$

(2)与 CO_2 的反应

$Li_2O + CO_2 \xrightarrow{\quad} Li_2CO_3$

$2Na_2O_2 + 2CO_2 \xrightarrow{\quad} 2Na_2CO_3 + O_2$

$4KO_2 + 2CO_2 \xrightarrow{\quad} 2K_2CO_3 + 3O_2$

2.Ca^{2+},Sr^{2+},Ba^{2+} 的鉴定

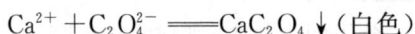

$Ca^{2+} + C_2O_4^{2-} \xrightarrow{\quad} CaC_2O_4 \downarrow (白色)$

$Sr^{2+} + SO_4^{2-} \xrightarrow{\quad} SrSO_4 \downarrow (白色)$

$Ba^{2+} + CrO_4^{2-} \xrightarrow{\quad} BaCrO_4 \downarrow (黄色)$

(二)ds 区元素

1.Cu,Ag 及其主要化合物

(1)Cu,Ag 配位反应

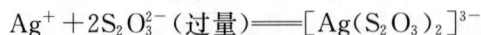

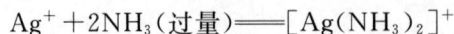

$Ag^+ + 2S_2O_3^{2-}(过量) \xrightarrow{\quad} [Ag(S_2O_3)_2]^{3-}$

$Cu^{2+} + 4NH_3(过量) \xrightarrow{\quad} [Cu(NH_3)_4]^{2+}(蓝色)$

$Ag^+ + 2NH_3(过量) \xrightarrow{\quad} [Ag(NH_3)_2]^+$

(2)Cu^{2+}的鉴定反应

①$Cu^{2+}+4OH^-$（过量）$=\!=\![Cu(OH)_4]^{2-}$（亮蓝色）

$2[Cu(OH)_4]^{2-}+C_6H_{12}O_6=\!=\!Cu_2O\downarrow$（暗红色）$+C_6H_{12}O_7+2H_2O+4OH^-$

②$2Cu^{2+}+[Fe(CN)_6]^{4-}=\!=\!Cu_2[Fe(CN)_6]\downarrow$（红棕色）

(3)Ag^+的鉴定反应

$2[Ag(NH_3)_2]^++HCHO+3OH^-=\!=\!HCOO^-+2Ag\downarrow+4NH_3+2H_2O$

2. Zn,Cd,Hg及其主要化合物

(1)亚汞盐见光歧化

$Hg_2^{2+}+2I^-=\!=\!Hg_2I_2\downarrow$（草绿色）

$Hg_2I_2=\!=\!HgI_2\downarrow$（金红色）$+Hg\downarrow$（黑色）

$HgI_2+2I^-=\!=\![HgI_4]^{2-}$

(2)Hg_2Cl_2与氨水反应

歧化：$Hg_2Cl_2+2NH_3=\!=\!HgNH_2Cl\downarrow$（白色）$+Hg\downarrow+NH_4Cl$

(3)$HgCl_2$与氨水反应

①$HgCl_2+2NH_3=\!=\!HgNH_2Cl\downarrow$（白色）$+NH_4Cl$

②$HgCl_2+4NH_3$（过量）$=\!=\![Hg(NH_3)_4]^{2+}+2Cl^-$

(4)Hg^{2+}的鉴定

$2HgCl_2+SnCl_2=\!=\!Hg_2Cl_2\downarrow$（白色）$+SnCl_4$

$Hg_2Cl_2+SnCl_2=\!=\!2Hg\downarrow$（黑色）$+SnCl_4$

(5)HgS的溶解反应

$3HgS+12Cl^-+8H^++2NO_3^-=\!=\!3[HgCl_4]^{2-}+3S\downarrow+2NO\uparrow+4H_2O$

(6)Zn族元素配合反应

①$Zn^{2+}+4OH^-$（过量）$=\!=\![Zn(OH)_4]^{2-}$

②$Zn^{2+}+4NH_3$（过量）$=\!=\![Zn(NH_3)_4]^{2+}$

③$CdS+2H^++4Cl^-=\!=\![CdCl_4]^{2-}+H_2S\uparrow$

④$HgS+S^{2-}=\!=\![HgS_2]^{2-}$

⑤$Hg^{2+}+4Cl^-=\!=\![HgCl_4]^{2-}$

(三)d区元素

1. Cr的主要化合物

(1)Cr(Ⅲ)化合物

①酸碱性

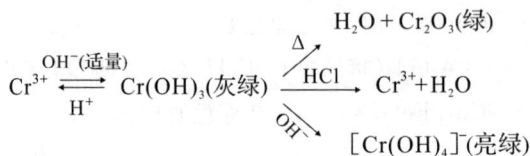

②还原性

$$2[Cr(OH)_4]^- + 3H_2O_2 + 2OH^- \Longrightarrow 2CrO_4^{2-} + 8H_2O$$

③在酸性介质中要将 Cr^{3+} 氧化只有采用强氧化剂

$$2Cr^{3+} + 3S_2O_8^{2-} + 7H_2O \Longrightarrow Cr_2O_7^{2-} + 6SO_4^{2-} + 14H^+$$

(2)Cr(Ⅵ)化合物

①酸性

$$2CrO_4^{2-} + 2H^+ \Longrightarrow Cr_2O_7^{2-} + H_2O$$

（黄）pH＞6　　　　（橙）pH＜2

$$2Na_2CrO_4 + H_2SO_4 \Longrightarrow Na_2Cr_2O_7 + H_2O + Na_2SO_4$$

$$Na_2Cr_2O_7 + 2NaOH \Longrightarrow 2Na_2CrO_4 + H_2O$$

②溶解性

$$4Ag^+ + Cr_2O_7^{2-} + H_2O \Longrightarrow 2Ag_2CrO_4 + 2H^+$$

$$2Ba^{2+} + Cr_2O_7^{2-} + H_2O \Longrightarrow 2BaCrO_4 + 2H^+$$

$$2Pb^{2+} + Cr_2O_7^{2-} + H_2O \Longrightarrow 2PbCrO_4 + 2H^+$$

③氧化性

$$Cr_2O_7^{2-} + 3H_2S + 8H^+ \Longrightarrow 2Cr^{3+} + 3S\downarrow + 7H_2O$$

$$Cr_2O_7^{2-} + 6I^- + 14H^+ \Longrightarrow 2Cr^{3+} + 3I_2\downarrow + 7H_2O$$

④Cr(Ⅲ)和Cr(Ⅵ)的相互转化

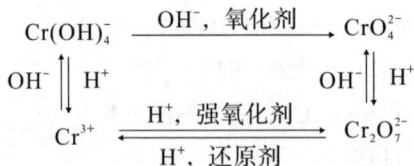

(3)Cr(Ⅲ)与Cr(Ⅵ)的鉴定

①Cr^{3+} 的鉴定

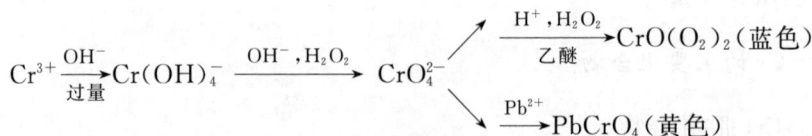

②CrO_4^{2-} 与 $Cr_2O_7^{2-}$ 的鉴定

$$Cr_2O_7^{2-}+4H_2O_2+2H^+ \Longrightarrow 2CrO_5+5H_2O$$

$$CrO_4^{2-}+2H_2O_2+2H^+ \Longrightarrow CrO_5+3H_2O$$

2. Mn 的主要化合物

(1)锰(Ⅱ)的化合物

$$2Mn^{2+}+5NaBiO_3+14H^+ \Longrightarrow 2MnO_4^-+5Bi^{3+}+5Na^++7H_2O$$

$$2Mn^{2+}+5PbO_2+4H^+ \Longrightarrow 2MnO_4^-+5Pb^{2+}+2H_2O$$

$$2Mn^{2+}+5S_2O_8^{2-}+8H_2O \Longrightarrow 2MnO_4^-+10SO_4^{2-}+16H^+$$

(2)锰(Ⅳ)的化合物

$$2MnO_2+2H_2SO_4 \Longrightarrow 2MnSO_4+2H_2O+O_2\uparrow$$

$$MnO_2+4HCl \Longrightarrow MnCl_2+2H_2O+Cl_2\uparrow$$

$$2MnO_2+4KOH+O_2 \Longrightarrow 2K_2MnO_4+2H_2O$$

(3)锰(Ⅵ)的化合物

$$3MnO_4^{2-}+4H^+ \Longrightarrow MnO_2+2MnO_4^-+2H_2O$$

(4)锰(Ⅶ)的化合物

①酸性介质：

$$2MnO_4^-+5SO_3^{2-}+6H^+ \Longrightarrow 2Mn^{2+}+5SO_4^{2-}+3H_2O$$

$$2MnO_4^-+5C_2O_4^{2-}+16H^+ \Longrightarrow 2Mn^{2+}+10CO_2+8H_2O$$

$$2MnO_4^-+5Sn^{2+}+16H^+ \Longrightarrow 2Mn^{2+}+5Sn^{4+}+8H_2O$$

$$2MnO_4^-+5H_2S+6H^+ \Longrightarrow 2Mn^{2+}+5S\downarrow+8H_2O$$

$$2MnO_4^-+5NO_2^-+6H^+ \Longrightarrow 2Mn^{2+}+5NO_3^-+3H_2O$$

②中性介质：

$$2MnO_4^-+3SO_3^{2-}+H_2O \Longrightarrow 2MnO_2\downarrow+3SO_4^{2-}+2OH^-$$

③碱性介质：

$$2MnO_4^-+SO_3^{2-}+2OH^- \Longrightarrow 2MnO_4^{2-}+SO_4^{2-}+H_2O$$

3. Fe,Co,Ni 的主要化合物

(1)氧化物与氢氧化物

①酸碱性：

$$Fe(OH)_3+3OH^- \Longrightarrow [Fe(OH)_6]^{3-}$$

②氧化物氧化性：

$$Co_2O_3+6H^++2Cl^- \Longrightarrow 2Co^{2+}+Cl_2\uparrow+3H_2O$$

$$Ni_2O_3 + 6H^+ + 2Cl^- \xrightarrow{} 2Ni^{2+} + Cl_2 \uparrow + 3H_2O$$

③氢氧化物氧化性：

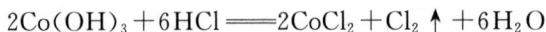

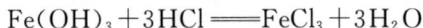

$$2Co(OH)_3 + 6HCl \xrightarrow{} 2CoCl_2 + Cl_2 \uparrow + 6H_2O$$
$$Fe(OH)_3 + 3HCl \xrightarrow{} FeCl_3 + 3H_2O$$

④氢氧化物还原性：

$$4Fe(OH)_2 + O_2 + 2H_2O \xrightarrow{} 4Fe(OH)_3$$

(2)Fe,Co,Ni 离子的鉴定

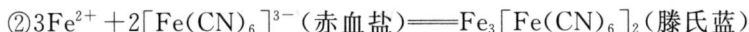

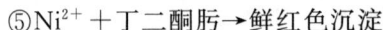

①$4Fe^{3+} + 3[Fe(CN)_6]^{4-}$（黄血盐）$\xrightarrow{} Fe_4[Fe(CN)_6]_3$（普鲁士蓝）

②$3Fe^{2+} + 2[Fe(CN)_6]^{3-}$（赤血盐）$\xrightarrow{} Fe_3[Fe(CN)_6]_2$（滕氏蓝）

③$Fe^{3+} + 6NCS^-$（过量）$\xrightarrow{} [Fe(NCS)_6]^{3-}$（血红色）

④$Co^{2+} + 4NCS^-$（过量）$\xrightarrow{} [Co(NCS)_4]^{2-}$（蓝色）

⑤$Ni^{2+} +$丁二酮肟$\rightarrow$鲜红色沉淀

四、习题详解

9.1 Li 和 Mg 属于对角线元素,它们有什么相似性质?

答 Li 和 Mg 在过量的氧气中燃烧时并不生成过氧化物,而生成正常氧化物。Li 和 Mg 都能与氮和碳直接化合而生成氮化物和碳化物。Li 和 Mg 与水反应均较缓慢。Li 和 Mg 的氢氧化物是中强碱,溶解度都不大,在加热时可分解为 Li_2O 和 MgO。Li 和 Mg 的某些盐类和氟化物、碳酸盐、磷酸盐难溶于水。它们的碳酸盐在加热下均能分解为相应的氧化物和二氧化碳。

9.2 简要回答下列问题:

(1)在以水为溶剂的反应体系中,为什么不能用碱金属作还原剂?

(2)实验室中常见的氢氧化钠溶液,用稀硫酸中和时会产生大量的气体。请给予合理的解释。

(3)有哪些气体是不能用碱石灰($NaOH+CaO$)来干燥的? 为什么?

(4)实验室中盛放强碱溶液的试剂瓶为何不能用玻璃塞?

答 (1)碱金属单质是化学性质极其活泼的还原剂,与水反应剧烈,甚至发生燃烧或爆炸,因此碱金属主要在固态反应或有机反应体系中作还原剂。

(2)NaOH 溶液容易吸收空气中的 CO_2,生成 Na_2CO_3。用稀硫酸中和时,会导致大量 CO_2 气体释放。

(3)碱石灰干燥剂属于碱性干燥剂,不能用来干燥酸性气体,氧气、氢气、一氧化碳是中性气体,可以用碱石灰干燥,而二氧化碳、氯化氢、二氧化硫是酸性气体,不能用碱石灰干燥。

(4)强碱会与玻璃中的主要成分 SiO_2 反应,生成硅酸盐。因此不能用玻璃塞。

9.3 为什么 $BaSO_4$ 在医学上可以用于消化道 X 射线检查疾病的造影剂?

答 因为 $BaSO_4$ 在胃酸中不溶解,而 $BaCO_3$ 在胃酸中溶解。

9.4 粗盐中常含有 Ca^{2+},Mg^{2+} 和 SO_4^{2-} 等离子,如何将粗盐纯化精制为较纯净的食盐?

答 加入稍过量的 $BaCl_2$ 溶液,除去 SO_4^{2-};再加入稍过量的 Na_2CO_3 溶液,除去 Ca^{2+} 和过量的 Ba^{2+};然后加入稍过量的 NaOH 溶液,除去 Mg^{2+},过滤,在滤液中加入稍过量的盐酸,以除去过量的 NaOH 溶液、Na_2CO_3 溶液,得到氯化钠溶液,蒸发结晶,可制成精盐。

9.5 试用 ROH 规则分析碱金属、碱土金属氢氧化物的碱性变化规律。

答 ROH 规则说明了,半径越大则碱式解离越强,相应的氢氧化物的碱性越强。因此,无论是碱金属或碱土金属的氢氧化物,同族元素从上到下,氢氧化物的碱性增强。而同周期,从左到右,氢氧化物的碱性越弱。因此,同周期元素,碱金属的氢氧化物较碱土金属的碱性更强。

9.6 解释下列事实:

(1)碱土金属单质比同周期碱金属单质的熔点高、硬度大。

(2)碱土金属碳酸盐的热分解温度从 Be 到 Ba 递增。

(3)铍和锂的化合物在性质上与本族元素同类化合物相比较有较大差异。

(4)铜器皿在潮湿空气中会慢慢生成一层铜绿。

(5)银器在含有 H_2S 的环境中会慢慢变黑。

(6)金不溶于盐酸和硫酸,但能溶于王水。

(7)在 $Cu(NO_3)_2$ 溶液中加入 KI 溶液可生成 CuI 沉淀,而加入 KCl 溶液不会生成 CuCl 沉淀。

(8)焊接铁皮时,常用浓 $ZnCl_2$ 溶液处理铁皮表面。

(9)氯化汞的饱和溶液和汞研磨后变成白色糊状。

(10)在 Fe^{3+} 的溶液中加入 KSCN 溶液时出现了血红色,但加入少许铁粉后,血红色立即消失。

答 (1)通常认为,金属键的键强度越强,金属的硬度越大,熔点越高。因此,碱土金属与同周期的碱金属相比较其原子半径减小,价电子数增多,金属键强度大,因此硬度增大,熔点增高。

（2）用离子的反极化作用进行解释。从 Be 到 Ba 半径增大，则反极化作用减小，其金属碳酸盐分子越稳定，则分解温度越高。

（3）锂和铍的次外层为 2 电子构型，与次外层具有 8 电子构型的本族其他元素相比，2 电子构型对核电荷的屏蔽效应较弱，元素的有效核电荷数较大，原子半径减小，离子的极化力增强。因此，锂和铍的化合物共价性显著，其氢氧化物的碱性和溶解性，以及盐类的性质也与本族其他元素显著不同。

（4）铜在潮湿的空气中与空气中的水、氧气、二氧化碳共同作用生成铜绿。

$2Cu+CO_2+O_2+H_2O \rightleftharpoons Cu_2(OH)_2CO_3$

（5）变黑的原因是发生了以下反应：

$4Ag+2H_2S+O_2 \rightleftharpoons 2Ag_2S+2H_2O$

（6）酸性条件下的硝酸根离子（NO_3^-）是一种强氧化剂，它可以溶解极微量的金（Au），而盐酸提供的氯离子（Cl^-）则可以与溶液中的金离子（Au^{3+}）反应，形成四氯合金离子（$[AuCl_4]^-$），氧化作用和配位作用的共同效应使金属金被溶解。因此，盐酸和硫酸混合溶液是无法溶解金的。

（7）I^- 具有还原性，能将 Cu^{2+} 还原为 Cu^+，Cu^+ 即与 I^- 生成 CuI 沉淀。而 Cl^- 并不能使 Cu^{2+} 还原为 Cu^+，因此没有 CuCl 沉淀生成。

（8）清理表面氧化膜，露出基体金属，便于焊接；活化、润湿表面，便于焊剂与铁皮结合。

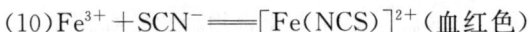

（9）研磨后发生反应：$HgCl_2+Hg \rightleftharpoons Hg_2Cl_2 \downarrow$

（10）$Fe^{3+}+SCN^- \rightleftharpoons [Fe(NCS)]^{2+}$（血红色）

$\qquad 2Fe^{3+}+Fe \rightleftharpoons 3Fe^{2+}$

9.7 写出下列发生的反应方程式，并描述现象。

（1）向 $ZnCl_2$ 的稀溶液中不断滴加氢氧化钠溶液。

（2）在 $Hg(NO_3)_2$ 溶液中先加入适量的 KI 溶液，而后 KI 溶液过量。

（3）在 $HgCl_2$ 溶液中加入 $SnCl_2$ 溶液。

（4）在 $CuSO_4$ 溶液中加入氨水。

答 （1）向 $ZnCl_2$ 的稀溶液中不断滴加氢氧化钠溶液，先是白色沉淀生成，然后溶解。

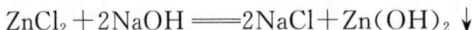

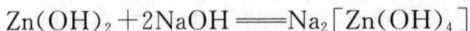

$ZnCl_2+2NaOH \rightleftharpoons 2NaCl+Zn(OH)_2 \downarrow$

$Zn(OH)_2+2NaOH \rightleftharpoons Na_2[Zn(OH)_4]$

（2）在 $Hg(NO_3)_2$ 溶液中先加入适量的 KI 溶液，有金红色沉淀生成。而后 KI 溶液过量，则沉淀溶解。

$Hg(NO_3)_2 + 2KI \Longrightarrow HgI_2(金红色)\downarrow + 2KNO_3$

$HgI_2 + 2KI \Longrightarrow K_2[HgI_4]$

(3)在 $HgCl_2$ 溶液中加入 $SnCl_2$ 溶液,先有白色沉淀生成,然后变灰。

$2HgCl_2 + SnCl_2 \Longrightarrow Hg_2Cl_2(白色)\downarrow + SnCl_4$

$Hg_2Cl_2 + SnCl_2 \Longrightarrow 2Hg(黑色)\downarrow + SnCl_4$

(4)在 $CuSO_4$ 溶液中加入氨水,先有蓝色絮状沉淀生成,然后沉淀溶解生成深蓝色溶液。

$CuSO_4 + 2NH_3 \cdot H_2O \Longrightarrow (NH_4)_2SO_4 + Cu(OH)_2\downarrow$

$Cu(OH)_2 + 4NH_3 \cdot H_2O \Longrightarrow [Cu(NH_3)_4]^{2+} + 2OH^- + 4H_2O$

9.8 完成并配平下列反应式:

(1)$Cu_2O + H_2SO_4(稀)\longrightarrow$

(2)$CuSO_4 + NaI \longrightarrow$

(3)$AgNO_3 + NaOH \longrightarrow$

(4)$Ag^+ + CN^- \longrightarrow$

(5)$[Ag(S_2O_3)_2]^{3-} + H_2S \longrightarrow$

(6)$Hg_2Cl_2 + NH_3 \longrightarrow$

(7)$Ag^+ + NH_3 + C_6H_{12}O_6 \longrightarrow$

(8)$Cu^{2+} + OH^- + C_6H_{12}O_6 \longrightarrow$

(9)$HgI_4^{2-} + OH^- + NH_4^+ \longrightarrow$

(10)$Co(OH)_3 + HCl \longrightarrow$

(11)$[Cr(OH)_4]^- + H_2O_2 \longrightarrow$

(12)$Ni(OH)_2 + H_2O_2 \longrightarrow$

答

(1)$Cu_2O + H_2SO_4(稀)\Longrightarrow CuSO_4 + Cu\downarrow + H_2O$

(2)$2CuSO_4 + 4NaI \Longrightarrow 2CuI\downarrow + I_2 + 2Na_2SO_4$

(3)$NaOH + AgNO_3 \Longrightarrow AgOH + NaNO_3$

　　$2AgOH \Longrightarrow Ag_2O + H_2O$

(4)$Ag^+ + 2CN^- \Longrightarrow [Ag(CN)_2]^-$

(5)$2[Ag(S_2O_3)_2]^{3-} + H_2S \Longrightarrow Ag_2S\downarrow + 4S_2O_3^{2-} + 2H^+$

(6)$Hg_2Cl_2 + 2NH_3 \Longrightarrow HgNH_2Cl\downarrow + Hg + NH_4Cl$

(7)$C_6H_{12}O_6 + 2Ag^+ + NH_3 + 2OH^- \Longrightarrow 2Ag + C_5H_{11}O_5COONH_4 + H_2O$

(8)$2Cu^{2+} + 4OH^- + C_6H_{12}O_6 \Longrightarrow Cu_2O\downarrow(砖红色沉淀) + 2H_2O + C_6H_{12}O_7$

(9) $NH_4^+ + 2[HgI_4]^{2-} + 4OH^- \Longrightarrow Hg_2NI\downarrow + 7I^- + 4H_2O$

(10) $2Co(OH)_3 + 6HCl \Longrightarrow 2CoCl_2 + Cl_2 + 6H_2O$

(11) $2[Cr(OH)_4]^- + 3H_2O_2 + 2OH^- \Longrightarrow 2CrO_4^{2-} + 8H_2O$

(12) $2Ni(OH)_2 + H_2O_2 \Longrightarrow 2Ni(OH)_3$

9.9 白色固体 A 不溶于水和 NaOH 溶液,溶于盐酸形成无色溶液 B 和气体 C。向溶液 B 中滴加氨水先有白色沉淀 D 生成,而后 D 又溶于过量氨水中形成无色溶液 E;将气体 C 通入 $CdSO_4$ 溶液中得到黄色沉淀,若将 C 通入溶液 B 或者 E 中则均析出固体 A。推断 A,B,C,D 和 E 各为何物?

答 $A:ZnS$;$B:ZnCl_2$;$C:H_2S$;$D:Zn(OH)_2$;$E:[Zn(NH_3)_4]^{2+}$

9.10 铬的某化合物 A 是橙红色晶体,易溶于水,将 A 用浓 HCl 处理,有刺激性气味的黄绿色气体 B 和暗绿色溶液 C 生成。在 C 中加入 KOH 溶液,先生成灰蓝色沉淀 D,继续加入过量的 KOH 溶液则沉淀消失,变成绿色溶液 E。在 E 中加入 H_2O_2 加热则生成黄色溶液 F,F 用酸酸化,又变为原来的化合物 A 溶液。问 A,B,C,D,E,F 各是什么物质?写出每步的反应方程式。

答 $A:K_2Cr_2O_7$;$B:Cl_2$;$C:CrCl_3$;$D:Cr(OH)_3$;$E:[Cr(OH)_4]^-$;$F:K_2CrO_4$

$K_2Cr_2O_7 + 14HCl \Longrightarrow 3Cl_2\uparrow + 2CrCl_3 + 2KCl + 7H_2O$

$CrCl_3 + 3KOH \Longrightarrow Cr(OH)_3 + 3KCl$

$Cr(OH)_3 + OH^- \Longrightarrow [Cr(OH)_4]^-$

$2[Cr(OH)_4]^- + 3H_2O_2 + 2OH^- \Longrightarrow 2CrO_4^{2-} + 8H_2O$

$2CrO_4^{2-} + 2H^+ \Longrightarrow Cr_2O_7^{2-} + H_2O$

9.11 某氧化物 A,溶于浓盐酸得到溶液 B 和气体 C。C 通入 KI 溶液后用 CCl_4 萃取生成物,CCl_4 层出现紫色。溶液 B 加入 KOH 溶液后析出粉红色沉淀。若溶液 B 中加入过量氨水,没有沉淀生成,而是得到土黄色溶液 D,D 溶液放置后变为红褐色溶液 E。若溶液 B 中加入 KSCN 及少量丙酮,经振荡后在丙酮中呈现宝石蓝色的溶液 F。试判断 A,B,C,D,E,F 各是什么物质?写出每步的反应方程式。

答 $A:Co_2O_3$;$B:CoCl_2$;$C:Cl_2$;$D:[Co(NH_3)_6]^{2+}$;$E:[Co(NH_3)_6]^{3+}$;$F:[Co(SCN)_4]^{2-}$

$Co_2O_3 + 6HCl \Longrightarrow 2CoCl_2 + Cl_2\uparrow + 3H_2O$

$Cl_2 + 2KI \Longrightarrow 2KCl + I_2(易溶于 CCl_4)$

$CoCl_2 + 2KOH \Longrightarrow Co(OH)_2\downarrow + 2KCl$

$CoCl_2 + 6NH_3(过量) \Longrightarrow [Co(NH_3)_6]^{2+} + 2Cl^-$

$$4[Co(NH_3)_6]^{2+}+O_2+4H^+=\!\!=\!\!=4[Co(NH_3)_6]^{3+}+2H_2O$$

$$Co^{2+}+4SCN^-=\!\!=\!\!=[Co(SCN)_4]^{2-}（丙酮存在）$$

9.12　一无色化合物 A 的溶液具有下列性质：

(1)加入 $AgNO_3$ 时有白色沉淀 B 生成，B 不溶于 HNO_3，但可溶于氨水中；

(2)加入 NaOH 时有黄色沉淀 C 生成；

(3)加入氨水时有白色沉淀 D 生成；

(4)加入 KI 时有鲜红色沉淀 E 生成，继续加入 KI 溶液，沉淀消失，生成无色溶液 F；

(5)加入 $SnCl_2$ 时有白色沉淀 G 生成，继续加入 $SnCl_2$ 溶液，白色沉淀消失，生成黑色沉淀 H。

试判断 A,B,C,D,E,F,G,H 各是什么物质？写出每步的反应方程式。

答　A: $HgCl_2$；　B: $AgCl$；　C: HgO；　D: $HgNH_2Cl$；　E: HgI_2；

F: HgI_4^{2-}；　　G: Hg_2Cl_2；　　H: Hg

$$HgCl_2+2AgNO_3=\!\!=\!\!=2AgCl\downarrow+Hg(NO_3)_2$$

$$HgCl_2+2OH^-=\!\!=\!\!=HgO\downarrow（黄）+H_2O+2Cl^-$$

$$HgCl_2+2NH_3=\!\!=\!\!=Hg(NH_2)Cl\downarrow（白）+NH_4Cl$$

$$Hg^{2+}+2I^-=\!\!=\!\!=HgI_2\downarrow（鲜红色）$$

$$HgI_2+2I^-=\!\!=\!\!=[HgI_4]^{2-}（无色）$$

$$2HgCl_2+SnCl_2=\!\!=\!\!=Hg_2Cl_2\downarrow（白）+SnCl_4$$

$$Hg_2Cl_2+SnCl_2=\!\!=\!\!=2Hg\downarrow（黑）+SnCl_4$$

9.13　有一种含结晶水的淡绿色晶体，将其配成溶液，若加入 $BaCl_2$ 溶液，则产生不溶于酸的白色沉淀；若加入 NaOH 溶液，则生成白色胶状沉淀并很快变成红棕色，再加入盐酸，此沉淀又溶解，滴入硫氰化钾溶液显血红色。问：该晶体是什么物质？写出有关的化学反应方程式。

答　淡绿色晶体为 $FeSO_4\cdot 7H_2O$

$$Fe^{2+}+SO_4^{2-}+BaCl_2=\!\!=\!\!=BaSO_4\downarrow+FeCl_2$$

$$FeSO_4+2NaOH=\!\!=\!\!=Fe(OH)_2\downarrow+Na_2SO_4$$

$$4Fe(OH)_2+O_2+2H_2O=\!\!=\!\!=4Fe(OH)_3\downarrow$$

$$Fe(OH)_3+3HCl=\!\!=\!\!=FeCl_3+3H_2O$$

$$FeCl_3+6KSCN=\!\!=\!\!=K_3[Fe(SCN)_6]+3KCl$$

9.14　有一种固体混合物中可能有 CuS, $AgNO_3$, $KMnO_4$, $ZnCl_2$, Na_2SO_4。固体加入水中，并用几滴盐酸酸化，有白色沉淀 A 生成，滤液 B 是无色的。A 能溶于氨水。B分成两份：一份加入少量 NaOH 时有白色沉淀生成，再加入过量 NaOH 溶液，沉淀溶解；另一份加入少量氨水时有白色沉淀生成，再加入过量氨水沉淀溶解。根据上述现象，判断哪些物质肯定存在，哪些物质肯定不存在，哪些物质可能存在。

答 肯定存在：$AgNO_3$ 和 $ZnCl_2$；肯定不存在：CuS 和 $KMnO_4$；可能存在的是：Na_2SO_4

$$AgNO_3 + HCl \xrightarrow{\quad\quad} AgCl\downarrow + HNO_3$$

$$AgCl + 3NH_3 + H_2O \xrightarrow{\quad\quad} [Ag(NH_3)_2]OH + NH_4Cl$$

$$ZnCl_2 + 2NaOH \xrightarrow{\quad\quad} Zn(OH)_2\downarrow + 2NaCl$$

$$Zn(OH)_2 + 2NaOH \xrightarrow{\quad\quad} Na_2[Zn(OH)_4]$$

五、测验题

(一)选择题

1. 向含有 Ag^+，Pb^{2+}，Al^{3+}，Cu^{2+}，Sr^{2+}，Cd^{2+} 的混合溶液中加稀 HCl 后可以被沉淀的离子是（　　）。

(A)Ag^+　　　　(B)Cd^{2+}　　　　(C)Ag^+ 和 Pb^{2+}　　(D)Pb^{2+} 和 Sr^{2+}

2. 性质相似的两个元素是（　　）。

(A)Mg 和 Al　　(B)Zr 和 Hf　　　(C)Ag 和 Au　　　(D)Fe 和 Co

3. 在下列氢氧化物中，哪一种既能溶于过量的 NaOH 溶液，又能溶于氨水中（　　）。

(A)$Ni(OH)_2$　　(B)$Zn(OH)_2$　　(C)$Fe(OH)_3$　　　(D)$Al(OH)_3$

4. 下列 5 种未知溶液是：Na_2S，$Na_2S_2O_3$，Na_2SO_4，Na_2SO_3，Na_2SiO_3，分别加入同一种试剂就可使它们得到初步鉴别，这种试剂是（　　）。

(A)$AgNO_3$ 溶液　(B)$BaCl_2$ 溶液　(C)稀 HCl 溶液　(D)稀 HNO_3 溶液

5. +3 价铬在过量强碱溶液中的存在形式是（　　）。

(A)$Cr(OH)_3$　　(B)CrO_2^-　　　(C)Cr^{3+}　　　　(D)CrO_4^{2-}

6. 下列硫化物中，不能溶于浓硫化钠的是（　　）。

(A)SnS_2　　　(B)HgS　　　　(C)Sb_2S_3　　　(D)Bi_2S_3

7. 向 $MgCl_2$ 溶液中加入 Na_2CO_3 溶液，生成的产物之一为（　　）。

(A)$MgCO_3$　　(B)$Mg(OH)_2$　　(C)$Mg_2(OH)_2CO_3$　(D)$Mg(HCO_3)_2$

8. 下列各组离子中，通入 H_2S 气体不产生黑色沉淀的是（　　）。

(A)Cu^{2+}，Zn^{2+}　(B)As^{3+}，Cd^{2+}　(C)Fe^{2+}，Pb^{2+}　(D)Ni^{2+}，Bi^{3+}

9. 下列物质在空气中燃烧,生成正常氧化物的单质是(　　)。

(A)Li　　　　　(B)Na　　　　　(C)K　　　　　(D)Cs

10. 能共存于溶液中的一对离子是(　　)。

(A)Fe^{3+}和I^-　　(B)Pb^{2+}和Sn^{2+}　　(C)Ag^+和PO_4^{3-}　　(D)Fe^{3+}和SCN^-

11. 在HNO_3介质中,欲使Mn^{2+}氧化成MnO_4^-,可加哪种氧化剂(　　)。

(A)$KClO_3$　　　(B)H_2O_2　　　(C)王水　　　(D)$(NH_4)_2S_2O_8$

12. $K_2Cr_2O_7$溶液与下列物质反应没有沉淀生成的是(　　)。

(A)H_2S　　　(B)KI　　　(C)H_2O_2　　　(D)$AgNO_3$

13. 下列离子在水溶液中最不稳定的是(　　)。

(A)Cu^{2+}　　　(B)Cu^+　　　(C)Hg^{2+}　　　(D)Hg_2^{2+}

14. 在鉴定Co^{2+}的定性分析中,是利用Co^{2+}和一种配位剂形成一种蓝色物质,该物质在有机溶剂中较稳定,这种配合剂是(　　)。

(A)KCN　　　(B)丁二酮肟　　　(C)NH_4SCN　　　(D)KNO_2

(二)填空题

1. 既可用来鉴定Fe^{3+},也可用来鉴别Co^{2+}的试剂是_____;既可用来鉴别Fe^{3+},也可用来鉴别Cu^{2+}试剂是_____。

2. 为什么在酸性$K_2Cr_2O_7$溶液中加入$BaCl_2$得到的是$BaCrO_4$沉淀?

(三)完成(或写出)下列反应方程式

1. $Na_2S_2O_3 + I_2 \longrightarrow$

2. $Ag_2S + HNO_3(浓) \longrightarrow$

3. $PbO_2 + Mn^{2+} + H^+ \longrightarrow$

4. 漂白粉加盐酸。

5. $HgCl_2$溶液中加适量$SnCl_2$溶液后,再加过量的$SnCl_2$溶液。

6. $KI + CuCl_2 \longrightarrow$

7. $Cr^{3+} + S^{2-} + H_2O \longrightarrow$

8. $Ag_2S + HNO_3 \longrightarrow$

9. $Hg_2Cl_2 + NH_3 \longrightarrow$

10. $Mg^{2+} + CO_3^{2-} + H_2O \longrightarrow$

(四)鉴定题

1. (1)向含有Fe^{2+}的溶液中加入$NaOH$溶液后生成白色沉淀A,逐渐变红棕色B;

(2)过滤后沉淀用HCl溶解,溶液呈黄色C;

(3)向黄色溶液中加几滴 KSCN 溶液,立即变成血红色 D,再通入 SO₂,则红色消失;

(4)向红色消失溶液中,滴加 KMnO₄ 溶液,其紫色褪去;

(5)最后加入黄血盐溶液时,生成蓝色沉淀 E。

用反应式说明上述实验现象,并说明 A,B,C,D,E 为何物?

2. 某一化合物溶于水得一浅蓝色溶液,在 A 溶液中加入 NaOH 得蓝色沉淀 B。B 能溶于 HCl 溶液,也能溶于氨水。A 溶液中通入 H₂S,有黑色沉淀 C 生成。C 难溶于 HCl 溶液而溶于热 HNO₃ 中。在 A 溶液中加入 Ba(NO₃)₂ 溶液,无沉淀产生,而加入 AgNO₃ 溶液时有白色沉淀 D 生成。D 溶于氨水。试判断 A,B,C,D 为何物?并写出反应方程式。

3. 今有一混合溶液,内有 Ag⁺,Cu²⁺,Al³⁺ 和 Ba²⁺ 等离子,如何分离鉴定?写出有关反应式。

六、测验题解答

(一)选择题

1. (C);2. (B);3. (B);4. (C);5. (B);6. (D);7. (C);8. (B);9. (A);10. (B);11. (D);12. (C);13. (B);14. (C)。

(二)填空题

1. KNCS;K₄[Fe(CN)₆]

2. 在酸性 K₂Cr₂O₇ 溶液中存在:

$$Cr_2O_7^{2-} + H_2O \rightleftharpoons 2CrO_4^{2-} + 2H^+$$

由于 BaCrO₄ 的 $K_{sp}^{\ominus}$ 值很小,因此在酸性 K₂Cr₂O₇ 溶液中加入 BaCl₂ 得到的是 BaCrO₄ 沉淀,使上述平衡向生成 CrO_4^{2-} 离子的方向移动。

(三)完成下列反应方程式

1.  $2Na_2S_2O_3 + I_2 = Na_2S_4O_6 + 2NaI$

2.  $Ag_2S + 4HNO_3(浓) = 2AgNO_3 + 2NO_2 + S + 2H_2O$

3. 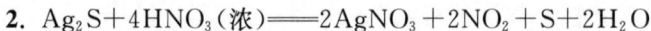 $5PbO_2 + 2Mn^{2+} + 4H^+ = 5Pb^{2+} + 2MnO_4^- + 2H_2O$

4.  $Ca(ClO)_2 + 4HCl = CaCl_2 + 2Cl_2 \uparrow + 2H_2O$

5.  $2HgCl_2 + SnCl_2 = SnCl_4 + Hg_2Cl_2(s)(白)$

    $Hg_2Cl_2 + SnCl_2 = SnCl_4 + 2Hg$

6.  $4KI + 2CuCl_2 = 2CuI \downarrow + I_2 + 4KCl$

7.  $2Cr^{3+} + 3S^{2-} + 6H_2O = 2Cr(OH)_3 \downarrow + 3H_2S$

8. $Ag_2S + 4HNO_3 \Longrightarrow 2AgNO_3 + 2NO_2 + S + 2H_2O$

9. $Hg_2Cl_2 + 2NH_3 \Longrightarrow HgNH_2Cl\downarrow + Hg\downarrow + NH_4Cl$

10. $2Mg^{2+} + 2CO_3^{2-} + H_2O \Longrightarrow Mg_2(OH)_2CO_3\downarrow + CO_2\uparrow$

(四)鉴定题

1. 解

$A:Fe(OH)_2;B:Fe(OH)_3;C:Fe^{3+};D:[Fe(NCS)_6]^{3-};E:Fe_4[Fe(CN)_6]_3$

(1) $Fe^{2+} + 2OH^- \Longrightarrow Fe(OH)_2\downarrow(A,白色)$

　$4Fe(OH)_2 + O_2 + 2H_2O \Longrightarrow 4Fe(OH)_3\downarrow(B,红棕色)$

(2) $Fe(OH)_3 + 3H^+ \Longrightarrow Fe^{3+}(C) + 3H_2O$

(3) $Fe^{3+} + 6NCS^- \Longrightarrow [Fe(NCS)_6]^{3-}(D,血红色)$

　$2[Fe(NCS)_6]^{3-} + SO_2 + 2H_2O \Longrightarrow 2Fe^{2+} + SO_4^{2-} + 4H^+ + 12NCS^-$

(4) $MnO_4^-(紫色) + 5Fe^{2+} + 8H^+ \Longrightarrow 5Fe^{3+} + Mn^{2+}(无色) + 4H_2O$

(5) $4Fe^{3+} + 3[Fe(CN)_6]^{4-}(黄血盐) \Longrightarrow Fe_4[Fe(CN)_6]_3(E,蓝色)$

2. 解

$A:CuCl_2,B:Cu(OH)_2,C:CuS,D:AgCl$

反应如下：

$CuCl_2 + 2NaOH \Longrightarrow 2NaCl + Cu(OH)_2$

$Cu(OH)_2 + 2HCl \Longrightarrow CuCl_2 + 2H_2O$

$Cu(OH)_2 + 4NH_3 \Longrightarrow Cu(NH_3)_4^{2+} + 2OH^-$

$CuCl_2 + H_2S \Longrightarrow CuS\downarrow + 2HCl$

$CuS + 4HNO_3(浓) \Longrightarrow Cu(NO_3)_2 + S\downarrow + 2NO_2\uparrow + 2H_2O$

$CuCl_2 + 2AgNO_3 \Longrightarrow 2AgCl + Cu(NO_3)_2$

3. 解

各步鉴定反应如下：

(1) $Ag^+ + Cl^- \Longrightarrow AgCl\downarrow(白)$

　$AgCl + 2NH_3 \Longrightarrow [Ag(NH_3)_2]^+ + Cl^-$

(2) $Cu^{2+} + H_2S \Longrightarrow CuS\downarrow(黑) + 2H^+$

　$3CuS + 2NO_3^- + 8H^+ \Longrightarrow 3Cu^{2+} + 2NO + 3S\downarrow + 4H_2O$

　$Cu^{2+}(浅蓝) + 4NH_3 \Longrightarrow [Cu(NH_3)_4]^{2+}(深蓝)$

(3) 用铝试剂(茜素磺酸钠)在氨水中与 Al^{3+} 生成鲜红色沉淀。

(4) $Ba^{2+} + SO_4^{2-} \Longrightarrow BaSO_4\downarrow(白)$

　$BaSO_4$ 不溶于 HNO_3

第十章 可见光分光光度法
（Visible Spectrophotometry）

通过本章的学习，要求掌握：

1. 物质颜色与光的吸收关系；
2. 分光光度法的基本原理；
3. 朗伯-比耳定律；
4. 显色反应条件的选择；
5. 参比溶液的选择；
6. 分光光度法的应用。

一、知识结构

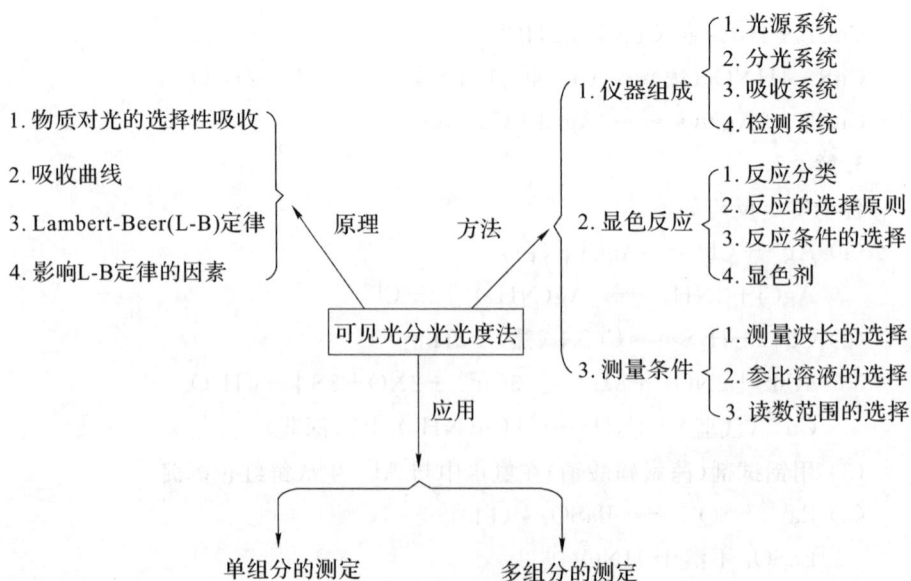

二、基本概念

1. 物质对能量的选择性吸收

组成物质的分子、原子、离子和电子等都各具有不连续的量子化能级。通常情况下,它们都分别处于最稳定的状态,即基态。物质由基态吸收不同的能量可以被激发到不同的激发态能级上。物质被激发所能吸收的能量取决于该物质从基态到激发态的能量差(ΔE),能量不吻合,则不能被该物质吸收。这就是物质对外界能量的选择性吸收。

2. 光的基本性质与物质的颜色

物质呈现的颜色与光有密切的关系。当一束白光照射到溶液时,光与物质将发生一系列相互作用,产生反射、散射、吸收或透射等作用(若被照射的是均匀溶液,则散射作用可以忽略)。其中,满足该物质的分子(或离子)基态与激发态能量差(ΔE)的光波将被该物质吸收,不满足的则被透射或反射。遵循物质对能量的选择性吸收规则,因此人们所能看到的溶液的颜色是一种未被吸收的所有波长的光的混合光色。

3. 物质对光的选择性吸收

不同物质由于结构不同而具有不同的能量差(ΔE),体现对光的选择性吸收不同。同一种物质由于各价电子能级的不同,也具有各种不同的基态与激发态之间的能量差(ΔE)。因此,一般物质不仅吸收某单一波长的光,还可能吸收不同波长的光。

4. 吸收曲线

测量有色溶液对每一波长(λ)光的吸收程度(即吸光度A),作$A \sim \lambda$曲线,称为吸收曲线(absorption curve)(或吸收光谱)。因此,可以根据不同物质的吸收曲线特征和最大吸收波长的不同,进行物质的初步定性分析。此外,同一物质的吸光度随着浓度的增大而增大,尤其在最大吸收峰附近吸光度的变化更加明显,说明在最大吸收波长处测定吸光度,灵敏度最高。因此,在分光光度法测定中,吸收曲线是选择最佳检测波长的重要依据。

5.光吸收的基本定律

1760年,朗伯(Lamber)提出,如果溶液的浓度一定时,溶液对光的吸收程度与液层厚度 b 成正比;1852年,比耳(Beer)又提出,当光程长度(光通过有色溶液的厚度 b)不变时,光的吸收程度与吸光物质的浓度成正比。两者的结合即为朗伯-比耳定律,其数学表达式为:

$$A = \lg \frac{I_0}{I_t} = \lg \frac{1}{T} = Kbc$$

K 是与吸光物质性质、λ、溶剂以及温度等有关的常数。当 c 取 g·L^{-1},b 取 cm 时,K 以 a 表示,称为吸光系数,单位为 L·g^{-1}·cm^{-1};当 c 取 mol·L^{-1},b 取 cm 时,K 以 ε 表示,称为摩尔吸光系数,单位为 L·mol^{-1}·cm^{-1}。

$$a = \frac{\varepsilon}{M} (\text{M 为摩尔质量})$$

6.摩尔吸光系数 ε

摩尔吸光系数 ε 在数值上等于浓度为 1mol·L^{-1} 的吸光组分在光程为 1cm 时的吸光度,是吸光物质在一定的波长和溶剂条件下的特征常数。ε 值越大,表明物质对光的吸收越大,光度法测定时的灵敏度也越高。最大吸收波长 λ_{max} 处的摩尔吸光系数常以 ε_{max} 表示,ε_{max} 表明了吸光物质最大限度的吸光能力,也反映了光度法测定该物质可能达到的最大灵敏度。

7.可见光分光光度计结构

分光光度计的种类、型号繁多,但其基本结构离不开以下四部分:

$$\boxed{光\quad源} \longrightarrow \boxed{单色器} \longrightarrow \boxed{吸收池} \longrightarrow \boxed{检测显示系统}$$

(1)光源
光源应能辐射所需波长范围内具有足够强度并且稳定的连续光谱。

(2)单色器
单色器(monochromator)又称分光系统,是将光源发出的连续光谱分解为测量所需的单色光的组件。它是由棱镜或光栅等色散元件及狭缝和透镜组成。

(3)吸收池
吸收池又称比色皿,用于盛放吸光溶液,要求对入射光波无吸收现象,且耐腐蚀。

(4)检测显示系统

检测显示系统是将透过吸光溶液的光信号转变为电信号,再以适当的方式显示或记录的组件。

8.显色反应

分光光度法的定量基础是朗伯-比耳定律,为保证测量的准确度和灵敏度,对影响物质吸光进而影响朗伯-比耳定律应用的显色条件和仪器条件往往需要通过实验优化。

(1)显色反应选择原则

在可见光区域进行分光光度法测定的前提是物质必须有色,若物质本身无色或虽有吸收但摩尔吸光系数很小,则需要添加合适的试剂使其显色,这种化学反应称为显色反应。

显色反应可分为两大类:氧化还原反应和配位反应。显色反应及显色剂的选择应考虑以下几个因素。

①灵敏度

根据朗伯-比耳定律,物质摩尔吸光系数 ε 越大,表明物质对光的吸收越大,光度法测定时的灵敏度也越高,因此在有多种显色剂可供选择的情况下,应选择显色反应生成物 ε 较大的显色反应。

待测物含量低、干扰少时一般选择高灵敏度($\varepsilon_{max} > 6 \times 10^4$)的显色反应;含量较高、选择性较差且难以消除时选择中、低灵敏度($\varepsilon_{max} < 5 \times 10^4$)的显色反应。

②显色剂的吸收

选用的显色剂在测定波长处应无明显吸收,或显色剂与有色化合物的最大吸收波长之差 $\Delta\lambda_{max}$(通常称为"对比度")在 60 nm 以上,以减小试剂的空白。

③有色物质的稳定性

常温常压下,生成的有色物质应组成恒定,化学性质稳定,以保证测定的准确度和重现性。

④选择性

显色反应的选择性是指尽量选择干扰少或干扰易去除的显色反应。

(2)显色反应条件的选择

显色反应一般表示为:

$$M(待测物质)+R(显色剂)=\!\!=MR(有色化合物)$$

凡是对显色反应平衡造成影响的因素都会对光度法测定产生影响。

①显色剂的用量

根据平衡移动原理,显色剂过量才能保证待测组分完全转变为有色化合物。但显色剂用量过多,会引起一些副反应的发生,因此显色剂的用量需要通过实验来确定。方法是保持实验其他条件不变,仅改变显色剂的浓度,测定吸光度,绘制吸光度(A)－显色剂浓度(c)曲线,找出显色剂的最佳用量范围。

②酸度

显色反应的酸度条件一般也通过实验来确定。具体操作:在固定显色剂用量、显色时间、显色温度以及测试波长等的实验条件下,仅改变 pH 值,测定各 pH 下显色溶液的吸光度 A,绘制 $A \sim$ pH 曲线。选择曲线吸光度较大且最为平坦的部分作为最适宜的酸度条件。

③显色温度

显色反应一般室温下即可进行。少数反应需要通过加热以加快显色反应速度。但有时温度太高,生成的有色物质也容易分解。因此,显色反应温度也需要通过实验来确定。

④显色时间

最佳的显色时间要通过测定吸光度(A)－时间(t)曲线来确定。

⑤溶剂

对于可见光区的分光光度法,一般采用水作为常用溶剂。

⑥干扰的消除

在实际测定时,还需要考虑共存离子本身是否有颜色,或是否与显色剂作用形成有色物质,对这些因素导致的干扰,通常可采用以下方法进行消除。

(a)加入掩蔽剂

一般加入配合掩蔽剂或氧化还原掩蔽剂,使干扰离子生成无色配离子或无色离子。所选的掩蔽剂不能与待测组分反应,且本身不产生新的干扰。

(b)改变介质的 pH 值

通过调节溶液的酸度,使干扰离子不与显色剂发生作用。

(c)分离干扰离子

当考虑了(a)和(b)之后,干扰仍然无法消除,就只能进行离子分离。

9.可见光分光光度法测量条件的选择

(1)入射光波长的选择

吸光光度法中一般是以"最大吸收原则"选择测量波长。

若 λ_{max} 处有共存组分干扰时,则应采取"吸收最大、干扰最小"的原则选择测量波长。

(2)参比溶液的选择

在吸光度测定过程中,为了抵消非待测组分的吸收、散射以及比色皿对入射光的吸收、反射等作用,常采用参比溶液进行校正,使测得的吸光度值能真正地反映待测溶液的吸光强度。

选择方法如下:

①若仅所测物质在测定波长处有吸收,而样品溶液、显色剂等在测定波长处均无吸收,可用纯溶剂(如:水)作参比溶液。

②若显色剂或其他所加试剂在测定波长处略有吸收,而待测试样本身无吸收,用"试剂空白"(不加试样的溶液)作参比溶液。

③若待测试样在测定波长处有吸收,而显色剂等无吸收,则用"试样空白"(不加显色剂)作参比溶液。

④若显色剂、试液中存在的其他组分在测量波长处有吸收,则可在试液中加入适当掩蔽剂将待测组分掩蔽后再加显色剂,作为参比溶液。

(3)吸光度读数的适宜范围

吸光度 A 在 $0.70 \sim 0.20$ 范围内进行测定,浓度测量误差较小。当透光率 $T = 36.8\%$ 或 $A = 0.434$ 时浓度测量的相对误差最小。通常可采用稀释或增大待测液浓度、改变比色皿厚度及选择合适的测量波长等方法进行调节。

10.可见光分光光度法的应用

(1)单组分测定

①标准曲线法

先配制一系列不同浓度的标准溶液,分别测定其吸光度,绘制 $A \sim c$ 曲线,即标准曲线。然后在相同条件下测定未知液的 A_x 值,从标准曲线上就可查得未知液的浓度。或由实验数据求回归方程,将未知液的吸光度代入求得未知液的含量。

②示差法

当待测组分含量较高时,采用示差分光光度法。示差法采用以浓度为 c_s($c_s < c_x$)的标准溶液为参比。具体测定方法如下:

(a)先测定一系列以浓度 c_s 的标准溶液为参比、已知 Δc 的标准溶液的相对吸光度 A_r,绘制示差法的工作曲线 $A_r \sim \Delta c$。

(b)测定未知液相对吸光度,通过工作曲线查得 Δc。

(c)求得:$c_x = c_s + \Delta c$

(2)多组分的同时测定

吸光度光度法也可用于多个组分的测定。若各组分的吸收曲线有重叠,可根据吸光度加和性原理进行测定。选择两个波长,分别测定吸光度 $A_{\lambda 1}$ 和 $A_{\lambda 2}$,得:

$$\begin{cases} A_{\lambda 1} = A_{x,\lambda 1} + A_{y,\lambda 1} = \varepsilon_{x,\lambda 1} b c_x + \varepsilon_{y,\lambda 1} b c_y \\ A_{\lambda 2} = A_{x,\lambda 2} + A_{y,\lambda 2} = \varepsilon_{x,\lambda 2} b c_x + \varepsilon_{y,\lambda 2} b c_y \end{cases}$$

解联立方程,即可求得 c_x 和 c_y。

三、主要公式

1. 朗伯-比耳定律

$$A = \lg (1/T) = Kbc$$

K 是与吸光物质性质、λ、溶剂以及温度等有关的常数。

当 c 取 $g \cdot L^{-1}$,b 取 cm 时,K 以 a 表示,称为吸光系数,单位为 $L \cdot g^{-1} \cdot cm^{-1}$。

当 c 取 $mol \cdot L^{-1}$,b 取 cm 时,K 以 ε 表示,称为摩尔吸光系数,单位为 $L \cdot mol^{-1} \cdot cm^{-1}$。

$$a = \frac{\varepsilon}{M}$$

2. 浓度测量的相对误差

$$\frac{\Delta c}{c} = \frac{0.434}{T \lg T} \cdot \Delta T$$

式中,$\dfrac{\Delta c}{c}$ 为浓度测量值的相对误差,ΔT 为透光率的绝对误差。

四、习题详解

10.1 朗伯-比耳定律的应用条件是什么?

解 入射光为单色光及粒子间相互独立无相互作用。

10.2 摩尔吸光系数的物理意义是什么? 在分光光度法测定中有何指导意义?

解 摩尔吸光系数 ε 在数值上等于浓度为 $1 mol \cdot L^{-1}$ 的吸光组分在光程为 1cm 时的吸光度,是吸光物质在一定波长和溶剂条件下的特征常数。

当温度和波长一定时,ε 仅与吸光物质的性质有关,因此 ε 可作为定性鉴定物质的参数。ε 值越大,表明物质对光的吸收越大,光度法测定时的灵敏度也越高。

10.3　0.102 mg Fe^{3+} 用硫氰酸钾显色后,在容量瓶中用水稀释至 50 mL,用 1 cm 比色皿,在 480 nm 波长处测得吸光度 A 为 0.760,求 ε。

解

$$c_{Fe^{3+}} = \frac{0.102/55.845}{50} = 3.65 \times 10^{-5} \, (mol \cdot L^{-1})$$

因为　$A = \varepsilon bc$

所以　$\varepsilon = A/bc = \dfrac{0.760}{1 \times 3.65 \times 10^{-5}} = 2.08 \times 10^4 \, (L \cdot mol^{-1} \cdot cm^{-1})$

10.4　用二硫腙分光光度法测定 Pb^{2+},Pb^{2+} 的浓度为 0.088 mg/50 mL。用 2 cm 比色皿在 520 nm 下测得透光率 $T = 56\%$,求 ε。

解　因为 $A = \lg(1/T) = \varepsilon bc$

所以　$\varepsilon = \lg(1/T)/bc = \dfrac{\lg\left(\dfrac{1}{0.56}\right)}{2 \times \dfrac{0.088}{50 \times 207.2}} = 1.5 \times 10^4 \, (L \cdot mol^{-1} \cdot cm^{-1})$

10.5　某试液用 2 cm 比色皿测量时,透光率为 60%,若改用 1 cm 或 4 cm 比色皿,透光率和吸光度等于多少?

解　$A = \lg(1/T) = \varepsilon bc$

用 2 cm 比色皿时:

　　$\lg(1/0.6) = \varepsilon \times 2 \times c$ 得　$\varepsilon c = 0.11$

所以 用 1 cm 比色皿时:

　　$A_1 = 0.11 \times 1 = 0.11$　$T_1 = 78\%$

用 4 cm 比色皿时:

　　$A_2 = 0.11 \times 4 = 0.44$　$T_2 = 36\%$

10.6　为了配置锰的标准溶液,将 15 mL 0.0430 mol $\cdot$ L^{-1} 的 $KMnO_4$ 溶液稀释到 500 mL。取此标准溶液 1,2,3,$\cdots$,10 mL,放入 10 支比色管中,加水稀释至 100 mL,制成一组标准色阶。称取钢样 0.200g 溶于酸,经适当处理将锰氧化成 MnO_4^- 后稀释到 250 mL,取此试液 100 mL 放入比色管内,溶液颜色介于第 4 个和第 5 个标准溶液之间,求钢中锰的质量分数。

解　$c_{Mn标} = 0.0430 \times 15 \times 54.938/500 = 0.0709 \, (g \cdot L^{-1})$

钢样中锰的质量分数为:

　　$\omega_{Mn} = (c_{Mn标} \times 4 + c_{Mn标} \times 5) \times 10^{-3} \times 250 \times 100 \, \% / (2 \times 100 \times 0.200) = 0.399\%$

10.7 用磺基水杨酸法测定微量铁。将 $0.2160g\ NH_4Fe(SO_4)_2 \cdot 12H_2O$ 溶于水中稀释至 $500mL$ 配成标准溶液。根据下列数据,绘制标准曲线。

标准铁溶液体积 V/mL	0.0	2.0	4.0	6.0	8.0	10.0
吸光度 A	0.0	0.165	0.320	0.480	0.630	0.790

某试液 $5.00mL$,稀释至 $250mL$。取此稀释液 $2.00mL$,在与绘制标准曲线相同的条件下显色和测定吸光度,测得 $A=0.500$,求试液铁含量(mg/mL)。(已知铁铵矾的相对分子质量为 482.178)

解 $c_{Fe标} = \dfrac{0.2160 \times 55.845}{482.178 \times 500} = 5.00 \times 10^{-5} (g \cdot mL^{-1})$

用 Excel 作 V_{Fe}-A 曲线:

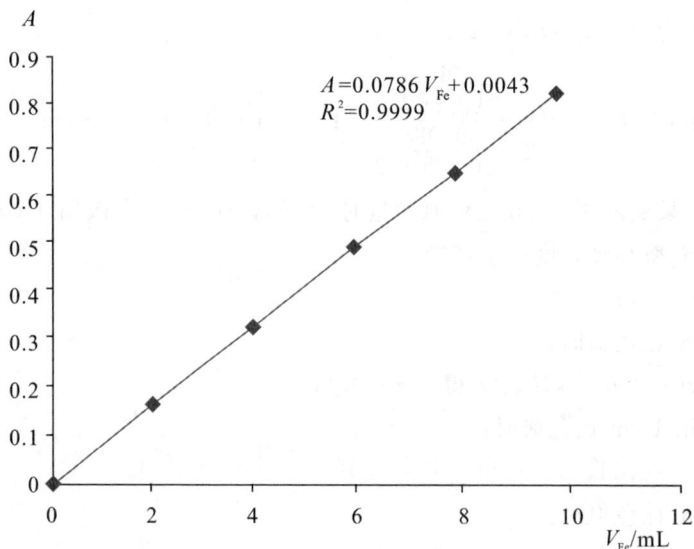

得曲线方程为:

$A = 0.0786\ V_{Fe} + 0.0043$

则未知样(稀释液 $2.00\ mL$):

$0.500 = 0.0786\ V_{Fex} + 0.0043$

所以 $V_{Fex} = 6.31 (mL)$

未知样中 Fe 含量为:

$c_{Fex} = c_{Fe标} \times V_{Fex} \times 250 / (2.00 \times 5.00) = 7.89\ (mg \cdot mL^{-1})$

10.8 测定金属钴中微量锰时,在酸性液中用 KIO_3 将锰氧化为高锰酸根离子后进行吸光度的测定。若用高锰酸钾配制标准系列,在测定标准系列及试液的吸光度时应选什么作参比溶液?

解　测标准系列用不加高锰酸钾的溶剂(水)作参比;测试样采用试样空白(不加 KIO_3)作参比。

10.9　某含铁约 0.2 % 的试样,用邻-二氮杂菲亚铁光度法($\varepsilon=1.1\times10^4$ $L\cdot mol^{-1}\cdot cm^{-1}$)测定。试样溶解后稀释至 100 mL,用 1.00cm 比色皿在 508 nm 波长下测定吸光度。若 $\Delta T=0.5$ %。试问:

(a)为使吸光度测量引起的浓度相对误差最小,应当称取试样多少克?

(b)如果所使用的光度计透光率最适宜读数范围为 0.200~0.650,测定溶液应控制的含铁的浓度范围为多少?

解　(a) 根据 $\dfrac{\Delta c}{c}=\dfrac{0.434}{T\lg T}\cdot\Delta T$

当 $T=36.8$ %或 $A=0.434$ 时浓度测量的相对误差最小。

由 $A=\varepsilon bc$,则:

$c=0.434/(1.1\times10^4\times1.00)=3.94\times10^{-5}$ (mol·L^{-1})

应称取试样:$3.94\times10^{-5}\times0.1\times55.845/0.2\%=0.110$ (g)

(b)同样,T 在 0.200~0.650 时,根据 $A=\lg(1/T)=\varepsilon bc$,计算得:

溶液应控制的含铁的浓度范围为:$1.70\times10^{-5}\sim6.35\times10^{-5}$ (mol·L^{-1})

10.10　未知相对分子质量的胺试样,通过用苦味酸(相对分子质量为229)处理后转化成胺苦味酸盐(1:1 加合物)。当波长为 380nm 时,大多数胺苦味酸盐在95%乙醇中的吸光系数大致相同,即 $\varepsilon=10^{4.13}$。现将 0.0300 g 胺苦味酸盐溶解于 95%乙醇中,准确配制成 1L 溶液。测得该溶液在 380 nm,$b=1$cm 时 $A=0.800$。试估算未知胺的相对分子质量。

解　因为 $A=\varepsilon bc$,所以

$c=0.800/(10^{4.13}\times1)=5.93\times10^{-5}$ (mol·L^{-1})

M(胺苦味酸盐)$=0.0300/(5.93\times10^{-5}\times1)=506$ (g·mol·L^{-1})

所以 M(未知胺)$=506-229=277$(g·mol^{-1})

10.11　应用紫外分光光度法分析邻和对-硝基苯胺混合物,在两个不同波长处测量吸光度,根据以下数据计算邻和对-硝基苯胺的浓度。

①$\lambda=280$nm,$A=1.040$,$\varepsilon_{邻}=5260$ L·mol^{-1}·cm^{-1},$\varepsilon_{对}=1400$ L·mol^{-1}·cm^{-1}

②$\lambda=347$nm,$A=0.916$,$\varepsilon_{邻}=1280$L·mol^{-1}·cm^{-1},$\varepsilon_{对}=9200$ L·mol^{-1}·cm^{-1}

($b=1.00$cm)

解　根据朗伯-比耳定律 $A=\varepsilon bc$ 及吸光度加和性原理,得:

$$\lambda = 280 \text{ nm} \text{ 下}, A_1 = \varepsilon_{邻1} bc_{邻} + \varepsilon_{对1} bc_{对}$$

$$\lambda = 347 \text{nm} \text{ 下}, A_2 = \varepsilon_{邻2} bc_{邻} + \varepsilon_{对2} bc_{对}$$

即:
$$1.040 = 5260 \times 1.00 \times c_{邻} + 1400 \times 1.00 \times c_{对} \tag{1}$$

$$0.916 = 1280 \times 1.00 \times c_{邻} + 9200 \times 1.00 \times c_{对} \tag{2}$$

解方程组(1),(2)得:

$$c_{邻} = 1.778 \times 10^{-4} (\text{mol} \cdot \text{L}^{-1})$$

$$c_{对} = 7.483 \times 10^{-5} (\text{mol} \cdot \text{L}^{-1})$$

五、测验题

(一)选择题

1. 在分光光度法测定中,如其他试剂对测定无干扰时,一般常选用最大吸收波长 λ_{max} 作为测定波长,这是由于(　　)。

(A)灵敏度最高　　(B)选择性最好　　(C)精密度最高　　(D)操作最方便

2. 用分光光度法测亚铁离子,采用的显色剂是(　　)。

(A)NH_4SCN　　　　(B)二甲酚橙　　　　(C)邻-二氮菲　　　　(D)磺基水杨酸

3. 显色反应中,下列显色剂的选择原则错误的是(　　)。

(A)显色剂的 ε 值越大越好

(B)显色反应产物的 ε 值越大越好

(C)显色剂的 ε 值越小越好

(D)显色反应产物和显色剂,在同一光波下的 ε 值相差越大越好

4. 在光度测定中,使用参比溶液的作用是(　　)。

(A)调节仪器透光度的零点

(B)吸收入射光中测定所需要的光波

(C)调节入射光的光强度

(D)消除溶液和试剂等非测定物质对入射光吸收的影响

5. 微量镍比色测定的标准曲线如右图所示。将 1.0g 钢样溶解成100mL 试液,取此液再稀释10 倍,在同样条件下显色后测得吸光度为 0.30,则钢样中镍含量为(　　)。

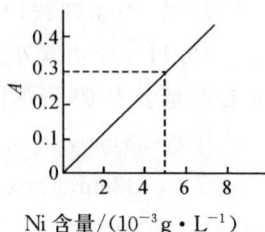

Ni 含量/(10^{-3}g · L^{-1})

(A)0.05%　　　　　　(B)0.1%

(C)0.5%　　　　　　(D)1%

6. 以浓度为 2.0×10^{-4} mol · L^{-1} 某标准有色物质溶

液做参比溶液调节光度计的 $A=0$。再用标准曲线示差分光光度法测得某有色物质溶液的浓度为 $4.0\times10^{-4}mol\cdot L^{-1}$。则有色物质溶液的浓度(单位:mol·$L^{-1}$)为(　　)。

(A)4.0×10^{-4}　　　(B)5.0×10^{-4}　　　(C)6.0×10^{-4}　　　(D)3.0×10^{-4}

7. 光度测定中使用复合光时,曲线发生偏离,其原因是(　　)。

(A)光强太弱　　　　　　　　　(B)光强太强

(C)有色物质对各光波的 ε 相近　　(D)有色物质对各光波的 ε 值相差较大

8. 目视比色法中,常用的标准系列法是比较(　　)。

(A)入射光的强度　　　　　　　(B)透过溶液后的光强度

(C)透过溶液后的吸收光强度　　(D)一定厚度溶液的颜色深浅

9. 某有色溶液浓度为 c 时,透光度为 T_0。将其浓度稀释为原来的 $\dfrac{1}{2}$ 时,其吸光度为(　　)。

(A)$\dfrac{1}{2}T_0$　　　　(B)$2T_0$　　　　(C)$-\lg\dfrac{1}{2}T_0$　　　(D)$-\dfrac{1}{2}\lg T_0$

10. 有机显色剂的优点很多,下列不属其优点的是(　　)。

(A)反应产物多为螯合物,稳定性高

(B)反应的选择性高,可避免干扰反应发生

(C)一般反应产物的 ε 值大,故灵敏度高

(D)显色剂的 ε 值大,有利于提高灵敏度

(二)填空题

1. 欲测定 $Ti(\text{IV})$ 与 H_2O_2 配合物的黄色溶液,应选用_____色滤光片。

2. 邻-菲罗啉分光光度法测定 Fe^{2+} 浓度,设浓度为 c 的溶液其透光度为 T。当浓度为 $1.5c$ 的同种溶液在同样条件下测量,其透光度应为_____。

3. 分光光度法定性分析的理论基础,是基于各物质的最大_____是不同的。

4. 某有色溶液当液层厚度为 $1cm$ 时,透过光的强度为入射光强度的 80%。若通过 $5cm$ 的液层时,光强度减弱_____。

5. 用分光光度法测定试样中的磷。称取试样 $0.1850g$,溶解并处理后,稀释至 $100mL$,吸取 $10.00mL$ 于 $50mL$ 容量瓶中,经显色后,其 $\varepsilon=5\times10^3 L\cdot mol^{-1}\cdot cm^{-1}$,在 $1cm$ 比色皿中测得 $A=0.03$。这一测定的结果相对误差必然很大,其原因是_____,要提高测定准确度,除增大比色皿厚度或增加试样量外,还可以采取_____的措施。

6. 光度分析中对吸收池的要求,除了无色透明、耐腐蚀外,还要求对入射光不吸收、_____、_____。

(三)计算题

1. 一有色化合物($M=327.8\ \text{g}\cdot\text{mol}^{-1}$),在 610nm 处的 $\varepsilon=6130\ \text{L}\cdot\text{mol}^{-1}\cdot\text{cm}^{-1}$。称样溶解,在 100mL 容量瓶中稀释至刻度。吸取稀释液 5.00mL,再稀释至 100mL,用 2cm 比色皿测定,欲使吸光度为 0.320,问需称样多少克?

2. 以邻-二氮菲光度法测定 Fe^{2+},称取 0.500g 试样,经处理后,加入显色剂邻-二氮菲显色并稀释至 50.0mL,然后用 1cm 比色皿测定此溶液在 510 nm 处的吸光度,得 $A=0.430$。计算试样中铁的含量;当显色溶液再冲稀一倍时,其透光度是多少?(已知 $\varepsilon_{510}=1.10\times10^4\ \text{L}\cdot\text{mol}^{-1}\cdot\text{cm}^{-1}$, $M_{Fe}=55.85\text{g}\cdot\text{mol}^{-1}$)

3. 浓度为 $0.51\mu\text{g}\cdot\text{mL}^{-1}$ 的铜($M_{Cu}=63.54\text{g}\cdot\text{mol}^{-1}$)溶液,用双环己酮草酰二腙比色测定。在波长 600 nm 处,用 2.0 cm 比色皿测得 $T=50.5\%$。求灵敏度,用 ε 表示。

六、测验题解答

(一)选择题

1. (A);**2.** (C);**3.** (A);**4.** (D);**5.** (C);**6.** (C);**7.** (D);**8.** (D);**9.** (D);**10.** (D)

(二)填空题

1. 蓝

2. $T^{3/2}$

3. 吸收波长

4. 67.2%

5. A 值太小;不要稀释试液

6. 不反射、不散射

(三)计算题

1. 解

因为 $A=\varepsilon bc$,代入数据

$$0.320=6130\times2c$$

得:$c=2.61\times10^{-5}\ \text{mol}\cdot\text{L}^{-1}$

$$m=2.61\times10^{-5}\times327.8\times(100/5)\times10^{-1}=0.0171(\text{g})$$

2. 解

因为 $A=\varepsilon bc$,代入数据

$$0.430 = 1.1 \times 10^4 \times 1c$$

$$c = 3.91 \times 10^{-5} \ \text{mol} \cdot \text{L}^{-1}$$

得：

$$Fe\% = \frac{3.91 \times 10^{-5} \times 50.0 \times 10^{-3} \times 55.85}{0.500} \times 100\%$$

$$= 0.022\%$$

$$A = \varepsilon bc = -\lg T$$

$$0.430/2 = -\lg T'$$

$$T' = 0.610$$

3. 解

因为 $A = \varepsilon bc = -\lg T$

$$\varepsilon \times 2.0 \times \frac{0.51 \times 10^{-6} \times 10^3}{63.54} = -\lg 0.505$$

解得：

$$\varepsilon = 1.8 \times 10^4 \ \text{L} \cdot \text{mol}^{-1} \cdot \text{cm}^{-1}$$

第十一章 物质的分离方法
(Separation Method of Substance)

学习目标

通过本章的学习,要求掌握:

1. 常见混合阳离子的分离方法;
2. 沉淀分离方法;
3. 溶剂萃取分离方法;
4. 离子交换分离方法;
5. 色谱分离方法。

一、知识结构

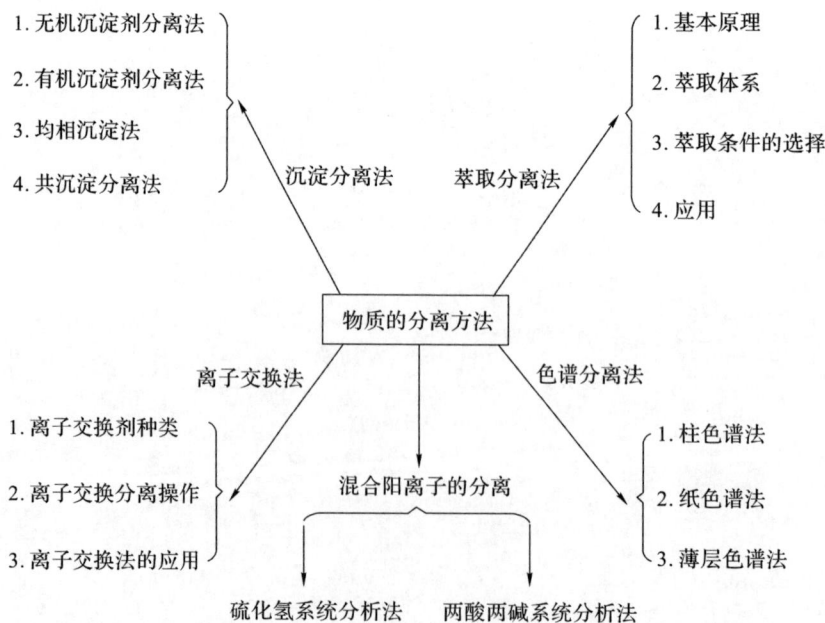

二、基本概念

1. 硫化氢系统分析法

硫化氢系统分析法是一种比较成熟的系统分析法。其分组是根据阳离子的氯化物、硫化物、氢氧化物、碳酸盐的溶解度不同,将阳离子分为 5 个组,常见阳离子为 24 种分组方案如下。

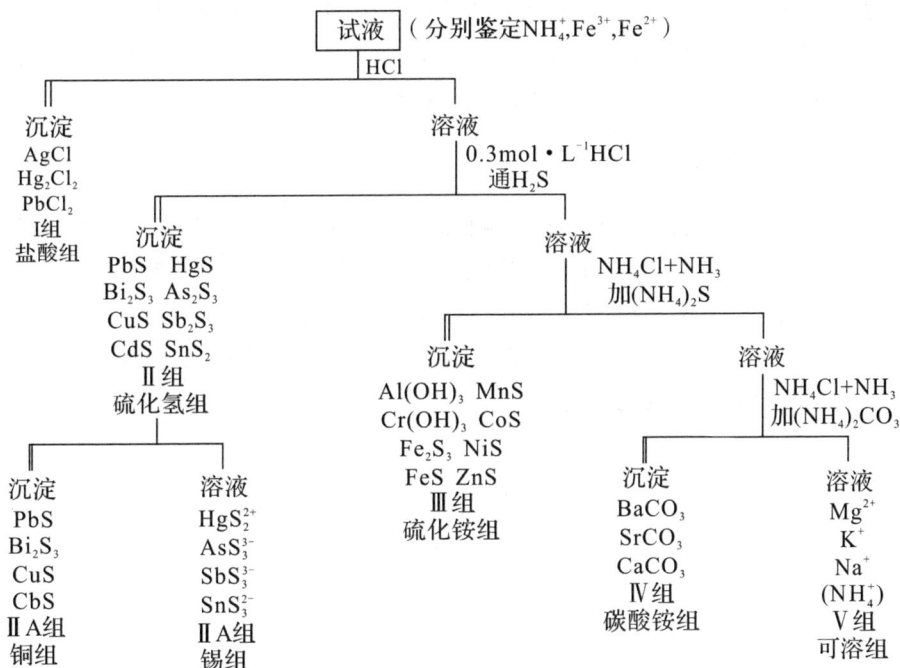

试液（分别鉴定 NH_4^+, Fe^{3+}, Fe^{2+} ）
HCl

沉淀
$AgCl$
Hg_2Cl_2
$PbCl_2$
I组
盐酸组

溶液
$0.3mol \cdot L^{-1}HCl$
通 H_2S

沉淀
PbS HgS
Bi_2S_3 As_2S_3
CuS Sb_2S_3
CdS SnS_2
II组
硫化氢组

溶液
NH_4Cl+NH_3
加 $(NH_4)_2S$

沉淀
PbS
Bi_2S_3
CuS
CbS
II A组
铜组

溶液
HgS_2^{2+}
AsS_3^{3-}
SbS_3^{3-}
SnS_3^{3-}
II A组
锡组

沉淀
$Al(OH)_3$ MnS
$Cr(OH)_3$ CoS
Fe_2S_3 NiS
FeS ZnS
III组
硫化铵组

溶液
NH_4Cl+NH_3
加 $(NH_4)_2CO_3$

沉淀
$BaCO_3$
$SrCO_3$
$CaCO_3$
IV组
碳酸铵组

溶液
Mg^{2+}
K^+
Na^+
(NH_4^+)
V组
可溶组

*Pb^{2+} 浓度大时部分沉淀

2. 沉淀分离法

沉淀分离法是根据溶度积原理,利用沉淀反应有选择地沉淀某些离子,而其他离子溶于溶液中,从而达到分离的目的。实际操作是:在一定条件下,在试液中加入适当的沉淀剂,使待测组分沉淀出来,或将干扰组分沉淀除去,以消除它们对于待测组分的干扰。沉淀分离法包括无机沉淀剂分离法、有机沉淀剂分离法、均相沉淀法和共沉淀法。

3.溶剂萃取分离法

溶剂萃取分离法是利用物质在不相溶的有机相和水相间的转移来实现分离的,即由有机相和水相相互混合,水相中要分离出的物质进入有机相后,再依靠两相质量密度不同将两相分开。

4.离子交换分离法

离子交换分离法是利用离子交换剂与溶液中的离子之间发生交换作用而进行分离的方法,是一种固-液分离法。应用最为广泛的离子交换剂为离子交换树脂,各种离子与离子交换树脂的交换能力不同,可选用适当的洗脱剂依次洗脱被交换到树脂上的离子,从而达到不同离子相互间的分离。

5.色谱分离法

色谱分离法是利用待测组分在两相间分配的差异而达到分离的方法。其中一相为固定相,另一相为流动相。当流动相对固定相做相对移动时,待测组分在两相间反复进行分配,使它们在两相间微小的分配差异得到放大,从而造成迁移速率的差异而得到分离。方法特点是分离效率高、操作简便、选择性好,能将性质极其相似的混合物彼此分离。

三、主要公式

1.回收率

$$R_A(\%)=\frac{Q_A}{Q_A^0}\times100\%$$

式中,Q_A 是 A 物质被分离的量;Q_A^0 是 A 物质在试样中的量。

2.分配系数

$$K_D=[A]_有/[A]_水$$

式中,$[A]_有$、$[A]_水$ 分别为溶质在有机相和水相的平衡浓度。

3.分配比

$$D=c_有/c_水$$

式中,$c_{有}$、$c_{水}$ 分别为溶质在有机相和水相中各种存在形式的总浓度。

4. 萃取效率

$$E = \frac{c_{有} V_{有}}{c_{有} V_{有} + c_{水} V_{水}} = \frac{D}{D + V_{水}/V_{有}} \times 100\%$$

式中,$c_{有}$ 和 $c_{水}$ 分别为有机相和水相中溶质的浓度,$V_{有}$ 和 $V_{水}$ 分别为有机相和水相的体积。

当用等体积溶剂进行萃取时,即 $V_{水} = V_{有}$,则:

$$E = \frac{D}{D+1} \times 100\%$$

四、习题详解

11.1 请简述硫化氢系统分离方案。

解 硫化氢系统分析法是一种比较成熟的系统分析法。其分组是根据阳离子的氯化物、硫化物、氢氧化物、碳酸盐的溶解度不同,将阳离子分为 5 个组,常见阳离子为 24 种。

第一组,盐酸组。包含的离子有 Ag^+,Hg_2^{2+},Pb^{2+}。

第二组,硫化氢组。根据生成的硫化物的酸碱性,将其分成两组,即ⅡA 组和ⅡB 组。ⅡA 组,也称铜组,包含的离子有 Pb^{2+},Cu^{2+},Cd^{2+},Bi^{3+};ⅡB 组,也称砷组,有 Hg^{2+},$As(Ⅲ,Ⅴ)$,$Sb(Ⅲ,Ⅴ)$,Sn^{4+} 等。

第三组,为硫化铵组。本组包含的离子有 Al^{3+},Cr^{3+},Fe^{3+},Mn^{2+},Zn^{2+},Co^{2+},Ni^{2+}。

第四组碳酸铵组。本组包含的离子有 Ba^{2+},Sr^{2+},Ca^{2+}。

第五组,可溶组。本组包含的离子是 Mg^{2+},K^+,Na^+ 和 NH_4^+ 离子。

11.2 选用适当的酸溶解下列硫化物,并写出化学反应方程式。

ZnS,Ag_2S,CuS,CdS,HgS

解

$ZnS + 2HCl \rlap{=\!=} ZnCl + H_2S\uparrow$

$3Ag_2S + 8HNO_3(浓) \rlap{=\!=} 6AgNO_3 + 3S + 2NO + 4H_2O$

$3CuS + 8H^+ + 2NO_3^- \rlap{=\!=} 3Cu^{2+} + 3S\downarrow + 2NO\uparrow + 4H_2O$

$3CdS + 8HNO_3 \rlap{=\!=} 3Cd(NO_3)_2 + 3S\downarrow + 2NO\uparrow + 4H_2O$

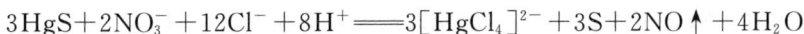
$3HgS + 2NO_3^- + 12Cl^- + 8H^+ \rlap{=\!=} 3[HgCl_4]^{2-} + 3S + 2NO\uparrow + 4H_2O$

11.3 用一种试剂分离下列各对离子和沉淀：

a. Pb^{2+} 与 Cu^{2+} b. Fe^{3+} 与 Al^{3+} c. Zn^{2+} 与 Cr^{3+} d. Fe^{3+} 与 Mn^{2+}

e. CuS 与 HgS f. ZnS 与 AgS g. $Fe(OH)_3$ 与 $Zn(OH)_2$

解 a. 加 HCl，b. 过量 $NaOH$，c. 加入 $NH_3 + NH_4Cl$ 溶液，d. 加亚铁氰化钾，e. 加浓硝酸，f. 加稀盐酸，g. 过量 $NaOH$。

11.4 选用 6 种溶剂，把 $BaCO_3$，KNO_3，$AgCl$，$PbSO_4$，CuS，SnS_2 6 种固体从混合物中逐一溶解，每种溶剂只能溶解一种物质，并说明溶解顺序。

解 水分离 KNO_3，H_2S 分离 SnS_2，加稀 HCl 分离 $BaCO_3$，加氨水分离 $AgCl$，加浓硝酸分离 CuS。

11.5 化学分离中常用的分离方法有哪些？

答 化学分离中常用的分离方法有：沉淀分离法、溶剂萃取分离法、离子交换分离法和色谱分离法。

11.6 简述沉淀分离法的分类及其特点？

答 沉淀分离是一种经典的分离方法，它是根据溶度积原理，利用沉淀反应有选择地沉淀某些离子，而其他离子溶于溶液中，从而达到分离的目的。沉淀分离法包括无机沉淀剂分离法、有机沉淀剂分离法、均相沉淀法、共沉淀法。

11.7 某矿样溶液中含有 Fe^{3+}，Al^{3+}，Mn^{2+}，Cu^{2+}，Zn^{2+}，Mg^{2+} 等，加入 NH_4Cl 和氨水后，溶液中有哪些离子存在？沉淀中有哪些离子存在？能否分离完全？

答 溶液中存在的离子为 Cu^{2+}，Zn^{2+}。

沉淀中存在离子：Fe^{3+}，Al^{3+}，Mn^{2+}，Mg^{2+}，Mn^{2+}，有可能分离不完全。

11.8 什么是分配系数、分配比？萃取率与什么因素有关？

答 分配系数是指溶质 A 在两种互不混溶的水和有机溶剂中进行分配过程的平衡常数。分配比是指存在于两相中的溶质的总浓度之比。

萃取效率：

$$E = \frac{C_有 V_有}{C_有 V_有 + c_水 V_水} = \frac{D}{D + V_水/V_有} \times 100\%$$

由上式可知萃取效率是分配比和相比的函数。当两相体积比一定时，分配比 D 越大，萃取效率就越高。

11.9 在含有 $10mg Fe^{3+}$ 的溶液中，用某有机溶剂进行萃取，其分配比 $D = 99$，问用等体积溶剂萃取 1 次，萃取 2 次，剩余的 Fe^{3+} 量各为多少？若在 2 次萃取后，合并分出的有机相，用等体积洗涤液洗涤一次，会损失多少 Fe^{3+}？

解 有已知可知：$V_水 = V_有$ 一次萃取后水中剩余的 Fe^{3+} 量为：

$$m_1 = m_O \cdot V_水 / (DV_有 + V_水) = 10 / 100 = 0.1(\text{mg})$$

二次萃取后水中剩余的 Fe^{3+} 量为：

$$m_2 = m_O \cdot (V_水 / (DV_有 + V_水))^2 = 0.001 \text{ mg}$$

二次萃取后合并有机相，则有机相中含有 Fe^{3+} 量为：

$$10 - 0.001 = 9.9999(\text{mg})$$

用等体积水洗涤，则损失 Fe^{3+} 量为：

$$9.999 \times V_水 / (DV_有 + V_水) = 0.09999 \text{ mg}$$

11.10　离子交换树脂分为几类？各有何特点？交联度和交换容量指什么？它们的大小与什么因素有关？

答　离子交换树脂是一类高分子聚合物，应用最为广泛的是以苯乙烯和二乙烯苯的共聚物树脂。按其性能可分为阳离子交换树脂、阴离子交换树脂、螯合树脂。

① 阳离子交换树脂：这类树脂的活性交换基团一般为 $-SO_3H$，$-COOH$ 或酚羟基 $(-OH)$，都具有酸性，它的 H^+ 离子可被阳离子交换。

② 阴离子交换树脂：这类树脂的活性交换基团一般为 $[-N(CH_3)_3]^+$，$-NH_2$，$=NH$，$\equiv N$，呈碱性，它的阴离子可被其他阴离子所交换。

③ 螯合离子交换树脂：这类树脂含有高选择性的特殊活性基团，可与某些金属离子形成螯合物。

交联度：离子交换树脂中所含有的交联剂（如二乙烯苯）的质量百分数，就是树脂的交联度。

交换容量：交换容量是指每克干树脂所能交换的物质的量 $(\text{mmol} \cdot \text{g}^{-1})$，是衡量树脂进行离子交换能力大小的指标。

11.11　请阐述离子交换树脂柱分离物质的实验步骤。

答　(1)树脂的选择和处理。根据分析对象和要求，选择适当类型和粒度的树脂。

(2)装柱。离子交换分离操作一般在柱中进行，装柱时先在柱的下端铺一层玻璃丝，加入少量蒸馏水，再倒入带水的树脂，树脂自动下沉形成交换层，用蒸馏水洗涤赶气泡后使用。

(3)交换。将待分离的试液缓慢加入到交换柱内，用活塞控制适当的流速从上向下流经交换柱进行交换作用。

(4)洗脱。将交换到树脂上的离子以适宜的流速和适当的洗脱剂（淋洗剂）置换下来，这一过程称为洗脱，是交换过程的逆过程。

（5）再生。就是将柱内的树脂挥发到交换前的形式的过程，称为再生。

11.12 在纸色谱和薄层色谱中 R_f 的定义是什么？R_f 与分配系数有什么关系？

答 纸色谱法是一种在滤纸上进行的层析分离法。载体为滤纸，固定相为吸附在纸上的水或其他溶剂，流动相又称展开剂。样品点于原点，展开剂在其上流过，经过一段时间的作用后，样品中的各组分就随展开剂迁移至不同的距离。每种组分移动的相对位置用比移值 R_f 表示。

薄层色谱法固定相为均匀铺展在玻璃板上的吸附剂或为某溶剂所饱和的吸附剂，流动相也可称作展开剂，具体操作同纸色谱法相似。其定性也采用 R_f 值。因不同板间差异较大，常用标样和样品在同一块板上同时展开来进行定性分析。

11.13 称取 0.5128g 氢型阴离子交换树脂，充分溶胀后，加入浓度为 $1.013mol \cdot L^{-1}$ 的 NaCl 溶液 10.00mL，充分交换后，用 $0.1127mol \cdot L^{-1}$ 的 NaOH 标准溶液滴定，消耗 NaOH 标准溶液 24.31mL，求该树脂的交换容量。

解 树脂的交换容量 $=0.1127 \times 24.31/0.5128 = 5.34(mmol \cdot g^{-1})$

11.14 用纸上萃取色谱分离法分离存在于同一溶液中的两种性质相似的元素 A 和 B，它们的比移值 R_f 分别为 0.42 和 0.65，如果使分离的斑点中心之间相隔 2cm，滤纸条应截取多长？

解 根据 $R_f = a/b$

$$R_{f_B} - R_{f_A} = (a_B - a_A)/b$$

$$0.65 - 0.42 = 2/b$$

解得 $b = 8.7cm$

滤纸条应截取 10cm。

五、测验题

1. 各选择一种试剂溶解下列各对化合物中的第一种化合物，以使它们彼此分离，写出有关的反应方程式。

(1) $Zn(OH)_2$ 与 $Al(OH)_3$；

(2) $Al(OH)_3$ 与 $Fe(OH)_3$；

(3) $Co(OH)_2$ 与 $Fe(OH)_3$；

(4) $Cr(OH)_3$ 与 $Ni(OH)_2$；

(5) $PbCrO_4$ 与 $BaCrO_4$。

2. 已知某溶液只含第二组阳离子，将此溶液分成 3 份进行实验，分别得到下述结果,问哪些离子可能存在?

(1)用水稀释,得到白色沉淀,加 HCl 沉淀又溶解;

(2)加入 $SnCl_2$ 溶液,无沉淀生成;

(3)与组试剂(H_2S)作用生成黄色沉淀,其中部分沉淀溶于 Na_2S 溶液,另一部分沉淀不溶,仍为黄色。

3. 已知某无色溶液,只含第三组阳离子,将其分成 3 份进行实验,得到以下结果,问哪些离子可能存在?

(1)在 NH_4Cl 存在下加过量 $NH_3 \cdot H_2O$,无沉淀生成;

(2)在 NH_4Cl-NH_3 缓冲溶液中加$(NH_4)_2S$,得浅色沉淀;

(3)加 NaOH 溶液并搅拌,得浅色沉淀;再加过量 NaOH,部分沉淀溶解,不溶部分久置,颜色变暗。

4. 已知某灰绿色溶液含有第三组阳离子,加$(NH_4)_2S$ 后,得到灰绿色及白色沉淀。将沉淀溶解后,加过量 NaOH 及 H_2O_2 并加热得黄色溶液,但无沉淀生成。试判断:什么离子肯定存在? 什么离子可能存在? 什么离子不可能存在? 对可能存在的离子,应如何进一步确证?

5. 某固体试样由 $CuSO_4$,$AgNO_3$,$(NH_4)_2SO_4$,$PbCl_2$,$Ba(NO_3)_2$,K_2CrO_4,$Cr(NO_3)_4$,$Zn(NO_3)_2$,Na_2CO_3 中的两种以上物质等摩尔混合而成。混合物加入水中,生成白色沉淀 B 和溶液 C;溶液 C 使石蕊试纸变红;沉淀 B 不溶于 $2mol \cdot dm^{-3} H_2SO_4$,但溶于 $6mol \cdot dm^{-3}$ NaOH;溶液 C 用过量 $6mol \cdot dm^{-3}$ NaOH 处理得无色溶液并有强烈氨味放出。试推断以上每种固体在试样中是否存在。

6. 不用 H_2S 或其他硫化物试剂,分离下列各组离子:

(1)Pb^{2+},Co^{2+},Bi^{3+},Ba^{2+};

(2)Mn^{2+},Al^{3+},Pb^{2+},Bi^{3+};

(3)Ag^+,Pb^{2+},Cr^{3+},Zn^{2+};

(4)Mg^{2+},Ba^{2+},Cu^{2+},Zn^{2+}。

7. 某试液能使酸性 $KMnO_4$ 溶液褪色,但不能使碘-淀粉溶液褪色,问哪些阴离子可能存在?

8. 形成螯合物的有机沉淀剂和形成缔合物的有机沉淀剂分别具有什么特点?

9. 在溶剂萃取分离中,萃取剂起什么作用? 今欲从 HCl 溶液中分别萃取下列各种组分,应分别采用何种萃取剂? (1)Hg^{2+};(2)Ga^{3+};(3)Al^{3+};(4)Th^{4+}。

10. 色谱分析法有各种分支,你知道的有几种? 他们的共同特点是什么?

11. 试举例说明 H-型强酸性阳离子交换树脂和 OH-型强碱性阴离子交换树脂的交换作用。如果要在较浓 HCl 溶液中分离铁离子和铝离子,应用哪种树脂?这时哪种离子交换在柱上?哪种离子进入流出液中?

12. 25℃时,Br_2 在 CCl_4 和水中的分配比为 29.0,水溶液中的溴用:(1)等体积 CCl_4 萃取;(2)1/2 体积的 CCl_4 萃取;(3)1/2 体积的 CCl_4 萃取两次时,萃取效率各为多少?

六、测验题解答

1. 答

(1)加过量的氨水,$Zn(OH)_2 + 4NH_3 =\!=\!= [Zn(NH_3)_4]^{2+} + 2OH^-$

(2)加过量的氢氧化钠溶液,$Al(OH)_3 + OH^- =\!=\!= AlO_2^- + 2H_2O$

(3)加过量的氨水,$Co(OH)_2 + 6NH_3 =\!=\!= [Co(NH_3)_6]^{2+} + 2OH^-$

(4)加过量的氢氧化钠溶液,$Cr(OH)_3 + OH^- =\!=\!= CrO_2^- + 2H_2O$

(5)加盐酸,溶解度差异

2. 答 As^{3+},Cd^{2+}

3. 答 Zn^{2+},Mn^{2+}

4. 答 肯定存在的离子:Cr^{3+}

可能存在的离子:Zn^{2+},Al^{3+}

不可能存在的离子:Ni^{2+},Mn^{2+},Fe^{3+},Fe^{2+}

5. 答 $(NH_4)_2SO_4$,$Zn(NO_3)_2$

6. 答 (1)加 HCl 先分离 Pb^{2+},再加过量的氨水分离 Bi^{3+},再加硫酸,分离 Ba^{2+}。

(2)加 HCl 先分离 Pb^{2+},加过量 Mg^{2+},及 H_2O_2 并加热,分离 Al^{3+}(在溶液中为 AlO_2^-),沉淀中再加硫酸,分离出 Mn^{2+}。

(3)加 HCl 离心分离后,沉淀中再加氨水,离心分离 Ag^+,溶液中为银氨离子,沉淀为 $PbCl_2$;加 HCl 后离心分离的滤液中加过量的氨水,离心分离,沉淀为 $Cr(OH)_3$,滤液为 $[Zn(NH_4)]^{2+}$,从而分离 Zn^{2+} 和 Cr^{3+}。

(4)先加硫酸,分离 Ba^{2+},再加过量的氨水,离心分离,沉淀中为分离 Mg^{2+},滤液中加足量盐酸后,再加过量的 NaOH 溶液,离心分离,即可分离 Cu^{2+},Zn^{2+}。

7. 答 I^-,Cl^-,F^-,Br^-

8. 答

形成螯合物的有机沉淀剂的特点:①常具有下列官能团:$-COOH$,$-OH$,$=NOH$,$-SH$,$-SO_3H$ 等,这些官能团中的 H^+ 可被金属离子置换。同时在沉淀剂中还含有另一些官能团,具有能与金属离子形成配位键的原子官能团,即在一分子有机沉淀剂中具有不止一个可键合的原子。因而这种沉淀剂能与金属离子形成具有五元环或六元环的螯合物。②这些螯合物不带电荷,含有较多的憎水性基团,因而难溶于水。③所形成螯合物的溶解性大小及其选择性与沉淀剂本身的结构有关。

形成缔合物沉淀所用的有机沉淀剂的特点:①在水溶液中离解成带正电荷或带负电荷的大体积离子。沉淀剂离子与带不同电荷的金属离子或金属配离子缔合,成为不带电荷的难溶于水的中性分子而沉淀。②沉淀剂能与何种金属离子形成沉淀决定于沉淀剂分子中的官能团。

9. 答 中性有机溶剂分子通过配位原子与金属离子键合,形成的溶剂化合物能溶于该有机溶剂中,从而实现萃取。

(1)用二苯基卡巴硫腙-CCl_4 萃取

(2)罗丹明 B-苯-乙醚

(3)8-羟基喹啉-氯仿

(4)草酸

10. 答

色谱分析法主要包括:柱层析、纸层析和薄层层析、气相色谱法、高效液相色谱法。

所有色谱分离法都有如下共同点:①基本原理相同。分离效率高,都是通过连续的萃取分离(或吸附、解析)实现性质非常相近的物质的分离;②操作方法相同。均是将样品先置好,然后利用溶剂(展开剂)流动,逐步将样品中各种组分分离,最后再用某种分析方法进行检测。

11. 答

H-型强酸性阳离子交换树脂与溶液中的其他阳离子例如 Na^+ 发生的交换反应,可以简单地表示为:

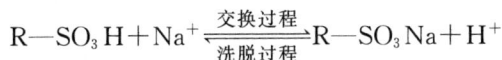

$$R-SO_3H+Na^+ \underset{洗脱过程}{\overset{交换过程}{\rightleftharpoons}} R-SO_3Na+H^+$$

溶液中的 Na^+ 进入树脂网状结构中,H^+ 则交换进入溶液,树脂就转变为 Na 型强酸性阳离子交换树脂。由于交换过程是可逆过程,如果以适当浓度的酸溶液处理已经交换的树脂,反应将向反方向进行,则树脂又恢复原状,这一过程称为再生或洗脱过程。再生后的树脂经过洗涤又可以再次使用。水合后含有季铵基 $—N(CH_3)_3^+ OH^-$ 的树脂为强碱性阴离子交换树脂。这些树脂中的 OH^- 能与其他阴离子,例如 Cl^- 发生交换。经交换后则转变为 Cl^- 型阳离子交换树脂。交换过程和洗脱过程可以表示如下:

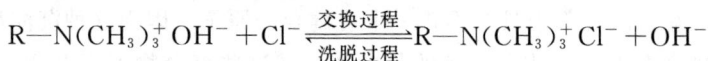

$$R—N(CH_3)_3^+ OH^- + Cl^- \underset{\text{洗脱过程}}{\overset{\text{交换过程}}{\rightleftharpoons}} R—N(CH_3)_3^+ Cl^- + OH^-$$

12.

解 $(1) E = D/(D + V_水/V_有) = 29/(29+1) = 96.7\%$

$(2) E = D/(D + V_水/V_有) = 29/(29+2) = 93.5\%$

$(3) m_2 = m_0 \cdot [V_水/(D V_有 + V_水)]^2 = m_0 \cdot [V_水/(D \times 1/2 V_水 + V_水)]$

$\quad E = (m_0 - m_2)/m_0 = 1 - (29 \times 0.5 + 1)^{-2} = 99.6\%$

参考文献

[1] Christian, G D. *Analytical Chemistry* [M]. 6th edition. John Wiley & Sons, Inc., New York, 2004.

[2] 张祖德,刘双怀,郑化桂,无机化学:要点、例题、习题[M].4 版.合肥:中国科学技术大学出版社,2011.

[3] 北京师范大学,华中师范大学,南京师范大学.无机化学(上册)[M].4 版.北京:高等教育出版社,2011.

[4] 倪静安,商少明,翟滨.无机及分析化学[M].2 版.北京:化学工业出版社,2005.

[5] 贾之慎,张仕勇.无机及分析化学[M].2 版.北京:高等教育出版社,2008.

[6] 贺克强,张开诚,金春华,无机化学与普通化学题解[M].武汉:华中科技大学出版社,2003.

[7] 倪静安,商少明,翟滨.无机及分析化学教程[M].北京:高等教育出版社,2006.

[8] 张立庆,干均江,祝巨,张艳萍.无机及分析化学[M].杭州:浙江大学出版社,2019.

[9] 宋天佑.无机化学习题解析[M].2 版.北京:高等教育出版社,2014.

[10] Burns, R A. *Fundamentals of Chemistry* [M]. 4th edition. Beijing: Higher Education Press, 2004.

[11] 宣贵达.无机及分析化学学习指导[M].2 版.北京:高等教育出版社,2009.

[12] 南京大学.无机及分析化学[M].5 版.北京:高等教育出版社,2015.

[13] 天津大学无机化学教研室.无机化学[M].4 版.北京:高等教育出版社,2010.

[14]俞斌,姚成,吴文源.无机与分析化学[M].3版.北京:化学工业出版社,2014.

[15]呼世斌,翟彤宇.无机及分析化学[M].3版.北京:高等教育出版社,2010.

[16]张绪宏,尹学博.无机及分析化学[M].北京:高等教育出版社,2011.

[17]张永安.无机及分析化学[M]北京:北京师范大学出版社,2009.

[18]易洪潮.无机及分析化学[M].2版.北京:石油工业出版社,2015.

[19]黄晓琴.无机及分析化学[M].3版.武汉:华中师范大学出版社,2015.

[20]武汉大学.分析化学[M].北京:高等教育出版社,2016.

[21]陈虹锦,谢少艾,张卫.无机及分析化学[M].2版.北京:科学出版社.2008.

[22]武汉大学化学系分析化学教研室.分析化学例题与习题[M].北京:高等教育出版社.1999.

[23]张敬乾.无机及分析化学解疑与思考[M].大连:大连海事大学出版社,1999.

[24]彭崇慧,冯建章,张锡瑜.分析化学[M].3版.北京:北京大学出版社,2009.

[25]宋天佑.无机化学[M].2版.北京:高等教育出版社,2010.

[26]钟国清,朱云云.无机及分析化学[M].北京:科学出版社,2006.

[27]颜秀茹.无机化学与化学分析[M].天津:天津大学出版社,2004.

[28]铁步荣.无机化学习题集[M].3版.北京:中国中医药出版社,2013.

[29]竺际舜.无机化学习题精解[M].北京:科学出版社,2001.

[30]刘耘,周磊,杜登学.无机及分析化学[M].北京:化学工业出版社,2015.

[31]范彩玲,等.分析化学[M].北京:中国农业出版社,2014.